目次

プロローグ 007

第一部 自分について語る
014 序文
027 1 手紙の謎
051 2 キキとロロ・ソミン

第二部 生きなおすために

武器ビジネス　マネーと戦争の「最前線」【上】

THE SHADOW WORLD Inside the Global Arms Trade

武器ビジネス

上 マネーと戦争の「最前線」

アンドルー・ファインスタイン
Andrew Feinstein

村上和久 訳

原書房

下巻目次

母エリカ・ファインスタイン
（一九二九〜二〇〇九年）の思い出に捧げる

エリソン・ドゥルダイ（二〇〇〇年十一月二十七日〜二〇〇八年四月四日）の思い出に
（そしてゲルデツで亡くなった全員の思い出に）

腐敗行為撲滅運動家ジョー・ローバー（一九三三〜二〇一二年）の思い出に

そして権力に向かって恐れず真実を話す「隠れ愛国者」、内部告発者に敬意を表して誰が戦争で利益をあげているか教えてくれたら、戦争の止め方を教えてあげよう。

——ヘンリー・フォード

いったん銃の密輸屋になったら、一生、銃の密輸屋さ

——エフレイム・ディヴェロリ

プロローグ

王子は輝くシルバーブルーのジェット機から降り立った。これから自分が遂行する任務にしっかりと心を集中していた。親友を説得して、戦争に向かわせるという任務に。

サウジアラビアのワシントン駐在大使バンダル・ビン・スルタン・ビン・アブドゥル・アジズ・アル＝サウド王子は、二〇〇二年八月、親友であるアメリカ合衆国のジョージ・W・ブッシュ大統領を訪問するためテキサス州クローフォードにやってきた。ふたりの男は大統領の牧場で和気あいあいと一時間ほどおしゃべりをした。大統領はやる気まんまんだった。バンダルが、自分はしり込みしたりしない、父ができなかったことを成し遂げ、サダム・フセイン体制を完膚なきまでに叩きつぶすつもりだ、と熱心に説くと、大統領はよろこんだ。小粋な身なりの謎めいた王子とカウボーイ大統領は、おたがいの固い約束に満足すると、妻たちとバンダルの八人の子供のうちの七人と昼食をとった。

その数週間後、ブッシュ大統領はキャンプ・デイヴィッドでイギリスのトニー・ブレア首相と会談した。ふたりの指導者は、イラクが大量破壊兵器を開発していて、国連の支持の有無にかかわらず、サダム・フセインにたいして行動を起こすことを正当化する証拠がじゅうぶんにあると発表した。

　ワシントンとロンドンにおけるバンダル王子の役目はほかに類を見ないものだった。外交官であり、調停者であり、ＣＩＡの秘密作戦の仲介者であり、特命の武器ディーラーだった。ワシントンとリヤドとロンドンのあいだに特別な関係を構築し、その過程で超大富豪になった。

　王子の愛する〈ダラス・カウボーイズ〉のチームカラーに塗装された価格七五〇〇万ポンドのエアバス機は、イギリスの兵器製造会社〈ＢＡＥシステムズ〉からの贈り物だった。これは世界がかつて目にしたなかで最大の武器取引において、王子が同国の国防相の息子としてはたした役割にたいする感謝のしるしだった。一九八五年にイギリスとサウジアラビアのあいだで調印された〈アル・ヤママ〉――アラビア語で「鳩」――武器取引の総額は、四〇〇億ポンド以上にのぼった。おそらく貿易史上もっとも腐敗した商取引でもある。一〇億ポンド以上がバンダル王子の管理する口座に振りこまれた。すくなくとも二〇〇七年まで〈ＢＡＥ〉によって維持運用されていたエアバス機は、一九八八年の誕生日にバンダル王子に贈られたささやかな余禄だった。

　一〇億ポンド超の金額のかなりの部分は、ワシントンＤＣのペンシルヴェニア通りのホワイトハウス向かいにある、由緒ある〈リッグズ銀行〉の個人口座およびサウジ大使館口座に振りこまれた。歴代の大統領や大使たち、各国大使館に選ばれてきたこの銀行は、ＣＩＡと密接な結びつきがあり、数名の銀行幹部はＣＩＡの最高秘密取り扱い資格を持っていた。大統領の叔父であるジョナサン・ブッシュが当時、銀行の上級役員だった。しかし、一九九九年以降、バンダル王子の妻の口座から９・11同時多発テロ事件のハイジャック犯のなかのサウジアラビア人一五人のうちふたりに資金が不注意にも流れていたことがあきらかになると、〈リッグズ銀行〉とホワイトハウスは仰天した。

二〇〇〇年八月四日の夜、イタリア北部のミラノにほど近い平凡な労働階級の町チニセッロ・バルサーモで、安ホテルの三四一号室に警察が踏みこんだ。彼らはそこで五三歳の青白い太った男が乱れた寝具や下着にかこまれて横たわり、背後の壁ではポルノ映画がちらちらしているのを発見した。男はロシア人、アルバニア人、ケニア人、イタリア人の四人の娼婦をはべらせていた。床にはコカインと五〇万ドル相当のダイヤモンドがちらばっていた。

ウクライナ生まれのイスラエル人で、このエウローパ・ホテルの共同所有者でもあるレオニード・ミニンは、二部屋のスイートルームを寝室兼オフィス、そして乱痴気騒ぎの巣窟として使っていた。警察がざっと捜索したところ、英語、ロシア語、ドイツ語、オランダ語、フランス語で書かれた何百ページもの書類が見つかった。これらの書類によって、防衛企業や武器ディーラー、銀行、フロント会社、麻薬密輸業者、悪徳政治家、情報工作員、政府の役人、元ナチ、そして好戦的なイスラム主義者の驚くべきネットワークにおけるミニンの役割があきらかになったのである。

書類のなかには、ダイヤと木材の利権と引き換えに何百万ドルもの武器をリベリア政府に売却する取引をくわしく説明した手紙があった。捜査員たちは、発見した飛行記録と最終使用者証明書（ＥＵＣ）をもとに、西アフリカをはじめとする紛争地帯への武器と軍需品の輸送の数々をつきとめた。こうした輸送の多くはレオニード・ミニン専用のＢＡＣ１１１ジェット機を使って行なわれた。ジェット機には、以前の所有者であるバスケットボール・チーム〈シアトル・ソニックス〉のマークがまだついていた。
〈BAE〉グループ傘下の企業が製造したミニンのジェット機は、バンダル王子の豪華な贈り物にくらべると質素だったが、その飛行の数々は、同じぐらい大きな影響力を持っていた。

一九九九年一月六日の午前三時、シエラレオネの首都フリータウンを恐怖が襲った。軍の反乱分子が革命統一戦線（RUF）の兵士たちと協力して、首都に侵攻し、殺戮《さつりく》と破壊のかぎりをつくしたのである。彼らはそれを〈皆殺し《ノー・リヴィング・シング》作戦〉と称した。

内戦が多発する大陸でもっともおぞましいこの内戦は、一九九一年三月、リベリアからの余波としてはじまった。リベリアは一九八九年のクリスマス・イヴに、CIAとつながっていると噂される元政府下級大臣チャールズ・ガンケイ・テイラーにひきいられた武装兵の小集団によって侵略され、それ以来、殺戮の猛威によって破壊されていた。テイラーは隣国のシエラレオネにも戦争を拡大し、RUFとその殺人狂の指導者フォデイ・サンコーを通じて、同国の莫大なダイヤモンドの埋蔵量をわがものにしようとした。サンコーは不名誉除隊させられた陸軍伍長で、元写真家だった。

一一年間の作戦行動で、RUFは目をそむけたくなるほど残酷のかぎりをつくし、保護するといっていたまさにその民間人を殺害し、切り刻んだ。その一方で、同国の豊富なダイヤモンド埋蔵量を掠奪し、それをチャールズ・テイラーと、レオニード・ミニンをふくむ彼のネットワーク経由で外部の人間と取引して、利益をあげた。

一九九八年後半にサンコーが捕らえられると、副指揮官のサム・ボッカリ（別名〝モスキート〟）

は、囚われた指導者を自由にするために、国内のあらゆる人間を「最後の野郎まで」皆殺しにすると宣言した。一九九九年が明けると、武装勢力は暴力で荒廃した周囲の町から首都に集まってきた民間人と合流し、フリータウンに侵入した。彼らの武器はぼろで包まれていた。べつの集団はフリータウンの東端を見おろすオーレオル山へと進撃した。でこぼこの田舎道が山頂から曲がりくねりながら、東端の中心であるサヴェッジ広場へと下っている。彼らに必要なものは、追加の武器類だけだった。

一九九八年十二月二十二日、レオニード・ミニンはみずからBAC111機で銃などの装備をニジェールのニアメーからリベリアのモンロヴィアに空輸した。そこで武器はチャールズ・テイラー大統領の軍隊の車輛に積みかえられ、フリータウンの郊外まで運ばれた。違法な武器が無事到着すると、攻撃命令が下された。

一九九九年一月六日の早い時刻、武装勢力は完全に近い暗闇にまぎれてパデンバ・ロード監獄へ向かった。門を爆破して開けると、収監者を解放し、武器を与えた。しかし、フォデイ・サンコーは二週間前に監獄から移送されていたのである。

そのあとやってきたものは、この世の終わりのような二日間の恐怖だった。武装した何千という十代の兵士たちが首都に押し寄せた。そのほぼ全員が頭の横を切開して、皮膚の下に高純度の結晶状コカインを詰めこみ、その上から太い包帯を巻いていた。正気を失い、ひどく興奮した彼らは、民間人の家を襲い、金を出そうとしなかったり、歓迎のしかたが不十分だったり、太って見えたり、たんに顔が気に入らなかったりした人々を殺害した。何千という罪のない人たちが自宅で撃ち殺されたり、街頭に集められて殺戮されたり、建物の上階から投げだされたり、人間の盾に使われたり、車や家のなかで焼き殺されたりした。兵士たちは大きな鉈《なた》で手足を切断し、ナイフで目をえぐりだし、ハンマーで手や顎を叩きつぶし、熱湯で大火傷をさせた。女や娘たちは意図的に性的虐待を受け、子供や若者は何百人と誘拐された。

武装勢力のある集団は食べ物を求めて国連世界食糧計画の倉庫を襲撃したが、かわりに食糧栽培に使うつもりだった新品の大きな鉈を何百と発見した。鉈は何百という人々の手を荒っぽく組織的に切断するのに使われた――大人も、子供も、小さな赤ん坊でさえ。彼らは援助機関が切り落とされた手をふたたび縫い合わせると聞いていたので、手を持ち去った。

夜になると、停電のなかで、武装勢力は「おれたちは平和を求める！　おれたちは平和のためにやってきた！」と唱えながら、家族全員を家に閉じこめ、あたりが明るくなるように火をつけた。そこらじゅうで火事が起きていた。ラフィア製の茣蓙《ござ》を巻いて、灯油にひたした松明《たいまつ》で、つぎつぎと家に火が放たれた。炎は丘をおおいつくし、家族はつぎつぎに焼き殺された。

道路封鎖のかたわらでは、女性兵士が捕まえた娘たちをまっ裸にして、地面に大の字に這いつくばらせると、指でつついて処女かどうかを調べていた。それから部隊の上官に上申するのである。そして、市内の武装勢力が指揮所を置く国会議事堂の敷地内に、何百という若い女が集められ、オフィスや通路で将校に強姦された。そこらじゅうで若々しい女は、男の気をそそらないことを願って、やつれたように見せかけようとした。色白の女は、水と土と灰で肌を黒くしようとした。

さまざまな部隊が特定の行為を実行するために存在した。〈焼き討ち部隊〉、〈手首切断コマンドー〉、〈虐殺班〉。それぞれが自分たちの任務に特徴的な手法を持っていた。血を流さずに人々を撲殺する〈無血殺人隊〉、あるいは殺す前に犠牲者を裸にする〈すっ裸班〉といったように。

二週間もたたないうちに、ほぼ一〇万人が家を追われた。何万という人間が手足を切り落とされ、血だらけで置き去りにされた。六〇〇〇人の民間人が殺害された。

武器取引がこの残虐行為を引き起こしたわけではないが、それを可能にし、助長したのである。当時、シエラレオネは世界の最貧国だった。国民の大半は一日七〇セント以下で暮らし、平均余命は三七歳だった。チャールズ・テイラーとレオニード・ミニン、そしてアル・カーイダ・ネットワークをふくむその仲間は、残忍な内戦に関連する武器の密輸とダイヤモンドの取引で何千万ドルもの利益をあげた。

序文

二十一世紀のわれわれの世界では、技術の進歩とテロリズム、世界にまたがる犯罪、国家が後押しする暴力、社会経済的不平等といったものが、社会の不安定と不安を憂慮すべき水準にまでひきあげている。同時に、このひきあげの原動力となった世界的な武器取引は、いっそう巧妙になり、複雑化して、その影響は有害さを増している。

したがって、世界の民主国家がこの取引にすぐさま力を合わせて取り組むことが重要であると思われるかもしれない。もしその取引が存在しなければならないとしたら、それはもちろん明確に管理され、合法的に資金が提供され、効果的に監視され、その仕組みは透明性があって、人々の安全と安心の要求にかなうべきではないだろうか？

しかし現実には、武器の取引は金と腐敗と欺瞞と死のパラレルワールドである。独自のルールに則って運営され、ほとんどが精査されることもなく、選ばれた少数の人間に巨万の利益をもたらし、何千何百万という人々に苦しみと不幸をもたらす。武器取引はわれわれの民主主義を浸食し、すでに弱体化した国家の力を弱め、しばしば強化するはずの国家安全保障そのものを土台から揺るがしている。[1]
世界全体の軍事支出は二〇一〇年には総額一・六兆ドルにのぼったと推定されている。地球全体で、ひとりあたり二三五ドルである。二〇〇〇年から五三パーセント増加して、全世界の国内総生産の二・六パーセントにあたる。こんにちアメリカ合衆国は、国防予算が七〇三〇億ドルを超え、国家安全保障に毎年ほぼ一兆ドルをついやしている。大小の通常兵器の取引は、毎年総額約六〇〇〇億ドルにのぼる。[2]
アメリカ、ロシア、イギリス、フランス、ドイツ、スウェーデン、オランダ、イタリア、イスラエル、中国は、つねに武器と軍需品の最大の製造国であり輸出国であることがわかっている。[3]
武器取引はかならずといっていいほど秘密のベールにつつまれ、政府間で締結され、それから政府がその取引を履行するよう製造会社に求める。その多くはいまや私企業である。場合によっては、政府が民需品の製造業者と直接契約をむすぶこともある。さらに、企業は企業同士または第三者と取引をするが、その一部は合法的な存在ですらない。そのなかには国家以外の関係者――

1　本書では、大量破壊兵器とちがって政府の合法的な道具である大小の通常兵器を基本的に取り上げることにする。このなかには軍用車輌や飛行機、艦艇、潜水艦、ヘリコプター、ミサイル、爆弾、さらには小火器と弾薬がふくまれる。核兵器については、それが兵器産業の機能と、筆者がいう「武器取引」つまり兵器産業が生産する製品の取引に関係する場合だけ言及する。

2　この数字は毎年かなり変化する。小火器の取引の総額は年に約四〇億ドルだが、その額面よりはるかに大きな影響力を持っている。小火器や軽火器は使用と維持が簡単で、ふんだんに手に入るからである（R・ストールとS・グリロットの『国際武器取引』［ケンブリッジ、ポリティ・プレス、二〇〇九年］）。

3　「軍需品」とは軍隊の装備、装具、補給品をさす。

武装民兵から反政府グループ、〝テロリスト〟の非公式の集団まで——や、のけ者国家がふくまれる。武器の販売と供給には、あやしげな仲介人や代理人がかかわることが多い。彼らは武器ブローカーまたは武器ディーラーとも呼ばれる。[1]

多くの武器取引には、公式あるいは正規の取引から、筆者が影の世界と呼ぶ取引にいたる、合法性や倫理性もピンからキリのこうしたあらゆる組み合わせの要素がふくまれている。影の世界の取引は、灰色市場および闇市場としても知られ、灰色市場は合法的なルートで管理されるが、隠密裡に遂行される取引を示唆している。これは外交政策に不正な影響をおよぼすため、各国政府によって利用されることが多い。闇市場は着想も実行も違法な取引である。闇の取引も灰色の取引も、武器禁輸や国内や多国間の法律、協定、規定に違反している。実際には、この三つの取引の境界線はあいまいだ。贈収賄や腐敗行為が蔓延し、完全に公明正大な武器取引はごくわずかしかない。[2]

1　ディーラーとは一般に、武器を買い付けて、自分の利益のために売却する仲介人のことである。それにたいし、ブローカーは武器を所有していないが、現金あるいはダイヤモンドや原油や木材と引き換えに、武器の売却を周旋する。

2　あきらかにすべての武器セールスが違法なわけではないし、違法かどうかは多くの場合、特定の取引の時点で適用される特定の国内的または国際的な法的基準によって決まるものだ。特定の取引に適用される法的枠組みが、管轄権や取引中に変化する法的基準の問題ではっきりしない場合もあるかもしれない。したがって、「贈収賄」や「腐敗行為」、「手数料」といった言葉の使用は、この文脈で理解するべきであって、あらゆる場合においてかならずしも違法行為だと主張するものではない。同様に、武器取引に直接あるいは間接にかかわっている人間が全員、犯罪活動に従事しているとか、そうした活動を擁護したり大目に見たりしているわけではないことも、誰の目にもあきらかである。

武器取引は世界の指導者や情報機関の工作員、技術開発の最先端にいる企業、金融業者や銀行家、運送業者、あやしげな仲介人、マネーロンダリング業者、普通の犯罪者の共謀によって運営されている。

この邪悪な同盟は、よく引用される「銃が人を殺すのではない。人が人を殺すのだ」というお題目を使って、自分たちの行為のおぞましい結果の責任を逃れようとする。しかし、敵を抹殺するために小型無人飛行機を使うような、技術的に進歩した戦争の形態においても、武器取引の残酷極まりない性格と、それがもたらす破壊を最小限度にすることはできない[1]。

武器ディーラーや兵器製造会社、さらには政府までもが、世界大戦から冷戦、テロとの戦い、小さな反乱から大規模な革命にいたる紛争に武器を供給し、利益を得るために緊張をあおり、持続させてきた。ときには同じ紛争であらゆる側に武器を売る場合もある。

彼らの製品が引き起こす破壊という基本的な道義上の問題にくわえて、武器ビジネスに関連した「機会費用」という懸念もある。われわれの不安定で好戦的な世界では、あきらかに武器の能力が求められている。しかしその一方で、脅威にさらされている国でも、平和な国でも、国防費の負担は、なによりも重要な社会の要求や発展の必要性から資源を大幅に奪うことになり、それが本質的に社会の不安定をあおるからである。

1　この〝無菌化された〟戦闘は、無実の人間の殺害を大幅には減少させていないせいで非難されている。それはまた、ときに戦闘地域から何百キロも遠くの場所に座った操縦者が、それほど物理的にも心理的に遠く離れているせいで、より簡単に節操なく人を殺したりはしないかという道義的な問題も提起している。それにたいしては、目標を特定した殺害はその後の暴力と死を最小限度にできるという、広島と長崎の原爆投下のあとでもっとも声高に叫ばれた主張がなされている。

この国防費負担の明快な一例は、南アフリカの民主主義の初期に見ることができる。大統領が、南アフリカにはＨＩＶとエイズと戦う六〇〇万人近い国民が生きつづけるのに必要な抗ＨＩＶ薬を供給できないと主張していたちょうどそのとき、同国の政府は、国際的な兵器製造会社と外国にそそのかされて、六〇億ポンド近い大金を銃器や武器につぎこんでいた。三億ドルの手数料が仲介者や代理人、大物政治家、役人、そしてアフリカ民族会議（ＡＮＣ――南アフリカの与党）にも支払われた。つづく五年間に、三五万五〇〇〇人以上の南アフリカ人が、命を救う薬を手に入れられなかったせいで、避けられたはずの死を迎えたが、そのあいだ武器はほとんどろくに使われてもいなかったのである。

兵器産業の腐敗した秘密主義の手口は、販売国と購入国の両方で、説明責任のある民主主義を土台から揺るがしている。武器取引は全世界の取引の腐敗行為の四〇パーセント以上をしめている。契約の規模自体と、購入を決定する人間の数がごく少数であること、そして国家安全保障の隠れ蓑といった要素の組み合わせは、大がかりな贈収賄と腐敗行為に打ってつけだからだ。なかにはこの違法行為に積極的に関与する国もある一方で、さらに多くの国は甘んじて行為を黙認している。ほとんどすべての国の政府が、費用対効果の面で問題があるか、あるいは自国の利益にあまりならない、大きな経済的影響がある武器調達の決定を行なっている。さらに、購入した製品はしばしば最初の見積もりよりはるかに高額で、約束どおりの性能を発揮できず、予定表より何年も遅れて製造あるいは納入されている。

国家の安全と商売上の秘密をある程度守る必要があることはいうまでもない。しかし、多くの武器取引につきまとうはなはだしい秘密主義は、腐敗行為や関係者の利益の衝突、お粗末な意思決定、国家安全保障上不適切な選択といったものをおおい隠す。その結果、もっとも高度に管理され、規制されるべきこの取引は、政府と民間の活動のなかで、もっとも精査されず、説明責任もはたされていない分野のひとつとなっている。それにともなう違法行為を隠蔽しようとする試みは、さらなる違法行為へとつながり、政府を弱体化させる結果につながる。たとえば、南アフリカの武器取引では、議会が骨抜きにされ、腐敗行為対策組織は解散させられ、検察当局は大統領以下の政治家たちを守るために弱体化した。

兵器製造会社とその支持者の計画表が、政治プロセスの中心にあることはほとんど驚くにあたらない。政府と軍部、兵器産業のあいだを人がつねに行き来する「回転ドア」が存在するからだ。企業は政治家とその政党にかなりの経済的貢献をするだけでなく、元国家公務員や退役将校、選挙で敗北した政治家に雇用の機会も提供している。アメリカ合衆国ほどこのことがあきらかな場所はない。

この防衛製造企業と国防総省、情報機関、議会と行政府のメンバーの破廉恥で、ほとんど疑われることもない共通の利害関係は、アメリカが事実上の国家安全保障国家であることを物語っている。そのおかげで、国家をより安全にすることにはほとんど貢献しない、見当ちがいの武器調達計画が、予算サイクルのたびに数十億ドルの予算を確実に獲得しつづけている。たとえば、この経済が厳しい時代に、アメリカは現在の紛争にはほとんど使い道がなく、元国防総省の航空宇宙設計者から「まったくどうしようもないぽんこつ」と形容されたジェット戦闘機に、三八〇〇億ドル以上を最終的に支出することになるだろう。アメリカの普通の納税者の安全や経済的関心は、この合法化された贈収賄の祭壇で犠牲にされている。

人間と金の「回転ドア」のおかげで、社会学者のC・ライト・ミルズが著書『パワー・エリート』のなかで「軍部のレトリック」と形容したものはいまもつづいている。つまり「永遠につづく戦時経済」を正当化するための、軍国主義的な現実の定義づけである。ドワイト・D・アイゼンハワー元将軍がアメリカ合衆国大統領としての別れの演説でこう警告したのにもかかわらず。

この巨大な軍部と大規模な軍需産業との結合……われわれはこの軍産複合体が、政府の諮問機関のなかで不当な影響力を獲得しないように見張らねばならないのです。あやまって与えられた権力が拡大してわざわいをもたらす可能性は現に存在しますし、これからも消えはしないでしょう。なんとしてもこの複合体の重圧にわれわれの自由や民主的プロセスを危険にさらさせてはなりません。

ジョージ・W・ブッシュが大統領に就任して一年以内に、三〇人以上の兵器産業の重役や顧問、ロビイストが政権の上級ポストについた。〈ロッキード・マーティン〉社だけでも、五、六人の上級管理職が二〇〇一年中にブッシュ政権できわめて重要な役職を与えられた。同年末までに、国防総省は同社に合衆国史上最大規模の軍事契約を与えた。

ディック・チェイニーはジョージ・W・ブッシュの父に国防長官として仕えたのち、〈ハリバートン〉社のCEOになった。ブッシュ・ジュニアのもとで副大統領をつとめるあいだに、チェイニーの前の会社は国防総省との契約で六〇億ドル以上を稼いだ。その数字は同社のイラクの原油関連の契約で三倍になった。チェイニーは依然として同社の株を持っていて、大富豪になって退任した。オバマ政権下でも状況はほとんど変わっていない。

しかし、契約だけにとどまらない。この軍産複合体はさらに経済や外交政策、参戦の決定をふくむ行政のあらゆる側面に有害な影響力を与えているのだ。この不安は、軍産複合体がやっていることの大部分が議員や裁判官、メディアや民間団体の監視役の精査にたいして開かれていないために、いっそう増大している。

兵器産業とその強力な政界の友人たちは、国家安全保障を引き合いに出すことで、部外者の影響力や判断にたいして大部分遮断された、政治的平行宇宙を作り上げてきた。それが影の世界である。

イギリスは、主要な兵器産業、とくに巨大で強力な〈ＢＡＥシステムズ〉[1]と、兵器産業の筆頭セールスマンをつとめる政府の行政部門との同じような共謀関係の人質になっている。この関係はマーガレット・サッチャー首相時代に深められ、トニー・ブレアのニュー・レイバー（新しい労働党）も嬉々としてそれにならった。過去一〇年間で、〈ＢＡＥ〉は少なくとも五件の武器取引で贈賄容疑の捜査を受けている。

産業の一部を依然として国が握っているフランスでは、兵器製造会社はいかなる政治思想の政権からも同じような熱心な支援を受けている。しかし、同国のメディアもオピニオン・リーダーも、まれな例外をのぞいては、防衛産業の怪しげな手口にほとんど無関心のようだ。とはいえ、

1　同社は一九九九年まで〈ブリティッシュ・エアロスペース〉として知られ、以降〈ＢＡＥシステムズ〉と改称された。筆者はさまざまな形で現われる同社を一貫して〈ＢＡＥ〉と呼んでいる。

ひとりかふたりの捜査検事は、大がかりな腐敗行為の事件で、イギリスの検察官よりも法に訴えることに勇敢だった。ドイツ、スウェーデン、イタリアの兵器製造会社も自国政府から大きな支援を受けている。ドイツの検察官はたしかに兵器製造会社を捜査しているが、世間を当惑させるような結果はほとんど出ていない。イタリアと、〈サーブ〉社が精査された多くの取引で〈BAE〉とパートナー関係を結んできたスウェーデンでは、捜査はまれである。

防衛産業と政府の関係は、より民主的でない国々ではさらに持ちつ持たれつである。武器ビジネスの役割は、中国人民解放軍の成長をつづける巨大な商業帝国のきわめて重要な構成要素であり、中国の独裁的計画資本主義の明確な特徴となっている。武器はつねに外交政策の道具となってきたが、安い武器を使って影響力を拡大する中国のやりかたは、前例のない水準に達している。ロシアで権力のレバーを操作している者たち——ウラジーミル・プーチンを取り巻くいわゆる「シロヴィキ」——は、重要な後援者である同国の武器ビジネスを完全に支配している。

中国とロシアはスーダンやシリア、ミャンマー、イラン、北朝鮮、ジンバブエをふくむ世界の独裁国家の多くに武器を売っている。[1] 両国の小火器はダルフールからムッライッティーヴーにいたる戦闘地域で急増している。中国はロシアやフランス、イギリス、アメリカとともに、ホスニ・ムバラクのエジプトに進んで武器を供給した。NATO諸国はリビアのムアンマル・カダフィを攻撃した際、ロシア製の武器だけでなく、フランスやドイツ、イタリア、イギリスがこの独裁者に売った武器も破壊しなければならなかった。

1　最後の二カ国は大部分、中国から供給を受けている。

そうした報復《ブローバック》――武器セールスの意図しない予想外のマイナスの結果――は、武器取引ではよくあることで、売った側の国の安全をおびやかすことも多い。おそらくもっとも明白な例は、アフガニスタンのムジャヒディンにアメリカが武器を供給した件だろう。ソ連を国内から追いはらうために武器を与えられ、訓練を受けたその同じ戦士たちが、同じ武器を使って、タリバンと、こんにちアメリカの最大の敵と見なされるアル・カーイダ・ネットワークの核を作り上げたのである。

報復《ブローバック》は、多くが冷戦やバルカン半島の紛争、イラクの戦場の余剰在庫である武器が、レオニード・ミニンやヴィクトー・バウトのような〝死の商人〟によって転売された場合にも、日常茶飯事である。ほとんどが小火器や軽火器であるこれらの武器は、アフリカや中東、ラテンアメリカ、南アジアの紛争に油を注ぎ、長引かせる。

こうした数多くの報復《ブローバック》の実例が兵器製造会社とその政府の擁護者のせいにされると、彼らはこうした不幸な事件よりも、産業の経済的貢献、とくにそれが生みだす雇用の数のほうが重要だと反論する。しかし、実際には、その成果は一様ではない。

武器ビジネスのプラス面の経済的影響は、業界が資金を出している強力なPRマシンやシンクタンク、ロビイストによってしばしば誇張されている。雇用機会の数が大幅に水増しされているだけでなく、そうした仕事が通常は公的資金からのかなりの補助金を必要とするということを見落としている。その補助金は、社会のほかの分野で、もっとたくさんの、より道徳的にけがれていない仕事を生みだすために役立つというのに。

防衛産業が技術開発の面においてかなりの進歩に貢献してきたことにほとんど疑う余地はな

い。しかし、ほかの部門なら、同じか、それより少ない資源で、同じような影響力を与えられたかもしれないということはできるだろう。

兵器産業の経済的貢献は、世界中の主要な大企業——〈ロッキード・マーティン〉、〈BAE〉、〈ボーイング〉、〈ノースロップ・グラマン〉、そして〈KBR〉や〈ハリバートン〉、〈ブラックウォーター〉といったそれらと密接に結びついた企業——が大がかりな腐敗行為や無能さ、公的資源の浪費に関与する頻度によってもケチがついている。企業が違法行為で大きな代償を払う羽目になることはごくまれで、毎度のように政府の大規模契約に従来どおり入札することを許されている。

武器取引には国内だけでなく、域内、多国間、さらには国際的な規制が山ほどあるが、実際には、兵器産業と仲介役と政府の秘密の共生関係のせいで、この規制がまともに実施されることはめったになく、ときにはまったく無視されるというのが現実である。現代の国連の武器禁輸がはじまって以来、そうした禁輸の違反の申し立ては、五〇二件調査され、記録されて、公表されているが、われわれの知るかぎり、それがなんらかの法的責任につながった例は一件しかないし、その一件も無罪放免になっている。

武器ビジネスは世界の人々の暮らしに甚大な影響をおよぼす。それは紛争に油を注ぎ、長引かせるだけでなく、政府に深刻な影響をおよぼすからでもある。その影響をもっとも受けるのが、われわれが戦う戦争の性格と範囲だ。その犠牲者には、企業が武器を製造する国の納税者や、それを購入する国々のたいていはもっと貧しい国民、そしてもちろん、武器自体の恐るべき攻撃の的となって苦しむ人々がふくまれる。

武器取引は、表向きの世界と影の世界、政府と商業と犯罪行為の錯綜するネットワークであり、われわれをもっと安全にするどころか、たいていは豊かではなく貧しくする。そして、われわれのためではなく、自己の利益に奉仕する少数のエリートの利得のために管理され、見たところ法律が及ばず、国家安全保障の秘密主義に守られ、誰にたいしても説明責任を負うことはない。

本書は、この強力だが秘密主義の世界を発見する旅である。

最初に取り上げるのは、ドイツが戦争に敗れたあと元ナチ高官の集団が設立した武器会社で、この会社は世界がこれまで知っているなかで屈指の無法な武器ディーラーのネットワークに発展した。そして、最後に取り上げるのは、影の世界だけでなく、アメリカと同盟国の防衛製造会社にとってまさに金脈となったイラクとアフガニスタンのお粗末としかいいようのない戦争である。

旅の途中で本書は、サウジアラビアの増えつづける富と、世界の武器取引への増大する影響力、とくに世界最大の武器売買契約である悪名高い〈アル・ヤママ〉取引を通じたイギリスの巨大防衛企業〈BAE〉の発展におけるその役割を描きだす。さらに〈BAE〉とそのアメリカのライバル会社である〈ロッキード・マーティン〉が自国での武器取引を獲得するために政府と情報機関との関係をどのように強化し、その一方でこれらの契約と怪しげな代理人を利用して、贈収賄でどうやって驚くほどの富をもたらす外国との契約を手に入れたかに目を向ける。

さらに、レバノン系アルメニア人のジョー・デル・ホウセピアンのような一匹狼のディーラーの出現や、国家と犯罪活動と銃器密輸の一体化の軌跡をたどっていく。この一体化は、〈メレックス〉の元代理人でリベリア大統領のチャールズ・テイラーが監督したダイヤモンドと武器の取引によって頂点にたっした。本書は、武器取引の強欲さによって油を注がれ、見たところ終わりのない内戦と民族紛争に明け暮れる、アフリカ大陸の大地の荒廃を概観する。この取引を促進するうえで、イスラエルからスウェーデンにいたる世界のもっとも裕福な国々がはたす役割についても考察する。

最後に、本書は、主要な登場人物や企業の記録に残る現況と消息をあきらかにし、それから武器取引の新たなるトレンドと、規制の改善や強制、説明責任への期待に焦点をあてる。

旅の終わりに、筆者は読者がこう問うてくれることを願っている。みんなの生活に影響をおよぼすこの影の世界について、われわれ資金提供者はもっとはるかにたくさんのことを知るべきではないかと。政治家や軍部、情報機関、捜査官、検察官、製造会社、そしてディーラーにもっと高い透明性や説明責任を要求すべきではないかと。そして、われわれはこの世界を荒廃させる影から抜けだすべきではないかと。

第一部　二番目に古い職業

1　手数料の罪

「人を切り刻んだり殺したりすることで利益を得る者、それがわたしだ」。これは、ジョージ・バーナード・ショーの戯曲『バーバラ少佐』で強烈な印象を残す軍需品製造業者アンドルー・アンダーシャフトの自慢げな自己描写である。ショーがこの戯曲を書いて以来、一〇〇年以上にわたって、文学やテレビや映画には、ほとんどが薄っぺらな軍閥や死の商人がはびこってきたが、彼らとはちがって、アンダーシャフトは兵器の製造と取引の複雑さと矛盾を体現している。

彼は人を救うためにはふたつのものしか必要ではないとほのめかす。それは「金と火薬」である。政府については、「あの馬鹿げた騒音工場」と彼はいう。

おまえたちはわれわれの利益になることをする。われわれに好都合なら戦争をしかけるし、不都合なら平和を守る。われわれがそうした手段に訴えると決めたとき、商売にはある種の手段が必要であることに気づくだろう。わたしが自分の配当を維持するためになにを望んでも、おまえたちはそのわたしの望みが国家の必要とするものであることに気づくだろう。ほかの人間がわたしの配当をそこなうためになにかを望んだら、おまえたちは警察と軍を呼ぶだろう。そしてその見返りに、わたしの新聞の支持と称賛を受け、自分が偉大な政治家であると想像して大いに満足することになる。

ショーの「兵器屋」が本当に信じているのは、「人物や主義に関係なく、ちゃんとした価格を提示する者には誰にでも武器」を売り、「いい人間からも、悪い人間からも同じように快く注文を受ける」ことである。しかし、アンダーシャフトの娘に下心をいだいている、めかしこんだ遊び人はこう口をはさむ。「なるほど大砲の商売は必要かもしれません。大砲なしじゃやっていけませんからね。ですが、正しくはありませんよ」

ショーにアンドルー・アンダーシャフトという登場人物の着想を与えたのは、バジル・ザハロフだった。彼はスウェーデンとドイツの軍需産業界の重鎮アルフレッド・ノーベルとアルフレート・クルップとならんで、現代の兵器企業〈BAE〉のゴッドファーザー的存在である。「死のスーパーセールスマン」、「ヨーロッパの謎の男」、「当代のモンテ・クリスト伯」など、さまざまな名で知られるザハロフは、世界最初の華麗で伝説的な武器ディーラーであり、彼のあとをつぐ者たちに雛型を提供した人物だ。

有名なノンフィクション作家アンソニー・サンプソンは、『兵器市場』でこう書いている。

ザハロフは歴史的に重要な人物だった。売りこみの手腕と贈収賄の達人だっただけでなく、武器と外交の関係、武器と情報の関係を理解し、セールスマンとスパイ両方の役割をつとめることができたやり手だったからだ。彼は新興の武器ビジネスの相反する忠誠心のすべてを象徴していた。「わたしは買う気のある人間には誰にでも武器を売った。わたしはロシアにいたときはロシア人で、ギリシャにいたときにはギリシャ人、パリにいたときにはフランス人だった」

ザハロフの国際色豊かな人生のすべてが、生まれた日付と場所と本名をふくめ、謎と陰謀につつまれている。そのほとんどは彼自身が作りあげたもので、少なからず自分の商売上の利益を高めるためのものだった。卑しい出自のギリシャ人として、おそらく一八四九年から一八五一年のあいだに生まれたザハロフは最初、地元の売春宿で客引きとして働いた。賄賂を払わないと火事を消さず、金をせびるためによく火災を起こしたコンスタンチノープルの消防団、〈トゥルムバドシ〉の一員でもあった。彼はじきにロシア人将校の息子ゴルツァコフ公と名乗って世界を旅してまわった。

ほぼ文無しでキプロスにたどりついたザハロフは、武器取引に手を出し、まず猟銃を売り、つぎに安い軍用装備を販売した。軍需物資を満載した船でアフリカ沿岸を航海し、西アフリカの争うふたつの部族の長にそれを売りつけたと自称した。彼はのちにこういっている。「わたしは未開人のためにはじめて数百梃の銃器を密輸した。両陣営に武器を売れるように戦争を仕掛けたのだ。わたしはきっと世界中の誰よりも数多くの武器を売ったにちがいない」

一八七四年、アテネで、のちにギリシャの首相となる有力な政治ジャーナリストが、ザハロフに彼の本業となる商売で最初の仕事を手配した。ザハロフは、スウェーデンの兵器メーカー〈ノルデンフェルト〉と組んだ初期の時代に武器の知識を急速に深め、新しい潜水艦をギリシャだけでなく祖国の仇敵であるトルコにも売るよう同社を説得した。「彼は（ギリシャの）不倶戴天の敵、すなわちトルコ海軍に潜水艦を売ることが、非愛国的な行為であり、いささか不道徳であるとは思っていたが、彼にはつねにそうした道徳的懸念を克服する力があった」

彼の後半生の非凡な活動がはじまったのはこの初期の武器取引の時代だった。報道機関にたいする軍事プロパガンダの流布と贈賄術である。これについてある観察者はつぎのように論評している。

経験豊富な武器セールスマンでも、議会取締委員会の目の前で国防大臣に五ケタの小切手をこっそり手渡そうとする前に躊躇するだろう。しかし、ザハロフは躊躇とは無縁だった。彼は腐敗行為の防止に献身する地方検事の目の前でさえ、それほどびくびくしないで、大臣の机に金貨の袋を置いたことだろう。

〈ノルデンフェルト〉の競争相手——たとえばイギリスの大製造企業〈ヴィッカーズ〉と〈アームストロング〉や、ドイツの巨大企業〈クルップ〉、そしてフランスの〈シュナイダー＝クルーゾ〉社など——は、いちばん金額の低い提案がもっとも受け入れられる可能性があるという見解を取っていた。ザハロフはまったく逆の手段をもちいた。「彼は競争相手の倍の値段で銃砲を提供し、商談の決定権を持つ政治家には、競争相手が大胆にも差しだした賄賂の三倍の額をこっそり手渡した」

彼は自分の商売の繁盛を確実にするために、つねに喜んで紛争を焚きつけた。十九世紀後半から第一次世界大戦後までバルカン半島に平和が戻らなかった主要な理由のひとつは、「ふだんは平和を愛する新聞の編集発行人に数千金フランを、これまで一発も銃を撃ったことのない国境警備隊員に数百レフをつかませる——すると新しい事件が作りだされる。議会は新たな軍備の支払いを承認し、各省が新しい武器の注文を——より高額の入札のより高い手数料と引き換えに——割り当てる」からだったといわれている。

ザハロフはまた、とくにボリビアとパラグアイとスペインとアメリカのあいだの戦争を扇動するのを手伝ったのではないとしても、それが起きるのを求めたと非難された。ブール戦争と日露戦争では両陣営に武器を売り、そのやりかたに異議を唱えた野党の下院議員ロイド・ジョージと衝突した。

ザハロフは膨大なエネルギーと金をついやして、世界中の宮廷と首相府に取り入った。ヨーロッパ各国の首都はザハロフの腐敗行為と悪賢さの噂話で持ちきりだった。〈ヴィッカーズ〉社は部分的にはこのザハロフの手腕を手に入れるために〈ノルデンフェルト〉社を買収したが、〈ヴィッカーズ〉に好意的な歴史家ですら、こう結論づけている。「ザハロフが二回か三回、一八九八年のセルビアと、のちにロシアで、そしておそらくトルコで、秘密の手数料か賄賂を支払った証拠がある」

賄賂の理由はこんにちでもあてはまるものだ。手数料が増えると、役人は自分の取り分がより多くなるように、自国の国力または必要を超えた、より大きな取引をおそらく暗に奨励するだろう。ヨーロッパのある政府との巡洋艦の契約で役人に一連の手数料を支払ったあるセールスマンのこんな話があった。しまいにひとりの役人があまりにも法外な要求をしてきたので、そのイギリス人はこう叫んだという。「いったいどうやって巡洋艦を建造すればいいんです？」。すると役人はこう答えた。「そんなことはどうでもいいじゃないか。きみが儲かり、わたしが儲かっているかぎりは」

　第一次世界大戦の前夜には、ザハロフはそこらじゅうに顔を出し、利益を増やせることに片っ端から首をつっこんでいるようだった。明白な腐敗行為だけでなく、影響力と情報に精通することによって、つねに競争相手の一歩先をいっていた。とくにイギリスの一部政治家のあいだには、兵器企業全体、とくにザハロフが、独自の外交政策を立てて、政府に不当な影響をおよぼしているという、きわめて現実的な懸念があった。一九一四年七月二十八日、兵器産業が切実に欲していた戦争が宣言されたとき、ザハロフはそれを最大限利用できる完璧な立場にいた。当時、彼は両陣営に武器を供給し、おそらく一九一五年までそれをつづけた。実際、戦争にいたる三〇年間で、イギリスの兵器産業は、ほかのどの国とも同じぐらい、敵の軍隊を支援してきた。〈アームストロング＝ホイットワース〉社は英国海軍のために三六隻の艦艇を建造したが、外国の艦隊のためには一〇〇隻以上を建造し、そのうち二六隻が結局敵となった国に引き渡された。

　にもかかわらず、ザハロフは、以前兵器産業に批判的だったロイド・ジョージと、彼が軍需大臣をつとめた時期と、のちに首相になった時期に、親しくなった。この武器ディーラーはスパイの親玉の役目さえつとめ、直接ロイド・ジョージのために働いた。もちろん、ザハロフは自分の諜報活動を誰にでも見境なしに武器を売ることへのさらなる正当化に利用し、「（武器を）他国に売る国は、売却相手国の陸海軍の国内における立場をいちばんよく理解している」と主張した。

第一次世界大戦は何百万という人命を奪い、想像もつかないほどの破壊をもたらしながらつづいたが、ザハロフには「たいへんな名誉をもたらし、彼を億万長者にした」。彼は英国王からナイトに叙せられ、最高位の功労勲章を受けて、イギリスの首相の平和交渉担当顧問に任命された。現実には、戦争の後半に戦争で疲弊した連合国のあいだで平和の気運が高まると、この武器セールスマンは、「最後の最後まで」戦争をつづけるほうを選ぶという意思を表明したのだが。

晩年のモンテカルロで、かつての「死のスーパーセールスマン」は、なによりも自分の過去の活動の証拠を闇に葬り去ることに関心を向けた。そして、一九三六年十一月二十七日、オテル・ド・パリの自室バルコニーの車椅子で八七歳の生涯を閉じたとき、彼はゆがんだ皮肉な笑みを浮かべることができた。彼は戦争から得た巨万の富を享受した。戦争は肩書きと地位、あらゆるぜいたくを与えてくれた。しかし、彼は自分の秘密の大半を墓に持っていき、武器ディーラーの原型となる雛型をあとに残していった。謎と華やかさとぜいたくな暮らしのイメージ。権力の回廊での友情。賄賂と腐敗行為の常習的な利用。欺瞞と隠密情報活動への関与。メディアの所有もしくは影響力を通じた公序良俗と世論の操作。取引活動と、その結果としての利益のマネーロンダリングの両方にとってきわめて重要な、金融サービスへの関与。あらゆる人間にあらゆるものを売る魅力と能力と残忍さ。ようするに、合法と非合法のあいだの不明瞭な隙間で活動する一方で、贈り物や推薦の言葉、富豪と権力者との交友によってりっぱな社会的信用をあがなうことについやされた人生である。

第一次世界大戦は兵器産業にたいする幅広い反発をもたらした。ザハロフの親しい仲間のロイド・ジョージの回想によれば、終戦で連合軍が平和条約を結ぶためにパリに集まったとき、「世界の平和を守りたかったら、兵器を製造する強大な企業の利益という概念を捨て去らねばならないということに反対する人間は、そこにひとりもいなかった」という。

ザハロフの〈ヴィッカーズ〉社がイギリスの敵に武器を提供していたことがわかると、反感は強まった。しかし、もっとも影響力ある兵器会社の批判者は、国際連盟への熱意に焚きつけられたアメリカのウッドロー・ウィルソン大統領だった。彼は「私企業による軍需品と戦争の道具の製造は激しい非難をまぬがれない」ことに同意する国際連盟規約の歴史的な一節に影響を与えた。この規約によって、軍縮のための委員会が設立された。その一九二一年度の報告書は、兵器会社を徹底的にこきおろし、「戦争への不安を煽り、政府の役人を買収し、各国の軍備計画にかんする偽の報告書をばらまいて、国と国とを対抗させることで軍拡競争を加速させる国際軍備同盟を組織している」と非難した。

批判はこのように辛辣で広範囲におよんでいたが、実際にはほとんどなんの手も打たれなかった。兵器産業は前例のない不景気に陥り、〈ヴィッカーズ〉とそのライバルである〈アームストロング〉は業績がひどく悪化したため、イギリス政府は両社を強制的に合併させ、〈ヴィッカーズ＝アームストロング〉社を誕生させた。

二度の世界大戦のあいだ、〈ヴィッカーズ＝アームストロング〉をはじめとする大兵器会社はみな、恒久的平和の見通しに反対する運動に手を染めた。一九二七年のジュネーヴ軍縮会議では、精力的な兵器ロビイストのウィリアム・G・シアラーが、アメリカの三大造船会社に巨額で雇われた。彼は恐怖をかき立て、軍艦建造を奨励するプロパガンダを広めて、国際的な軍縮合意へのあらゆる動きを妨害するのに尽力した。しかし、シアラーのロビー活動は、意図せぬ結果を生み、兵器会社にたいする前例のない反対運動を招いたのである。ジュネーヴ会議の直後、彼は二五万八〇〇〇ドルで自分を雇った三社をロビー活動手数料の未払いで訴えて、自分が法外な金額で雇われたことだけでなく、軍縮にたいする兵器会社の抵抗もあきらかにした。

アメリカ国民はそれ以前の一〇年間、兵器の管理にほとんど無関心だったが、このシアラーのすっぱ抜きは、平和主義の高まりと、一九二九年の大恐慌で激しくなった大企業への根源的な不信感にちょうど合致した。いちセールスマンの暴露話は国民の重大な関心事となった。一九三三年の末に、平和主義者たちはノースダコタ選出の進歩的な若き共和党上院議員ゲラルド・P・ナイの支持を取りつけた。上院議員は武器取引の禁止運動に雄弁な熱意で応じた。「かつてこれほど常軌を逸した不正が、堕落した精神のなかでくわだてられたり、あるいは啓蒙された国民によって見てみぬふりをされたりしたことがあっただろうか?」

一九三四年四月、上院はナイを委員長に据えた委員会を設立した。報道機関はこの運動を称賛した。その年の春、《フォーチュン》誌は「武器と人間」と題した辛辣な記事を掲載し、第一次世界大戦では兵士ひとりを殺すのに二万五〇〇〇ドルの費用がかかったと計算した。「その大部分は武器メーカーのポケットに入ったのである」。論争の書『死の商人』はベストセラーになり、《シカゴ・デイリー・ニューズ》紙は、二〇〇もの会社がいかに「たたきつぶされた脳味噌や蒸し焼きにされた脚を食いものにして現金収益を」あげているかを紹介した。

この年の後半に、ナイ委員会は驚愕すべき報告書を発表した。〈エレクトリック・ボート〉社の社長と〈ヴィッカーズ〉社の社長との手紙のやりとりを公表して、武器ビジネスの全体的な道徳性の欠如をあきらかにしたのである。彼らは武器取引のいかなる種類の規制もいさぎよしとせず、平和をおしすすめる試みを嫌悪し、進んで賄賂を利用する。委員会は〈カーチス=ライト〉航空機会社のクラレンス・ウェブスターに手数料とはどういう意味なのか説明するよう求めた。「実際は、賄賂なのではないですか?」。すると彼はこう答えた。「そうでしょう。かなりきつい言葉ですが、厳密にいえばそうでしょうな」

ナイ委員会は兵器産業が「つねに賄賂を使いたがり、武器を売るために国と国とを対抗させて利益を得ている」ことを生々しく暴露した。また武器セールスマンがどの程度その国の政府に支援されているかもあきらかにした。ナイ上院議員はこう感想を述べている。「これを見ると、陸軍あるいは海軍というものは、アメリカ政府から給料をもらう、私企業のためのセールスマン組織にすぎないのではないかと思わずにはいられない」。ある証人はこう示唆した。「〈ヴィッカーズ〉の連中がいちばん汚い。連中は大使館のほぼ全員を自分たちのために働かせ、疑わしい素性の女たちを自由に利用しているんです」

ナイ委員会の答申は、かなり広い批判を浴びたが、少なくとも国家的な軍需品管理委員会が誕生する契機となった。この委員会は政府に平時の武器取引を禁止する権限を与えはしなかったものの、この問題にかんする国際的な協定の誕生にいくらかの希望を与えた。

イギリスでは、ナイ委員会の答申と国民の圧力によって、一九三四年に労働党が「武器の私的製造の禁止」を要求するにいたった。議会の議論のなかで、のちの首相であるクレメント・アトリーは、武器取引を売春と奴隷制度にたとえた。あるイギリスの無記名投票で回答者の九〇パーセント以上が「私的利益のための武器の製造と販売は国際協定で禁止されるべきだ」と感じているという結果がでると、政府はその問題にかんする王立委員会を設置せざるをえなくなった。同委員会はイギリスの武器取引にたいする控えめだが広範囲な批判をくりひろげたが、そのなかにはロイド・ジョージからの激しい介入もふくまれていた。「民間の製造にゆだねるのをやめればやめるほど、戦争の扇動を促進する動機は小さくなると、わたしは考える」。このころには、年老いたザハロフは、あきらかに戦時中の昔馴染みにほとんど影響力を持っていなかったようだ。〈ヴィッカーズ〉のスポークスマンは、委員会で同社の手口をはっきりさせた。

ミスター・ヤップ（〈ヴィッカーズ〉）　……われわれは代理人に歩合の手数料をはらっています。

デイム・レイチェル・クラウディ　歩合ですか？

ヤップ　ええ、しかし、そのどれだけの部分が彼自身のポケットに入るかや、彼がそれでなにをするかについては指示していません……

クラウディ　よって、どんな接待も実際には彼の手数料から出たにちがいない。

サー・チャールズ・クレイヴン（〈ヴィッカーズ〉）　そうです。

クラウディ　そして、いかなる〝賄賂〟も彼の手数料から出たにちがいないと？

クレイヴン　もちろんです。

委員会が報告書を出すころには、イギリスの兵器会社と世論の状態はすでに、ナチ・ドイツの好戦的態度に反応して変わりはじめていた。ドイツではクルップがヒトラーと仲良くなって、自分の工場を兵器の製造に向けていた。それに対抗したイギリスの大規模な再軍備は、同国の兵器会社の救世主だった。国家への直接的な由々しき脅威と、それにともなう戦争プロパガンダ、そして軍への賛美が、武器製造にたいする批判に幕を引いた。

各社は国の手厚い支援を受けて造船所や工場を再稼働させ、政府が各社の利益を厳格に管理していたおかげで、戦争を食いものにしているという非難をまぬがれることができた。武器の輸出は以前ほど社会的な問題ではなくなり、管理も厳しくなっていた。空軍省は、納入の遅延と機数不足をめぐって〈ヴィッカーズ〉をはじめとする会社と激しくやりあい、爆撃機の機数不足をおぎなうために、アメリカの〈ロッキード〉社に目を向けざるをえなかった。しかし、英国本土航空決戦《バトル・オブ・ブリテン》の結果、神話化された名機スピットファイアのおかげで、〈ヴィッカーズ〉社のイメージは大いに高まり、故バジル・ザハロフの記憶は薄れた。このときが同社の国家的役割と大衆イメージの頂点だった。

第二次世界大戦はイギリスをはじめとする国々で軍産複合体が誕生する前触れとなった。この軍国化された経済は、帝国体制から生まれ、戦時中に巨大な規模に拡大し、冷戦に突入してもほとんどそのままの状態だった。

戦後一〇年間、武器取引は事実上、英米の独占状態だった。イギリスの兵器産業は帝国の衰退によって依然として活況を呈していた。各国が独立を手にすると、自国の地位と安全保障を高めるために武器を求めたからである。一九四五年から一九五五年のあいだに、イギリスは軍艦をのぞく二〇億ドル分以上の武器を民間の取引業者に、一七億ドル分以上の武器を外国政府に売った。NATOが結成され、ヨーロッパにアメリカの援助が流れこむと、武器セールスの機会はさらにふえた。アメリカ人の関心は、経済的なものより、外交的なものだったので、ヨーロッパ大陸のためにイギリスから装備を購入した。両国は緊密に協力しあい、影響力を持つ地域にかんする暗黙の了解にしたがって、武器のセールスで激しく争うことを避けた。

第一次世界大戦時の反応を思えば、人類史上最大の破壊をもたらした戦争のあとに武器セールスが急激に増加したというのに、もはや社会の関心がそこに向けられなかったというのは驚くべきことだ。たしかに軍縮の諸問題はかつてなかったほど話し合われたが、議論や会議で優先されたのは、当然ながら核軍縮だった。核による大量殺戮の新たな危険にくらべれば、通常兵器の輸出という問題は比較的無害で、高まりゆく冷戦の副産物として避けがたいように思われたのである。

冷戦が長引き、イギリスの影響力が弱まると、アメリカ人がソ連の脅威と同国の成長する兵器産業に対抗して、伝統的なイギリスの領域に進出した。一九六〇年代前半には、アメリカは群を抜いて最大の武器輸出国となり、イギリスは海外市場を獲得するためにいっそう激しく競争しなければならなくなる。

最大の兵器製造会社でありつづけようとする〈ヴィッカーズ＝アームストロング〉の努力は実を結ばなかった。五〇年にわたり〈ヴィッカーズ〉のもっとも魅力的な商品だった戦艦は戦後大きく重要性を失い、ジェット機の製造はイギリスのひとつの企業にとってはるかに複雑で高価になりつつあった。

ヨーロッパにおいてさえ、イギリスは武器、とくに航空機の主要な製造者として、再登場したフランスの挑戦を受けていた。フランスの兵器産業はマルセル・ダッソーに擁護されていた。ユダヤ人医師の息子であるマルセルは、十九世紀末のパリで少年時代をすごし、幼いころから空を飛ぶことへの情熱をはぐくんだ。第一次世界大戦中、飛行機製造のために自分の会社を設立。一九四〇年、フランスの降伏後は、フランスのほかの航空機設計者とともに拘留された。自由と引き換えにナチのために働くことをこばみ、一九四四年、ブッヒェンヴァルト収容所に移送されたが、ここでも依然として協力をこばみ、死刑を宣告され、連合軍部隊の到着でからくも救われた。収容所から出てきたとき、彼は五二歳のひ弱そうな男で、片方の耳の聴力を失い、視力も弱っていたが、いまだに航空機を製造する野心に燃えていた。戦後、彼は名前をブロックからダッソー（レジスタンス活動中の兄の別名）に変え、ド・ゴールとの親密な政治的同盟関係を築いて、一九五一年から七年間、フランス国会の代議士に選出され、アングロサクソンの兵器会社よりもっとコンパクトで印象的な組織を作り上げた。彼のもっともすばらしい創作物は、デルタ翼とロケット・ブースターで有名なミラージュ・ジェット機である。同機はフランスで屈指の成功をおさめた輸出品のひとつで、フランスの外交政策の重要な要素となった。ダッソーは、莫大な富とフランス兵器産業の支配、政治的コネと新聞を使って、ひとり軍産複合体となった。

しかし、フランスもイギリスも、増大するアメリカの輸出と長期的に競争することは事実上できなかった。これに対処するため、イギリス政府は産業の経営合理化をうながし、〈ロールスロイス〉、〈ホーカー・シドレー・エヴィエイション〉、そして〈ブリティッシュ・エアクラフト・コーポレーション（ＢＡＣ）〉が主要な合併企業として誕生した。〈ＢＡＣ〉は一九六〇年七月一日、〈ヴィッカーズ＝アームストロング〉の航空機部門と、より規模の小さな三社の合併によって創設された。株式の四〇パーセントは〈ヴィッカーズ＝アームストロング〉の所有である。同社の唯一の大成功は、小振りの民間旅客機ＢＡＣ１１１だった。のちにレオニード・ミニンが選んだ機体である。政府は同社の破産を恐れたが、同社を見限ることにも乗り気でなかったため、最終的に一九七七年、〈ＢＡＣ〉を国営化し、〈ホーカー・シドレー〉および〈スコティッシュ・エヴィエイション〉と合併させた。新しい企業グループは、〈ブリティッシュ・エアロスペース（ＢＡＥ）〉と命名された。

一九七九年、イギリスの選挙でマーガレット・サッチャーが首相となった。彼女の原理主義的自由市場思想は、公共部門の広範囲な民営化への徹底した取り組みで裏付けられた。〈ＢＡＥ〉の短期的な国営化は一九八一年前半に終わりをむかえ、公開有限責任会社になった。政府は二月に株式の五一パーセント強を売却し、一九八五年に残りの持ち株を処分したが、外国の支配を拒否する権限を与える制約「ゴールデンシェア」は持ちつづけた。

一九八七年、〈ＢＡＥ〉は、弾薬や小火器、戦車、火砲、爆薬を製造する国営兵器工場の集合体である〈ロイヤル・オードナンス〉を買収した。その四年後、小火器のメーカーである〈ヘッケラー＆コッホ〉も買収した。〈ＢＡＥ〉は〈マルコーニ・エレクトロニック・システムズ〉と合併したのち、一九九九年に〈ＢＡＥシステムズ〉になった。社名変更は、イギリス国防省よりアメリカ国防総省により多くの製品を売っていることから考えて、純粋なイギリス法人であるという社のイメージを変えることをあきらかに意図したものだった。

新しい〈BAE〉の誕生当初の生き残りは、アメリカ国防総省ではなく、いかがわしい評判の砂漠の一王国になによりもかかっていた。サウジアラビアは、イブン・サウドという名でも知られるアブドゥル・アジズの二四年間の運動のすえ、一九二五年に近代国家として産声をあげた。彼はアラビアのさまざまな部族を征服してひとつの国にまとめ上げた。サウジアラビアはこんにちにいたるまで絶対君主国であり、王位ともっとも重要な各省は依然としてアブドゥル・アジズ王の子供たちが握っている。国家の富と地位は、東部の広大な油田と、西部のイスラム教の二聖地メッカとメディナによって決定されている。とてつもない石油の富と、厳格で原理主義的な宗教の組み合わせは、世界最大の謎のひとつを作りだしてきた。

サウジアラビアは、全世界でわかっている石油埋蔵量の約五分の一を有し、長年、世界最大の石油輸出国だったが、最近ではロシアがそれを追い越しているかもしれない。サウジの予算財源の八〇パーセント、輸出収入の九〇パーセント、GDPの四五パーセントをしめる石油は、アブドゥル・アジズ王のイギリス人顧問ジャック・フィルビーが王に試掘を許可するよう説得したのち、一九三八年にはじめて発見された。ソ連のスパイの仮面をはがされた悪名高いイギリス人キム・フィルビーの父親であるジャック・フィルビーは、端役としてイギリス政府に免職させられ、カリフォルニアの〈スタンダード石油〉に雇われた。彼は新しい雇い主のために採掘権を確保した。この採掘権には、前払いで金《きん》一七万五〇〇〇ドルと、六〇万ドルのローンを要した。取り決めは六〇年間有効で、その範囲は三六万平方マイルにおよび、間違いなく世紀の掘り出し物だった。発見から一世代のあいだ、サウジの石油ビジネスは実質上、サウジとアメリカの石油会社の共同企業体である〈アラビア・アメリカ石油会社(ARAMCO)〉によって管理されていた。

石油の富は、サウジが西側との共生関係を築くことを可能にしてきた。暗黙の保護の保証と、武器取引への飽くことを知らぬような欲求の見返りに、石油は豊かに供給されている。アメリカとイギリスは、武器輸出に同意する前に人権問題を考慮するよう義務づけた法律と取り決めの当事者だが、こと武器を売ることにかんしては、同王国の独裁的で、圧政的で、女性嫌悪的な支配体制には目をつぶっている。人権侵害は日常茶飯事で、イスラム教以外の宗教儀式は違法とされ、政党は非合法化されている。アムネスティ・インターナショナルは二〇〇九年の状況をこう描写している。

何千何万という人々が裁判抜きで勾留されつづけていた。人権活動家と政府の平和的な批判者は、人種や言語、肌の色、信条などの不当な理由で拘束されている囚人をふくめ、勾留されるか監獄に留まっていた。表現や宗教、結社、集会の自由は依然として厳しく制限されている。女性は依然として法律と慣習でひどい差別待遇に直面していた。移住労働者は搾取と不当な扱いを受け、救済の可能性はほとんどない。裁判は秘密のベールにつつまれたままで、事実上、即決裁判だった。拷問などの被勾留者への虐待が蔓延し、罰を受けることなく行なわれている。鞭打ちが刑罰として広くもちいられている。死刑は発展途上国からの移住労働者や女性、貧しい人々にたいして、ひきつづき広範囲で差別的なやりかたでもちいられていた。処刑された人々の数はすくなくとも一〇二人にのぼる。

朗々たる声とがっしりとした顎、そしてライオンのような頭をしたヨークシャー出身のいかついビジネスマン、ジェフリー・エドワーズは、土木建築工事の仕事を探して一九六〇年にサウジアラビアを旅したことがあり、武器売買契約の可能性を見て取った。彼はイギリス企業に接触し、〈BAC〉、〈AEI〉、〈エアワーク〉の共同企業体の代理人となり、一九六二年から国防航空大臣をつとめるスルタン王子と親しい関係をきずいた。王子はファイサル王の異母兄弟で、バンダル王子の父親である。エドワーズは抜け目なくスルタン王子の兄弟のアブドゥル・ラーマン王子を代理人に雇い、〈AEI〉から得ている手数料の半分を提供した。このイギリス人は国王の侍医を父に持つサウジの有力な融資家ガイス・ファラオンにも助言を求めた。エドワーズはのちに八万ポンドをファラオンに払ったといっている。

　当時、サウジは最新世代のジェット戦闘機をほしがっていた。しかし、サウジ空軍の契約を手に入れようとしていたのは、エドワーズだけではなかった。〈ダッソー〉と、アメリカの〈ロッキード〉と〈ノースロップ〉の二社が激しく争っていた。当初、取引の可能性について、イギリス外務省はほとんど関心を持たなかった。サウジアラビアはアメリカの縄張りと見なしていたからである。しかし、一九六四年に労働党政府が権力の座について、経済危機に直面したとき、右派のエドワーズはチャンスを見て取った。彼は当時の航空大臣に接近し、取引の莫大な経済的利益を納得させた。大臣は交渉を支援するために政務次官のジョン・ストーンハウスを派遣した。ストーンハウスはのちにこう述べている。

　政府の大半の人間は、ジェフリー・エドワーズのことを、たんまりと手数料をせしめようとする武器セールスマンだと考えて、眉をひそめた。わたしはそうではなかった。アラビアのような地域では、手数料の大半はいずれにせよ賄賂で支払わねばならないものだし、なんにせよ、イギリスの工場がこの仕事をひどく必要とし、わが国の国際収支が外貨を必要としているというときに、いやに聖人ぶった態度を取ることにどんな意味があったというのだろう。

エドワーズはスルタン王子がイギリスのライトニング戦闘機をほしがっていることを知っていた。王子がアメリカ人に失望をおぼえ、彼らへの依存からなんとしても離れようとしているとも聞いていた。サウジの王族はこの有望な手がかりを、たぶん競争をあおってアメリカ人からもっといい条件を得るための策略として与えたのだろう。イギリス人もアメリカ人もまだおたがいの縄張りに立ち入ることに慎重だったため、状況は複雑だった。一九六五年九月には、イギリス側はすでにアメリカに負けたかに思われた。しかし、アメリカはサウジアラビアがロッキード・スターファイター戦闘機を手に入れることにあまり熱心ではなかった。きわめて先進的な機体だったため、地域のパワーバランス、とくにイスラエルとの関係を乱すであろうからである。ロンドンとワシントンのあいだのハイレベルの外交交渉の結果、サウジにたいし共同提案が行なわれた。一九六五年十二月、サウジは共同提案を受け入れた。イギリス側の提案は、四二機のBACライトニング戦闘機とAEIレーダー・システムからなり、その訓練は〈エアワーク〉が提供する。これはイギリス史上最大の輸出取引であると発表された。

ロンドンとワシントンのあいだで交渉が行なわれるあいだに、各社とその代理人は悪さをしでかしていた。どの会社にも独自の代理人のグループがいて、その一部は極秘裡に複数の競り手の代理人をつとめていた。そのそれぞれがほかの者たちを贈賄で非難した。〈ノースロップ〉の代理人キム・ローズヴェルトは、イランのモサデク政権を転覆させ、国王を権力の座に復帰させたCIAのクーデターを指揮したことがあって、情報機関の奥深くにいる接触相手を利用することもためらわず、〈ノースロップ〉の重役たちにこう語っていた。「CIAのわたしの友人たちは状況にじっと目を光らせていますよ」。べつの〈ノースロップ〉の代理人ムハンマド王子は、〈ロッキード〉が払っている賄賂について国王に報告しつづけていた。当時若くてほぼ無名の武器ディーラーで、のちに彼の時代のバジル・ザハロフとして登場するアドナン・カショギは、〈ロッキード〉に雇われていた。彼はスルタン王子との緊密な結びつきをきずきあげ、万一の場合に関係を否定できる賄賂のルートとして、広く利用された。

イギリスの契約では、少なくとも七八〇万ポンドが手数料として支払われ、英国政府の三つの政府機関がそれを承知していた。輸出信用保証局と大蔵省と租税当局である。〈BAC〉がライトニング戦闘機の契約を獲得するのを手伝ったジェフリー・エドワーズは、一・五パーセントの手数料を請求した。金額にして二〇〇万ポンド以上。当時としては驚異的な額である。彼は平然とこうほのめかした。「支払いは通常の慣行で、合法的かつ公明正大なものだった。提供された取引上の便宜の対価だった」。この莫大な手数料をまかなうために、〈BAC〉はライトニング戦闘機一機あたりの価格を五万ポンド吊り上げて、このコストを「代理店報酬」として計上した。手数料はガイス・ファラオンだけでなく、サウジの五人の王子にも支払われた。

取引のあと、エドワーズは〈AEI〉を訴えた。契約にしたがって彼に手数料を払うのをこばみ、かわりにのちにパリで殺害された胡散臭い代理人に報酬を与えたからである。エドワーズ自身も、アブドゥル・ラーマン王子をふくむ三人の代理人から訴えられた。このヨークシャー人が取引にかんして彼らに借りがあると主張したのである。エドワーズはジャージー島にひっこみ、短期間、〈ロッキード〉の代理人をつとめたあと、中東と取引する自前の会社を設立した。のちにあきらかになったように、最初のイギリス側の取引と、エドワーズに支払われた手数料は、〈ロッキード〉と〈ノースロップ〉の契約と、カショギに支払われた手数料にくらべれば微々たるものだった。

取引をまとめるのにきわめて重要な役割を果したジョン・ストーンハウスは、このサウジの経験であきらかに暗黒面に触れていた。政府部内で出世したあと、じきにベンチャービジネスに手を出しはじめ、かなりの負債をかかえることになった。一九七四年にマイアミの海岸沖で失踪し、変名でオーストラリアで暮らしているところを発見され、一九七六年、詐欺と偽造で有罪となり、七年の刑を宣告された。

取引はサウジ側にとってあまり大成功とはいえなかった。ライトニング戦闘機はアラビアの広大な砂漠よりもイギリスの沿岸防衛に向いていた。納入されつつあるジェット戦闘機には数多くの技術的問題が発生し、しまいには一九六六年九月、リヤド上空のデモ飛行中に一機のライトニングが墜落した。しかし、サウジが対処を余儀なくされた最大の問題は、訓練と維持整備を提供するはずの〈エアワーク〉の力不足だった。同社が請け負った内容は、その能力を超えていることが判明したのである。イギリス国防省はしかたなくより深くかかわることになった。元英国空軍のパイロットがジェット機を飛ばすために募集され、実質上、サウジへのスポンサーつき傭兵となった。さらに最終的には、イギリス政府は計画を監督するためにサウジ側と合同でリヤドに自前の組織を設立しなければならなくなった。一見単純な商取引としてはじまったものが、結局は将来の多くの武器取引と同様、大がかりな政府の関与となったのである。

一九七三年、こうした不満とアメリカのメーカーとの新たな競争にもかかわらず、サウジとイギリスのあいだで、ストライクマスター・ジェット攻撃機の一〇機の購入と維持整備の二億五三〇〇万ポンドにおよぶ新規契約が調印された。この政府間の取引では少なくとも三〇〇〇万ポンドの手数料が支払われた。イギリス政府は支払いのやりとりに直接関与した。国防省がリヤドと主納入者の〈ＢＡＣ〉との契約に署名したからである。同社の公式に調整された利潤差額は、スイスの匿名銀行口座に流れこむ手数料を調達するためのでっちあげだった。

一九六八年から一九七二年のあいだイギリスの駐サウジアラビア大使だったウィリー・モリスは、こう書いている。「サウド家はサウジアラビアを家業と見なしている……。善悪についてうるさくいう王子のずうずうしさにはまったく驚かされる。こちらは彼が契約価格の二〇パーセントを取り分とするだろうということがわかっている（そしてたぶん向こうもこちらがわかっていることを知っている）というのに」。サウジの武器取引の世界は「ゆがんでいる」と彼はいった。「腐敗の問題はあきらかに深刻だ……『制度』はせいぜいがひどい邪魔者で、一触即発の可能性を秘めている――支配体制の下に埋まった時限爆弾である……。そこは猛獣が棲むジャングルで、人は用心深く、疑いながら行動しなければならない」。彼はスルタン王子が「もちろんあらゆる契約に不正な関心をいだいている」とつけくわえている。

一九七七年に就任したイギリスのデイヴィッド・オーウェン新外相は、急送公文書で説明されて、サウジの王族に賄賂を贈る戦術に気づかされた。「契約を獲得するためには、企業は多くの場合、かなりの手数料を支払わねばならない既定の代理人を通じて、高位の王子の支援を獲得する必要があるのみならず、その下につらなる多くの大臣や役人の支援も確保する必要がある」

この慣行を合法化するため、一九七七年五月、クーパー訓令が発布された。その起草者であるフランク・クーパー国防事務次官にちなんで名付けられたこの秘密政策は、上級官僚に政府間契約で手数料を承認し、その支払いの情報を大臣に知らせない権限を与えるものだった。手数料は関与するイギリス企業が契約を獲得するのに正当であると認めるかぎり許容できると考えられた。訓令は企業への「過剰な詮議」をさけるよう役人に指示していた。一九九四年、クーパー訓令はもっとあいまいな言い回しに書き替えられた。「役人は今後、手数料の支払いを明白に『承認』したり、あるいはそれについてやりとりすることはない。そのかわりに、『考慮』したり、『助言』したりするだけになる」。情報公開の要請への回答によれば、この政策はいまもまだ実施されている。

こうして、官僚の手のひと振りと、その行政上の主君である首相の承認で、イギリスはサウジアラビア王国との武器取引で永遠に法を犯すという取り返しのつかない決断をしたのだった。首相は仲間の大臣たちに、イギリスは腐敗行為にかんして、アメリカと同じ高い基準をつづけていくことはできないと非公式に語っていた。

この決断は両国の関係をよりいっそう深めた。一九七五年三月にファイサル国王が亡くなったとき、その葬儀でイギリス政府を代表して派遣されたのは、ふさわしくも国防大臣だった。一九七六年、依然として国防航空大臣だったスルタン王子は、ロンドンをはじめて訪問した。イギリスはそのころにはジャギュア・ジェット攻撃機を同王国に売り込むことに関心をいだいていた。サウジはアメリカからたえまなくずっと武器を買ってきた。しかし、一九七六年、アメリカ議会は同国へのマーベリック・ミサイルの譲渡を阻止し、リベラル派のジミー・カーターが大統領に選出された。この不確実性の時期に、サウジはほかの武器供給国と迅速な取引をまとめたがっていたのである。

一九七七年九月、〈ＢＡＣ〉は一九八二年までサウジ王国空軍の「サウジ化」をつづける追加契約に調印した。契約の総額は五億ポンドにのぼると考えられた。六〇〇〇万ポンドの手数料が支払われ、そのことはイギリス政府も間違いなく知っていた。政府の防衛セールス支援機構（ＤＳＯ）の長は手数料の規模を「通常請求される」ものだと表現したが、「関連する額はきわめて大きく、将来、国防計画がより野心的になるにつれ、代理人の謝礼は、なんらかの制限を課さないかぎり、莫大なものになるだろう」とも述べている。

契約価格の合計一五パーセントにのぼる手数料は、契約価格の一〇パーセントの「許容できるコスト」をサウジに負担させ、残りの五パーセントは〈ＢＡＣ〉のふくらんだ利鞘からまかなった。

一九七〇年代をとおして、イギリスだけでなくアメリカとフランスもひきつづきサウジの気前のよい武器支出から利益を得つづけた。一九六七年と一九七三年と一九七七／七八年のイギリスとサウジアラビアとの取引の総額は、現在の金額にしておよそ四五億ポンドにたっし、少なくとも五億ポンドが手数料として支払われた。

しかし、本当の大儲けはまだこれからだった。

2　ナチ・コネクション

イギリスとアメリカの大企業が正規の武器取引の頂点であったのにたいして、丸々と太った愛想のいい元ナチが経営するドイツの小さな会社は、影の世界のもっとも淀んだ深みを体現していた。武器の合法取引と非合法取引が重なりあう不明瞭な領域である。

〈メレックス〉のそもそもの起こりは、アドルフ・ヒトラーが自殺してわずか一カ月少し後の一九四五年六月前半、ふたりの男がドイツ西部の街ヴィースバーデンでベランダに腰掛けたときだった。ひとりはドイツの戦争捕虜ラインハルト・ゲーレン将軍で、すでに前の月に連合軍に寝返っていた。もうひとりは軍情報部門に所属するアメリカ軍将校ジョン・R・ボウカー・ジュニアで、彼の任務は連合軍につかまったドイツの高級工作員を尋問することだった。ふたりはドイツと世界の将来に深い副次的影響をおよぼす取り決めを話し合った。ナチ・ドイツの戦時中の情報機関の生存者が確実に西側に雇われるようにする取り決めである。

ゲーレンと彼が指揮していた工作員の広範囲のネットワークにとって、第二次世界大戦はきたるべき地球規模の大戦争の予想図にすぎなかった。一九四二年五月、ゲーレンは東部戦線を担当するドイツ参謀本部の情報部門フレムデ・ヘーレ・オスト（東部敵軍）の長に任命された。そこでの経験は彼の目を開かせた。ゲーレンは熱心なナチだったが、それにもかかわらずドイツが戦争に勝つ可能性はとぼしいことを認めざるをえなかった。ソ連軍の手法と力を率直に認めたゲーレンは、フレムデ・ヘーレ・オストの同僚ゲーアハルト・ヴェッセル中佐にこううちあけている。つぎ戦いが終われば、戦争という緊急事態が隠してきたものがはっきりと浮かび上がるだろう。つぎの数十年の世代は、世界が西側と東側ふたつに引き裂かれるのを目にすることになる。もっと重要なのは、東西の争いがなにひとつ見逃さず、有無をいわさず忠誠を求めるであろうことだ。「どちらかの側と同盟を組むことは不可欠だろう。中立の立場などありえなかった」とヴェッセルはアメリカ当局にたいして行なったのちの証言で回想している。ふたつの世界的な勢力にはさまれて、ゲーレンとヴェッセルは西側を選んだ。

こうしたことを悟ったゲーレンと彼の組織は、計画を立てた。ソ連の活動にかんするドイツ情報機関の大量の一件書類には、ソ連国内の産業施設の監視写真や、ソ連空軍の能力にかんする詳細な情報がふくまれていた。それらは整理されて、多くは林業従事者のコテージの床下に急いで掘った穴に隠された。そのときがきたら、ゲーレンと同僚たちは連合軍に投降し、寛大な取り扱いと引き換えに、書類の隠し場所を教えるつもりだった。

ジョン・R・ボウカー・ジュニアはこの取引をじゅうぶん価値があると感じた。ドイツ軍の情報の質を確信したボウカーは、隠してあったファイルの回収を監督し、捕虜収容所を探しまわってゲーレンを元同僚たちと再会させた。ナチ将校にそれほど友好的ではないアメリカ当局が自分の計画をつぶすことを恐れたボウカーは、できるかぎり自分の活動を隠し、ゲーレンの組織を守った。一九四五年八月、ゲーレンと階級の高い何人かの同僚たちがボウカーの監視のもとでアメリカのある将軍の専用機に乗せられてワシントンに移送され、そこから国防総省へ送られた。

最初は独房にぶちこまれたゲーレンは、一年以内にアメリカの情報機関を感心させ、彼らから徹底的な訓練を受けたのち、ドイツに戻って、ソ連の活動を監視するアメリカ後援の大がかりなドイツ人スパイ網の長となった。それから一〇年のあいだ、アメリカは通称「ゲーレン機関」と呼ばれたこのスパイ網に推定で二億ドルをつぎこんだ。

一九五五年、いまや何千という秘密工作員をかかえたゲーレン機関は、公式にドイツ政府に引き渡され、新設の西ドイツ情報局、連邦情報局（BND）に吸収された。ドイツ情報機関のスターであるゲーレンは、一九六八年に引退するまでBNDの長をつとめた。私生活では世界的に有名な切手収集家となったジョン・R・ボウカーのほうは、先見の明を遅ればせながら認められ、一九九〇年に「軍情報機関の殿堂」入りした。

ゲーレンの戦後の軟着陸は、ほかの著名なナチにもあてはまった。その多くは戦後の連絡網を作って、しばしばゲーレン機関とBNDの活動に人材を供給した。BNDに雇われたある人物は、ソ連で主としてユダヤ人の民間人二万四〇〇〇人を殺害した責任がある親衛隊部隊の重要メンバーだったことが判明したが、これはたぶんめずらしい発見ではなかった。こうしたいかがわしい素性にふさわしく、このネットワークは邪悪なものを取引した。拷問の訓練、傭兵サービス、そして、とくに武器取引を。

ゲーアハルト・メルティンスは、戦争の瓦礫のなかから無傷で姿を現わしたそうした人物のひとりで、ゲーレン・グループ内の連絡相手からたっぷり儲けることになった。メルティンスは戦時中、抜きんでた働きを見せ、国防軍の少佐にまで昇進した。一九四四年、彼は連合軍のDデイ進攻作戦を撃退しようとしてはたせなかった試みの最中の勇気ある行動にたいして騎士十字章を授与された――この勲章を受章したわずか七〇〇〇名のドイツ兵のひとりである。

メルティンスはいつでも進んで手を貸す、陽気で気のおけない男に見えたが、親しい仲間によれば、同時に抜け目なく、「誰でもだましていた」。戦後すぐに彼は、完全にナチの血筋を引く会社である〈フォルクスワーゲン〉社で職を得た。一九五〇年代前半までの彼の活動についてはほとんど知られていないが、興味をそそる仲間とつきあっていたことはほぼ間違いない。アメリカ陸軍情報部の文書によれば、メルティンスはドイツの再軍備を世に訴えていた第二次世界大戦のパラシュート兵のグループ、〈緑の悪魔たち〉のブレーメン支部長だった。支部にはドイツのオランダ・ベルギー・ルクセンブルク侵攻作戦を立案指揮した責任者であるクルト・シュトゥーデント将軍や、幾人かの戦争犯罪の容疑者もふくまれていた。

あらゆる種類のネオ・ナチとつながりを持ち、頑固な右翼思想の持ち主だったメルティンスは、戦後のドイツにはっきりと見られたかなりのネオ・ナチ感情に大いに共感していた。たとえば、彼は一九五〇年にドイツ社会主義帝国党（ＳＲＰ）の創設者のオットー・エルンスト・レーマーを招待して、彼のブレーメンの元軍人グループのメンバーに向けて演説させている。ＳＲＰの綱領はヒトラーの党の綱領とほとんど見分けがつかず、ホロコーストの否定もふくまれていた。メルティンスは再軍備にかんするレーマーの主張の一部には反対だったものの、「ＳＲＰの重要なシンパと見なされ」、アメリカの情報機関は彼が「党を経済的に支援するだろう」と考えた。

元軍人と元ナチの世界とのコネは、メルティンスが〈フォルクスワーゲン〉の職を辞すと決めたとき、大いに役立つことになった。一九五二年九月、彼はエジプトに旅行して、武器取引の世界への入り口となった奇怪な計画にくわわった。

一九四八年、エジプト軍はイスラエルという新生国家との戦争で大敗を喫した。当時のエジプトの支配者ファルーク国王はこの敗北を受けて、ドイツの元軍人を何人か雇い、つたえられるところではＣＩＡとゲーレン機関の暗黙の支援のもと、軍隊の訓練を手伝わせることにした。メルティンスは一九五一年九月にエジプトに到着すると、グループのリーダーのひとり、ヴィルヘルム・ファームバッヒャーの最先任副官となった。ファームバッヒャーは元ドイツ国防軍の将軍で、メルティンスと同じように騎士十字章の叙勲者だった。

一九五二年七月に若きガマール・アブドゥル・ナセル将軍がファルーク国王にたいしてクーデターを仕掛けたとき、ナセルは自前の情報および治安維持ネットワークを設立して権力を強化するために、かつての敵の軍勢を訓練してきたドイツ人たちの協力を求めた。ファルーク国王への忠誠をあっさり捨てたドイツ人派遣団は、依然としてCIAとゲーレン機関の支援を受けながら、新しい任務に取りかかった。訓練をひきいたのは有名な元ナチのオットー・スコルツェニーだった。彼は戦時中、連合軍の幽閉下からムッソリーニを脱出させるのを手伝った精鋭部隊に所属していた。スコルツェニー自身も一九四八年にアメリカの捕虜収容所から脱走して――たぶんアメリカ情報機関の見て見ぬふりで――同じような考えを持つスペインの独裁者フランコ将軍に合流している。スコルツェニーはさまざまなスペインの武器会社の代理人と称した。もっとも有名なのは〈ALFA〉社である。メルティンスは一九五四年、スコルツェニーがナセルと交渉していた武器取引の可能性について話し合うために彼と接触した。

メルティンスが、めずらしい一九六八年のインタビューで自慢したように、ファルーク国王の「右腕」だったというのは眉唾だが、思想的にナセルにあまり好感を持っていなかったことは間違いない。とりわけ、エジプト首相が支援を求めてソ連に近づいたときには。メルティンスはエジプトの仕事を離れたが、一九五〇年代中期のあいだ中東で活動をつづけた。シリアではパラシュート連隊を訓練し、地域全体でいくつかのドイツの会社の販売代理人をつとめた。彼のもっとも有名な雇い主はヘルベルト・クヴァントという男が経営する会社で、メルティンスは同社のために中東で〈メルセデス・ベンツ〉の車輌を販売した。なかでももっとも目覚ましかったのは、サウジアラビアの将校団に五〇〇台の「ワインレッド」のベンツ車を販売したことである。メルティンスと同じパラシュート連隊に勤務していたクヴァントもまた、非の打ちどころのないナチの資格を持っていた。彼の母親のマグダはヒトラーの宣伝相ヨーゼフ・ゲッベルスと結婚し、戦争が終わったとき総統地下壕でヒトラーとともに自殺した（ヘルベルトはマグダと前夫との子供）。

地域での活動の結果、メルティンスは情報工作員として潜在的に役に立つと見なされた。彼は一九五〇年代中期にアメリカ陸軍情報部から声をかけられ、すぐさま雇われた。彼の仕事は、セールスマンとしての仕事から得た中東にかんする情報をこの新しい友人たちに提供することだった。メルティンスが情報機関との関係で金を稼ぐのはこれがはじめてだったが、間違いなくこれが最後ではなかった。

メルティンスは一九五〇年代後半にドイツに帰国し、ドイツ軍に再入隊しようとしたがうまくいかなかった。しかし、彼の失望はもっと儲かる申し出を受けた興奮ですぐに忘れ去られてしまった。ラインハルト・ゲーレンが第三世界にドイツの武器を販売するための仲介役をつとめてくれないかとメルティンスに求めたのである。ゲーレンは潜在的な顧客の情報でメルティンスを支援し、必要な書類の手配を手伝うことになっていた——いかなる武器取引にも欠かせない最終使用者証明書と輸出許可証である。

当時のドイツは再軍備を願っていた。武器を売って影響力を押しつけるだけでなく、古い余剰在庫を売れば新しい武器の購入にどうしても必要な資金を調達できると考えられていた。この目的のため、一九六三年、メルティンスはドイツのボンとスイスのヴヴェイの二カ所に拠点を置く新会社〈メレックス〉を設立した。彼によれば、この社名は「自動車会社とは無関係」にもかかわらず、メルセデス＝エクスポートを短くしたもののつもりだったという。謙虚さが、これはたぶんメルティンス＝エクスポートの略ではないかと認めることをじゃましたのかもしれない。

社長はじきに大がかりな情報ネットワークにくわえて、ひじょうに重要な新しいコネを作り上げた。一九六五年、〈メレックス〉は、悪名高いサム・カミングズが経営する〈インターナショナル・アーマメント・コーポレーション〉、略して〈インターアームズ〉のドイツ販売代理店として雇われた。カミングズはときに「新ザハロフ」と呼ばれ、モンテカルロの自宅が以前のザハロフの家に近いことを得意げに自慢していた。第二次世界大戦中はアメリカ陸軍の情報機関で中尉として従軍し、その後、CIAの秘密工作員として徴募され、闇市場でドイツ軍の余剰武器を買い上げる任務を与えられた（この経歴には本人の誇張がやや含まれている）。一九五三年、二六歳の若さで〈インターアームズ〉を設立すると、CIAの助けを借りてひと財産築くまでになった。一九五四年、彼はCIAが後援する最初の大きな任務を遂行し、グアテマラの右翼クーデターに武器を供給した。その三年後、〈インターアームズ〉はキューバのフィデル・カストロの部隊に武器を提供した――CIAが認可した取引である。アメリカはカストロに武器を提供することで髭面の革命家を味方につけられるかもしれないと考えていた。めずらしいことではないにせよ、相手を見誤った戦略的思考と、その報復《ブローバック》のみごとな一例である。

メルティンスとカミングズはふたり合わせると、武器取引のあなどりがたい勢力だった。

一九六五年、ふたりは協力して、ベネズエラにアメリカ製のF－86戦闘機七四機を売却した。うち五四機はドイツの余剰在庫で、さらに二〇機はドイツ空軍の現役稼働機から調達したものだった。この取引は大きな利益をもたらした。ドイツの余剰在庫から出た機体は一機四万六四〇〇ドルで購入され、ベネズエラ空軍に一機あたり一四万一〇〇〇ドルで売却されて、総額六九二万六〇〇〇ドルの純益をあげた。カミングズによれば、その全額がメルティンスに送金されたという。この取引は腐敗行為によってもぎとったものだった。

翌年、〈メレックス〉は、物議をかもした一連の取引をまとめた。この取引は、はじまったばかりのメルティンスの武器ディーラーとしての経歴をあやうく終わりにみちびくところだった。彼は当時、世界のあまり安定していない地域のひとつだった南アジアで、ザハロフのように両陣営に戦闘機を売ったのである。最初の取引はパキスタンにF－86戦闘機九〇機を売るというものだった。またしてもドイツの余剰在庫から調達したものだ。当時、パキスタンはインドとの一触即発の争いのせいでNATOから禁輸措置を受けた、販売禁止地域だった。必要なごまかしはイラン国王の協力で実行された。ドイツ空軍の士官が戦闘機をテヘランに運び、そこからパキスタン軍士官の服装をしたイランのパイロットがパキスタンへと空送することを認めたのである。〈メレックス〉にはインドから継続注文が入っていたにもかかわらず、メルティンスはパキスタンに武器を売った。一九六五年八月、インドは同社にシーホークMk100およびMk101戦闘機二八機の注文を出していた。西ドイツ軍が使用した古い亜音速のジェット機で、いまは余剰品と見なされていた。その年、第二次印パ戦争が勃発したとき、両国は武器の禁輸措置を受けた。しかし、一九六六年六月、メルティンスはドイツ当局からジェット戦闘機をイタリアのある会社に売るゴーサインをもらった。彼は荷を運ぶために、一隻の船、ビレタル号を借りた。船はドイツの小さな港ノルデンハムを出港し、地中海に入ると、イタリアの領海をまっすぐにつっきり、スエズ運河を下って、インドに荷揚げした。〈メレックス〉が六二万五〇〇〇ドルで購入したとされるジェット機は、八七万五〇〇〇ドルで売却され、約五〇〇万ドイツマルクの利益をあげた。

ビレタル号が〈メレックス〉の貨物を運んでいるちょうどそのとき、その姉妹船のヴェレタル号はパキスタンへ向かっている途中で、〈メレックス〉がパキスタン側に売却したコブラ対戦車ミサイルを運ぶために、ほぼ同じ航路をたどっていた。ヴェレタル号は同じ航海でイランに寄港して、もうひとつの配送を行ない、ミサイルや火砲、機関銃などの軍需品の貨物を吐きだした。イランの駐ドイツ公使が署名した最終使用者証明書は取引に合法性を与えた。しかし、パキスタンとの取引同様、貨物はかわりにサウジアラビアへ転送された——ドイツが前年に外交ルートを断っていた国である。この場合、貨物は一二五八万ドイツマルクの価値があった。

メルティンスの二枚舌の綱渡りは、メディアに漏れた。スイスの新聞では徹底的な告発キャンペーンがくりひろげられ、メルティンスはもはやこの国では歓迎されないと悟った。パキスタンに売却された戦闘機は戦後ドイツに供与されたアメリカの元在庫品だったために、ニュースはアメリカでも激しい非難を受けた。こうした取引でよくあるように、武器の提供国はそれを売却するいかなる取引も禁止する権限を持っている。戦争中にパキスタンに武器を売るのは、アメリカの法律と国際法に違反していた。スチュアート・サイミントン上院議員が議長をつとめて議会で公聴会が開かれた。メルティンスは喚問されなかったが、かわりにサイミントンと個別に面会した。しかし、サム・カミングズは集まった政治家たちの前にむりやり出頭させられ、「わが国の情報機関はまさにこのとき、これらのF－86がパキスタン向けであることを知ったのです」という、サイミントンの驚くべき調査結果を認めた。

議会がパキスタンの取引を調査する公聴会を開いているとき、FBIは〈メレックス〉が西ドイツ政府の代理人として登録されているかを捜査していた。〈メレックス〉がアメリカ国務省や国防総省とたえず接触していることを示す文書がかなり集まったあとで、陸軍情報部が介入して、同社がその秘密性と匿名性を失わないように代理人としては登録されていないことを保証した。「登録は彼らの継続的な利用を危険にさらしかねないため、陸軍はいかなる理由でも〈メレックス〉あるいは（元代理人として）メルティンスの登録に反対してきた」

アメリカ陸軍情報部の応援を得て、メルティンスはアメリカ支店を開設することを決心した。〈メレックス・コーポレーション〉はワシントンDCのすぐ北のメリーランド州ベセスダの一軒の家に設立された。メルティンスは、彼の南アジアでの活動を調査する公聴会が行なわれている最中に認められたインタビューで、ヘンリー・J・クス——アメリカが譲渡する余剰兵器の販売を承認あるいは却下する人物——をファーストネームであけすけに名指しして、アメリカの機関との親密さを見せびらかした。メルティンスは、おそらく好意的ではない報道機関にも動じることなく、〈メレックス〉の記念カレンダーをくばった。カレンダーは、戦闘に入ろうとする重武装の兵士の勇ましい写真でいっぱいで、新旧両方のドイツの体験を映しだすものだった。

アメリカ支店の開設は、メルティンスとサム・カミングズの短いが実りある関係に終止符を打った。ふたりの関係はパキスタンの取引がおおやけになったあと、うまくいかなくなりはじめていた。以前は〈インターアームズ〉がアメリカにおけるメルティンスの代理人をつとめていたが、それはもはや必要なくなった。両社はおたがいにたいする自社の代理委託を解消して、いささか好意的とはいえない評を報道機関に流しはじめた。メルティンスはカミングズの伝説的な自己宣伝癖をけなしてよくこういったといわれている。「彼のことはよくわかっている。彼はカシアス・クレイ――もっとも偉大な男さ！　なにもかも聞いているよ。彼はスクラップ業者さ！　いまも伍長のときおぼえたやりかたでファイルをつけているんだ。〈メレックス〉はスクラップのレベルとはわけがちがう！」。皮肉にも、メルティンスがドイツの政府機関内で同情的なコネを失ったとき、メルティンスの後釜と共同代理人協定をむすんでそこにつけこんだのはカミングズだった。ヒトラーの副官をつとめたナチのゲーアハルト・エンゲル元中将がひきいる会社だった。

メルティンスは親友のゲラルト・バウシュを社のCEO兼社長に据えたが、〈メレックス・コーポレーション〉は依然として完全にヨーロッパ本社の所有だった。最初、自宅の地下室を拠点に会社を経営していたバウシュは、独自のひじょうに役立つコネを持っていた。彼はメルティンスと同じように、ドイツ情報機関の活動のなかでみずから有益な得意分野を築いていた。一九六二年、彼はラインハルト・ゲーレンの指示で、メルティンスの昔のホームグラウンドであるカイロの支局長に任命された。一九六五年には、ドイツとイスラエル合同の工作員だったヴォルフガング・ロッツといっしょに、ある陰謀に加担した疑いで短期間勾留されている。ロッツは、ナセルに不満なエジプトの将軍たちから得た情報をイスラエルの情報機関モサドに流す一方で、エジプトの支配者に協力しているドイツの科学者たちに手紙爆弾を送りつけていたことが判明していた。バウシュは結局、ドイツ情報局の副局長であるハンス＝ハインリッヒ・ヴォルギツキイが三度エジプトに足を運んで、やっと自由の身になった。

バウシュのコネをもってしても、ドイツ情報局とメルティンスの関係は、パキスタンの取引のあと冷えきったものになった。最終的に彼はそのせいで刑事訴追に直面することになった。それと同じころメルティンスがナイジェリア政府に六〇〇万発の弾薬の販売を終えたこともほとんど救いにはならなかった。西ドイツは軍事クーデター後、同国への供給を公式に停止したばかりだったからだ。ナイジェリアはうるさいことをいわずに武器を供給する用意があるソ連にしだいに接近していたので、メルティンスは自国政府にさからって、ソ連とつながりのある国に弾薬を供給することになったのである。

ドイツ政府との結びつきが心もとなくなった状態で、メルティンスは新たな販売先を探して、べつの道や大陸に手をのばしはじめた。いくつかの例では、アメリカ情報機関に助けられた。たとえば彼は一九七二年、政治上の意見の相違からエジプトをあとにして約一〇年後に、エジプトの新指導者アンワル・サダトの信頼すべき副官であるサディク将軍に呼び寄せられた。エジプト人たちはソ連の供給品の納入が遅々として進まないことにいらだっていた。エジプトでメルティンスと会ったサディク将軍は、この武器ディーラーに、もしソ連人たちを追いだしたら、そのかわりをつとめる気があるかどうかをアメリカの役人たちに打診するよう依頼した。さらに、〈メレックス〉が納入する架橋装備の取引の可能性も提案された。

しかし、メルティンスがまたしてもナチの不滅のコネを使って新しい取引の大半を手に入れられたのは南米だった。ペルーでは、メルティンスは〈コマーシャル・アグリコーラ〉を同国における〈メレックス〉の現地代理店に指名した。同社を経営していたのはフリッツ・シュヴェントで、彼は第二次世界大戦中、大量の偽造ポンド紙幣をイギリス市場にあふれさせ、イギリス経済を土台から揺るがそうとする向こう見ずな計画、ベルンハルト作戦にくわわったことがあった。シュヴェントは多くのナチと同様、戦後の処罰を逃れてペルーに移住した。彼とメルティンスを援助したのはスコルツェニーだった。スコルツェニーはペルー情報機関と親密な関係をきずき、それがM14戦車（M41戦車のことか？）の要望につながった。

ほかにもメルティンスの南米のネットワークには、ハンス・ルーデルやクラウス・バルビーのようなよりいっそう過激なナチもふくまれていた。狂信的な右翼のルーデルは、「パトロン」をつとめていた〈義勇兵団《フライコーア》〉のたのみで講演するために一九五〇年代前半、ドイツへ頻繁に旅行していた。〈フライコーア〉は「ナチ党以降、西ドイツでもっとも過激な民族主義的右翼団体で……独裁制への回帰すら唱えるほど、ナチ体制の政策を忠実に信奉して」いた。

しかし、メルティンスの南米の一味のなかでもっとも悪名高いのは、フリッツ・シュヴェントの親友で、「リヨンの虐殺者」とあだ名されたクラウス・バルビーだった。バルビーは戦時中、占領下のリヨンで、強制収容所に移送したユダヤ人孤児の集団をふくむ四〇〇〇人以上の住民を拷問、殺害するのをみずから監督した。戦後、バルビーはアメリカ情報機関に協力したあと、ボリビアに移住した。実のところアメリカは、フランス当局が彼の所在を発見したあと、彼が南米に引っ越すのを支援したのである。バルビーの邪悪な技能はボリビアの軍事独裁者たちには役立つことがわかった。ウゴ・バンセル・スアレスの政権では、バルビーは政敵用の収容所を設立するために雇われ、そこでは拷問や処刑は日常茶飯事だった。メルティンスにとって有益なことに、バルビーは独裁政権の公式の武器購入代理人にもなった。一九六八年二月、シュヴェントはメルティンスに手紙を書いて、バルビーの会社〈トランスマリティマ〉がボリビア海軍のために中古船を購入しようとしていることをつたえた。取引が実際に行なわれたかどうかはわからないが、メルティンスはたしかに手を貸すつもりだった。バルビーと話をするようにという要請は、〈メレックス〉の「海軍部」に転送された。

メルティンスが南米でいちばん深く、もっとも利益をもたらすコネを築いたのは、チリだった。〈メレックス〉がはじめてチリの市場に入ったのは、一九七一年、ゲラルト・バウシュが同国に足を運んで、チリ騎兵隊に八〇万ドル分の馬具と鞍、さらに二万発の弾薬を売ったときだった。[1] 彼らの交渉の窓口は、影響力のある野心的な将軍アウグスト・ピノチェトだった。彼はその二年後、アメリカに支援された悪名高いクーデターで権力を握った。このクーデターでは、民主的に選出されたサルバドール・アジェンデ大統領が、殺害されたか、もしくは自殺に追いこまれた。メルティンスはチリが共産主義者への憎悪に燃える独裁者によって掌握されたことをよろこび、しばしば同国へ旅行して、ピノチェトが暴力と拷問を好む人物であることを目のあたりにした。こうした訪問の際には、メルティンスはよくアンデス南部にあるドイツ人共同体キャンプ、コロニア・ディグニダーに滞在した。彼はこの共同体にいたく感銘を受け、そのための資金を集めようとドイツで同志のサークルを作った。

コロニア・ディグニダーは普通の共同体ではなかった。一九六一年、これもまた元ナチで、子

1　この取引はバウシュとメルティンスの関係が終わる前兆となった。バウシュはメルティンスが販売手数料の公平な分け前をくれなかったと感じたからである。こうした不満は、メルティンスが仕事をしているあいだじゅうよく聞かれた。

供へのいたずらで告発されたあと国外逃亡したドイツ人聖職者のパウル・シェファーによって設立された。キャンプは厳重に要塞化され、監視塔で見張られ、住人を閉じこめるだけでなく訪問者を入らせないために、有刺鉄線で守られていた。共同体は奇怪な社会的価値――自給自足と一九三〇年代ドイツの農村の生活様式――と自称民兵の熱意を組み合わせたものだった。コロニア・ディグニダーがピノチェト打倒後、最終的に銃で脅されて閉鎖されたとき、護身用の拳銃や携帯式ロケット弾発射機、さらには埋められた戦車一輌をふくむ大規模な武器の隠し場所が発見された。居留地の下には秘密のトンネル網が作られ、チリの秘密警察（DINA）と密接に協力していたCIAの工作員マイクル・タウンリーが設計したといわれる拷問室が目を引いた。DINAはコロニア・ディグニダーと定期的に無線連絡をとり、しばしばその部屋を「ワーグナーやモーツァルトの旋律に合わせて」政敵を拷問するために使っていた。資材の豊富な施設は、生物兵器の開発と試験の研究室であったともいわれている。その生物兵器は拷問を受けた人々に使われたのかもしれない。居留地が最終的に強制捜査を受けたとき、シェファーがコロニア・ディグニダーにむりやり滞在させた少年たちに魔術的儀式によるいたずらをくりかえしていたこともあきらかになった。その罪で彼は二〇〇四年、チリの法廷で本人不在のまま有罪判決を受けた。

メルティンスは一九六〇年代後半から一九七〇年代前半、東アジアでも取引を追い求めた。一九七八年のアメリカ上院公聴会では、同社が悪名高い韓国のビジネスマン、朴東宣《パク・ドンソン》に価格表を提供したことが判明した。朴は一九七〇年代にアメリカ議会における影響力を不正に金で買おうとしたと告発された人物である。二〇〇五年には、イラクの石油食料交換事業のスキャンダルにかかわったといわれた。その二年後、朴はサダム・フセインの依頼で国連職員の贈収賄に加担した罪で五年の懲役刑を宣告された。メルティンスは一九七二年に中国の半国営企業〈ノリンコ（北方工業公司）〉と長くつづく関係に入ったが、この関係にはサダム・フセインもかかわっていた。

一九六〇年代後半と一九七〇年代前半は、取引が南米からアジアまで広がり、〈メレックス〉とゲーアハルト・メルティンスにとっての絶頂期だった。


しかし、いいときは長つづきしなかった。メルティンスの地位は、ドイツとアメリカ情報機関とのコネによって築かれていた。彼は一九七〇年代前半、現地活動コマンド（ＵＳＡＦＡＣ）の工作員として活動していた。これは陸軍が運営する諜報部隊で、その信条は世界中から人的情報を――人々がなにを、どうしてしているのかを――収集することだった。メルティンスは少なくとも反米的と考えられる国々によく武器を売って、しばしば工作担当官を動揺させた。アメリカ情報機関との関係は、ヴェトナム戦争中の一九七二年、サイゴンの米軍司令部にずかずかと入っていって、自分はアメリカ情報機関の関係者だと宣言し、指揮官に会いたいと要求したあと、終わりを告げた。彼の大言壮語と無分別な行動は限度を超えていた。メルティンスはＵＳＡＦＡＣの工作員を馘になった。馘を受け入れるのをこばんだメルティンスはＵＳＡＦＡＣを法廷にひっぱりだすという前代未聞の手段に出た。裁判手続きは秘密扱いにされたが、メルティンスの脅しのせいで、部隊は完全に解散されることにきまった。

メルティンスの星はドイツでも輝きを失いつつあった。パキスタンへの武器セールスに関与したことでまだ激怒していたメディアは、地区検事がドイツの輸出法規に違反して文書を偽造した廉で〈メレックス〉を訴追したあと、武器ディーラーの報道を強化した。ビジネスパートナーで、メルティンスのもとで勤務した元ナチのパラシュート部隊員グンター・ラウリシュ、ドイツ空軍のメンバーのカール・フォン・ブラッケル、そして〈メレックス〉の販売代理人をつとめるオーストリアの銃器製造者ハインツ・ハンブルシュも訴追された。裁判手続きのせいで社の収益性は一九八〇年代前半まで落ちこみつづけた。実際、裁判が終わったあと、「メルティンスは失意の男で、政府がそうしろといったからいくつかの法律を無視しただけだと主張していた」。かつては威勢の良かった武器ディーラーは、「くたびれてよれよれ」に見えた。

彼の弁護団は、パキスタンとの取引がドイツ政府にはっきりと依頼されたものだと主張した。メルティンスはドイツ連邦情報局BNDとの関係を説明し、判事は彼の証言を疑うようなものをほとんど見つけられなかった。とくに、政府は「ウラヌス」という暗号名を与えられた計画の一部として、メルティンスがパキスタンでやっていたことをほとんどいつも知っていたと、ひとりのBND工作員が証言したあとは。一九七五年の末、メルティンスは、法にそむいて紛争の両陣営に武器を供給していたにもかかわらず、パキスタンの取引における法律的な違反行為の嫌疑をすべて解かれた。しかし、メルティンスはあくまでも徹底抗戦のかまえだった。裁判で名をけがされたと思った彼は、ドイツ政府を法廷にひっぱりだして、経済的な救済を要求した。その理由はプライドのせいも一部あったが、第一には経済的に必要だったからだった。一九七七年には、メルティンスは手持ちの現金が底をつき、ライン地方の地所を差し押さえられていた。当時の〈メレックス〉の財務状況は、大災害の記録のように読める。一九八〇年には、同社の経費は八二〇万ドイツマルクだったが、持ち株は一〇〇万マルクだけで、取引高はほんの五〇万マルクだった。この二番目の裁判でメルティンスは五〇〇〇万マルクの賠償金を手にして、いくらか楽になった。

彼が要求していたのは一二〇〇万マルクだったが。

　一九七〇年代の後半は、メルティンスにとっては生きるための戦いで、彼はより顧客をえり好みしなくなった。彼は、報復《ブローバック》の好例で、冷戦のイデオロギー対決の両陣営に協力した。一九八〇年代前半には、めずらしくもふたたびアメリカの情報組織に取り入り、今度はＣＩＡと協力した。彼はＣＩＡに強力なつながりを持つアメリカ人ジェイムズ・アトウッドと友人になった。変わり者の小火器ディーラーと目されていた人物である。アトウッドは著書『ヒトラーのドイツの短剣と刃付き長剣』のおかげで、ネオ・ナチのサークルではささやかな有名人だった。一九八〇年代なかばには、アトウッドとメルティンスはアメリカで事務所を共有し、一九八六年九月、イラン＝コントラ取引の一部として、ニカラグアの親米派武装組織コントラに武器を供給する取引でいっしょに働いた。

　イラン＝コントラ取引は、イランに武器を売り、その収益で左翼サンディニスタ政権を転覆させるために戦っていたニカラグアの右翼武装組織に資金を提供するという、きわめて問題の多い非合法の取り決めだった。イランは当時アヤトラ・ホメイニのイスラム教体制が支配していたため、アメリカの武器禁輸の対象となっていた。この作戦は、オリヴァー・ノース中佐が実行に移し、レーガン政権の最高レベルで考案されたものだった。この大失態では、ジョージ・Ｈ・Ｗ・ブッシュ副大統領が、彼のサウジアラビアの友人バンダル王子、イスラエル人、そして多くの無節操な武器ディーラーとともに主導的な役割を演じ、結局のところ、こんにちアメリカとイスラエルのもっともあなどりがたい敵と見なされているイランに武器を提供したのである。

　イラン＝コントラ取引における〈メレックス〉の役割は、この取引のなかで厄介事になりかねない多くの不手際のひとつを解決することだった。オリヴァー・ノースのフロント会社〈エンタープライズ〉は、イランへの武器売却で得た資金を使って、「マルベーリャの王子」との異名をとる、問題の多い有名な武器ディーラー、モンゼル・アル＝カサルから二二〇万ドル分の違法な武器を購入していた。アメリカ当局は、武器がまだ購入した共産主義国ポーランドからポルトガルへの途上にあるあいだに、ニカラグアのコントラへの武器禁輸を解除し、その結果〈エンタープライズ〉には値段の高すぎる武器の莫大な在庫が残された。顔をつぶさないように、メルティンスとアトウッドは〈エンタープライズ〉のためにあいだに立って、武器を買い上げるようCIAを説得した。ゲーアハルトの息子ヘルムート・メルティンスがごたごたを片づけるためにさっそくポルトガルへ派遣された。彼はべつの船を契約して、武器をアメリカのCIA倉庫へ移送するのを監督し、武器はそこからコントラへ移送されたといわれている。

メルティンスは、CIAに協力してコントラを支援しているのとほぼ同じころ、中国との関係も深めていた。すでに述べたように、〈メレックス〉は一九七二年に早くも中国の半国営軍事企業〈ノリンコ〉と接触して、西側の武器および情報ネットワークとの貴重な橋渡し役をつとめていた。その結果、メルティンスは〈ノリンコ〉の長であるチャオ・フェイと仲良くなった。中国当局はドイツの巨大複合企業〈ラインメタル〉が製造する強力で精確な一二〇ミリ砲を喉から手が出るほどほしがっていた。武器ディーラーのモラルとはこんなものだ。影の取引のためのえり抜きの武器ディーラーとしてドイツ情報局に見いだされ、育成されてきたメルティンスは、そのわずか一〇年後に、共産主義中国を支援するために、祖国の軍事能力を進んで弱体化させるつもりだった。

チャオ・フェイとメルティンスのやりとりからは、彼とアメリカ情報機関とのつながりにもかかわらず、〈メレックス〉がアメリカの政策に反する中国との武器取引にかかわっていたことは明白だった。さらに、サダム・フセインがイラン＝コントラ取引のわずか二年前のイラン・イラク戦争のさなかに、〈メレックス〉の潜在的な顧客であったことも、やりとりからあきらかになった。チャオへの手紙のさりげない一節で、メルティンスはこうつたえている。「われわれはサダム・フセインに接触して、中国の軍事製品の品質をあらためて指摘しました」

メルティンスとチャオ・フェイとの関係は、べつの不審な取引の結果、おおやけになった。一九八二年、アメリカの会社〈フェアチャイルド・ウェストン〉は、中国への製品の販売を手伝わせるために〈メレックス〉と業務契約を結んだ。中国側はとくにある商品に注目した。LORAPと呼ばれる長距離スパイカメラである。〈ノリンコ〉は二〇〇〇万ドルでカメラ二台を購入することをきめた。アメリカ国防総省はこのカメラが中国の情報収集能力を大幅に向上させるとして懸念をしめした。「使われている技術と、情報収集能力の向上、その結果として生じる同盟国への脅威ゆえに、わが省は不同意を勧告するものである」と同省は提案した。しかしレーガン政権の役人たちはそう思わなかった。国防総省は押し切られ、〈ノリンコ〉の取引には青信号がともった。にもかかわらず、メルティンスは腹を立てた。取引で支払われた手数料が不足だと考えたからである。〈フェアチャイルド・ウェストン〉は異議を唱え、メルティンスは取引で役立つどころかかえってじゃまだったと主張した。メルティンスは同社を訴え、このドイツ人の主張は上訴でくつがえされた。武器ディーラーがこのプロジェクトからびた一文も金を手にすることはなかった。

ゲーアハルト・メルティンスの表裏のある言動や、いつも人をだますところ、そして国家やイデオロギーだけでなく、大親友にさえも誠意を欠いたところ。こうしたことが彼の破滅の原因を証明しつつあった。しかし、〈メレックス〉は、影の世界の深みでひきつづき繁栄することになった。

第二部　手に入ればすばらしい仕事

3　サウジ・コネクション

首相はほとんどしゃがむほど深く膝を曲げてお辞儀をした。バンダル王子がかつて「あの女はたいした男だった」と評した「鉄の女」、マーガレット・サッチャーは、従属を進んで受け入れる人物ではなかった。しかし、女性が政治にかかわることはおろか自動車を運転することさえ許されないサウジアラビアに到着すると、彼女はサウジ王室の前で喜んで嘆願した。なんといっても彼らは、史上最大の武器取引によって、新たに民営化された〈BAE〉を財政破綻から救おうとしていたのである。

一九八五年に調印された〈アル・ヤママ〉取引は、パナヴィア・トーネード対地攻撃機九六機、その防空戦闘機型（ADV）二四機、BAEホーク練習機五〇機、ピラタスPC－9練習機五〇機、専門化された海軍艦艇、ミサイル、砲弾、支援業務、各種の基盤作業の納入と支援の対価として、イギリスの企業、主として〈BAE〉に四三〇億ポンド以上の純益をもたらした。その見返りに、サウジは一日四〇万バレルの石油を供給することになった。軍需品と石油の量は後年、ともに増大することになる。[1]
　イギリスが取引を手に入れたのは、製品の品質がすぐれていたせいではなく、アメリカ議会が強力なイスラエルのロビー活動による圧力で、サウジがほしがっていたF－15ジェット戦闘機の販売に同意しようとしなかったからだった。しかし、フランスがもう少しでイギリスに勝つところだった。一九八四年と一九八五年のあいだじゅう、フランスのミラージュ２０００戦闘機がコストと納入が早いという理由でイギリスの提案を打ち負かすように思われていた。そこでイギリス側の説明をするために、マイクル・ヘイゼルタイン国防相がリヤドに派遣された。しかし、中東におけるフランスのより柔軟な外交政策アプローチはファハド国王の心を動かしていて、王はヘイゼルタインをぞんざいに迎えた。フランスのジェット戦闘機はすでにギリシャ、インド、アブダビへの販売に成功していて、トーネードより二五～三〇パーセントも安いという大きな利点があった。ミッテラン大統領は一九八五年二月の会談でアブドゥラー皇太子にロビー活動を行ない、三月にはフランスの取引はもう少しでまとまるといわれていた。サウジはまだアメリカを説得してF－15を売却させることを願っていて、アメリカに圧力をかけるためにフランスとの取引の進展を利用していると当時は考えられていた。しかし、四月になり、F－15は売却されないことがあきらかになった。
　ヘイゼルタインは相手を魅了することに失敗したが、サッチャーは成功をおさめた。首相はオー

1　この取引はイギリスとサウジアラビアの政府間の協定だったが、武器を納入するのは〈ＢＡＥ〉とその下請け会社の〈ロールスロイス〉、〈プレッシー〉、〈フェランティ〉、〈ゼネラル・エレクトリック・カンパニー（ＧＥＣ）〉、そして〈ダウティ〉で、〈ＢＰ〉と〈シェル〉が石油の受け取り手だった。

ストリアのザルツブルクでの休暇を中断してバンダル王子との話し合いを持った。カリスマ的で颯爽としたサウジの策士は、トーネード購入の公式な要請をふくんだファハド国王からの手紙をミセス・サッチャーに提示した。サッチャーは即座に「いいでしょう」と答えた。バンダル王子によれば、会話は二五分もつづかなかったという。彼がかつてまとめたなかでもっとも楽な武器取引だった。取引を獲得するためになにが提案されたかは、いまだに激しい議論の対象となっている。

一回目の〈アル・ヤママ〉契約は一三二機の軍用機を対象に、一九八五年九月二十五日にランカスター・ハウスで公式に調印された。署名者はマイクル・ヘイゼルタインとサウジの国防相スルタン王子である。フランスは敗北したことに動揺をしめし、いかにもフランス人らしい控えめな言葉で《オブザーバー》紙に、「予想外で、理解できない、破滅的な」事態だと述べ、「この唐突な変更は政治的性質のものだ」と断言した。彼らは贈賄の疑いに言及していたのかもしれないし、アメリカ政権が自国のF－15を供給できないので、サウジに自分の忠実な同盟国を推奨したといっていたのかもしれない。イギリスの「航空当局者」は「アメリカのユダヤ系ロビーがわれわれに恩恵をほどこしてくれた」と考えた。

業界の専門家は、サウジにとってトーネードは戦略的によりよい選択だったかもしれないと示唆している。迎撃機でもあり、攻撃機でもあるからだ。一方のミラージュは同様の攻撃能力を持っていなかった。しかし、提供された装備は最新式とはほど遠かった。以前の取引では、イギリス製の航空機の信頼性が深刻な問題になっていて、とくに、すでに見てきたように、ライトニング・ジェット戦闘機は砂漠の環境に適していなかった。そのため、ダハラン航空基地で働く整

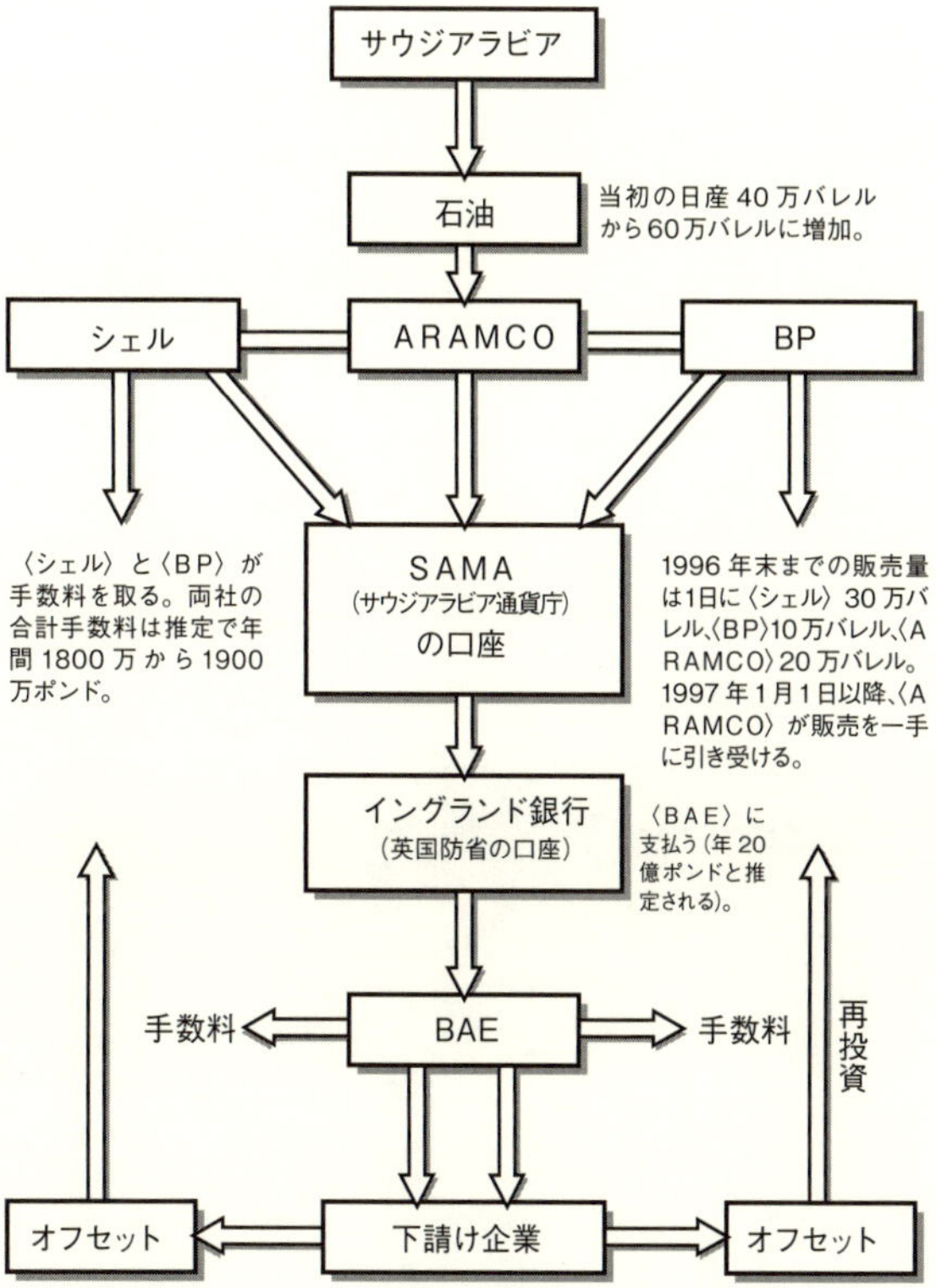

サウジアラビア
石油
当初の日産40万バレルから60万バレルに増加。
シェル
ARAMCO
BP
〈シェル〉と〈BP〉が手数料を取る。両社の合計手数料は推定で年間1800万から1900万ポンド。
SAMA
（サウジアラビア通貨庁）
の口座
1996年末までの販売量は1日に〈シェル〉30万バレル、〈BP〉10万バレル、〈ARAMCO〉20万バレル。1997年1月1日以降、〈ARAMCO〉が販売を一手に引き受ける。
イングランド銀行
（英国防省の口座）
〈BAE〉に支払う（年20億ポンドと推定される）。
手数料
BAE
手数料
再投資
オフセット
下請け企業
オフセット

図1 〈アル・ヤママ〉取引の支払いの流れ

備員たちは、自分たちが飛ばしつづけられるトーネードは、正門前の台座の上に飾られているやつだけだとジョークを飛ばしていたことが知られている。

契約の条件で、〈BP〉と〈シェル〉が航空機の支払いに使われた石油を精製して販売した。その収益は手数料を差し引いて、〈イングランド銀行〉の国防省の口座に預けられ、そこから〈BAE〉に支払われた。この取引はその後何十年も同社の生命線となることになった。[1]

一九八八年七月、〈アル・ヤママ〉取引の第二段階が発表された。〈アル・ヤママ2〉の価値は一〇〇億ポンドにのぼると見積もられた。その内容には、トーネード四八機と必要な武器および予備部品、ホーク・ジェット練習機六〇機、ウェストランド・ヘリコプター――主としてブラックホーク――八八機、サンダウン級掃海艇六隻、BAE125および146連絡機数機、航空基地――これはのちに割愛されたが――と掃海艇用の施設の建設、さらに空軍と海軍の訓練がふくまれた。契約は一九八八年七月三日、スルタン王子とイギリスのジョージ・ヤンガー国防相によって調印された。マーガレット・サッチャーがふたたび交渉にかかわった。

〈アル・ヤママ〉の継続は、サウジが自国への武器輸出にかんするアメリカの態度にいらだっていることをはっきりと示していた。二段階の取引のあいだの年月に、サウジは大規模な武器購入をアメリカ議会に数回じゃまされていた。もし議会がそれを拒否していなかったら、〈BAE〉は

1　イギリスの防衛輸出機構（DESO）の公務員たちは、サウジの資金から給与を支払われ、取引を管理することになった。二〇〇八年までずっと、一〇〇人以上の公務員と同数の軍人がこの外国政府によって、その会計年度で四一八〇万ポンドを支払われていた（CAAT、二〇〇九年七月十五日付の情報公開法の要請からの情報。http://www.caat.org.uk/campaigns/controlBAE/ に引用）。

契約を勝ち取れなかっただろう。あるサウジの役人がいったように、「アメリカから武器を買うほうがよかった。アメリカの技術は全体的にすぐれているからだ。しかし、われわれは何十億ドルもの金を払って侮辱されるつもりはない。マゾヒストではないんだからね」。一九八六年五月、アメリカ議会は圧倒的多数でサウジアラビアへのミサイルの売却に反対した。三分の二以上の多数が反対しては、サウジに好意的なレーガン大統領も拒否権を行使できなかった。票決の結果は、イスラエル・ロビーの力と、米軍の対リビア航空攻撃後のアメリカにたいするサウジの支持をめぐる懐疑論を反映していた。アメリカの政治家のなかには、サウジアラビアが武器を「テロリスト」に横流しするかもしれないと恐れている者もいた。

取引の支払いは第一、第二の両段階とも一九八九年には石油価格の下落の影響を受け、一日四〇万バレルでは装備の支払いに不十分になっていた。石油価格の下落はサウジアラビアの財政危機をも早めた。海外からあまり借金をしたくなかったため、サウジの気前のいい武器支出は危機にさらされた。〈アル・ヤママ〉の第一段階で購入された装備の一部はイラクに売却されるはずだったが、一九八八年にイラン・イラク戦争が終わり、サウジの買い手はいなくなった。しかし、サウジは武器への飽くなき欲求と、それにともなう賄賂に突き動かされて、一三億ポンドを現金で支払い、石油の供給をさらに一日一〇万バレル増やしたのである。

石油を〈アル・ヤママ〉取引の支払いにあてたことで賄賂の隠蔽は楽になり、サウジアラビアがＯＰＥＣの制限割り当てのガイドラインを無視することが可能になった。サウジの国防省はひきつづき詮索されずに武器を買うことができた。一九八八年から二〇〇二年まで防衛輸出機構（ＤＥＳＯ）の長だったトニー・エドワーズは、「サウジにとって石油を使うというのは、契約が実質上、簿外取引であることを意味した。サウジの財務省を通したものではなかった」と認めている。リヤド駐在の元アメリカ大使チャス・フリーマンは、〈アル・ヤママ〉取引の石油の販売利益を石油会社がイギリス国防省管理の銀行口座に〈BAE〉を管理者として支払う仕組みを、「サウジ国防省の万能買収資金」と評した。「彼らはほしいものをなんでもこの口座の借方に記入して、〈BAE〉が調達する。しかも、どちらの国でも国民の詮索にさらされることはなかった。これは予算の枠外で、人目につかないので、とりわけ腐敗行為につながりやすかった」

一九九〇年八月のイラクのクウェート侵攻と、それにともなうサウジアラビアをサダム・フセインの武力侵攻から守るための大規模なアメリカの空輸作戦は、アメリカ国内の政治力学をこのアラブ国家に好意的な方向に変えた。少なからずバンダル王子の疲れを知らない外交努力と、伝説的な気前のいいおしゃべりのおかげで、砂漠の王国はふたたびこの地域における西側の権益のきわめて重要な守護者と見なされた。[1] この変化のおかげでアメリカは、イギリスにかわりにやらせるのではなく、直接サウジの同盟国に武器を供給するのが容易になった。中東の環境で実戦テストされたアメリカの装備のすぐれていると思われる品質は、〈BAE〉のトーネード・ジェット機のお粗末な信頼性とは好対照だった。実際、アメリカは砂とレーダーの欠陥で使いものにならないトーネードをおぎなうために余分の飛行任務をこなさねばならなかった。トーネードはレーダーの欠陥のせいで、ストップウォッチを使って標的をマニュアル方式で追随する必要があったからだ。アメリカのディック・チェイニー国防長官は、「湾岸地域の情勢は劇的に変化した」とい

1　もちろん、おしゃべり以外にも、アメリカとサウジの関係は、基本的にはサウジが中東の石油埋蔵量の三分の一を入手できることに基づいている。

う理由で、以前には議会で承認されなかった大量の新型軍事装備をサウジアラビアに約束した。

しかし、一九九〇年九月、バンダル王子はこう明言した。「イギリスからの購入を縮小する意図はない。それどころか、われわれはイギリスをふくむヨーロッパの友人たちのよりいっそうの協力と、わが軍に配備するより多くの装備を求めることになるかもしれない」。こうしてサウジは依然として不安定な政治情勢のなかでアメリカの補給への依存を弱めたのである。一九九一年、バンダル王子は王国が〈アル・ヤママ2〉取引でまだ残っている装備の契約を締結すると発表した。王子は第一次湾岸戦争中のイギリス製装備の性能を称賛していった。「われわれは湾岸戦争におけるトーネードの性能にとても満足している。最初一九八五年に戦闘機を注文した時、われわれは攻撃能力を必要としており、戦闘機は戦争中にその真価を発揮した。われわれはミセス・サッチャーがわが国に与えてくれた支援と、ミスター・メジャーからの引きつづきの支援にも感謝している」。〈アル・ヤママ〉取引全体の金額は最終的に〈BAE〉にとって四三〇億ポンド以上になっただろう。

取引の第二段階にはオフセット契約の要素もふくまれていたが、それによる投資は限定的で、創出された雇用数も数百人をこえることはなかった。取引の奇妙な副産物のひとつは、一九八八年十一月にイングランドのサッカーチームが王国にやってきて、国際親善マッチを行なったことだった。彼らは、〈BAE〉がチャーターして、「同社の役員や取引先、得意先を満載した」コンコルド・ジェットで飛んできた。サッカー協会の最高経営責任者グレアム・ケリーは、「サッカー協会は政府がサウジアラビアへの義務をはたすのをアシストできてなによりもよろこんでいる」との声明をだした。

イギリス側では、〈BAE〉のリチャード（ディック）・エヴァンズがマーガレット・サッチャーとほとんど同じぐらい重要な役割をはたした。このぶっきらぼうで、けんか腰のブラックプール生まれのセールスマンは、〈アル・ヤママ〉取引を勝ち取るためならなんでもやるつもりだった。「サウジ人に溶けこむためには、羊の目玉をまるでカナッペのように飲みこむ」こともふくめて。エヴァンズは一九六〇年に運輸省で仕事をはじめ、それから技術省に移った。すぐに政府と私企業部門のあいだの「回転ドア」をくぐって、一九六七年、防衛電子企業の〈フェランティ〉に政府契約担当者として入社した。その二年後、合併して〈BAE〉となった企業のひとつである〈BAC〉に入り、一九七八年に昇進して、〈BAE〉のウォートン部門の営業部長になった。一九八三年、エヴァンズは〈BAEウォートン〉の専務取締役に任命された。

エヴァンズが昇進したのは、営業のトップとしてサウジアラビアに配属され、〈アル・ヤママ〉取引の交渉窓口となったときである。王国内での彼の幅広いコネのネットワークは語り草だった。取引の成功で、彼は一九九〇年、〈BAE〉の最高経営責任者に任命され、一九九八年、会長になった。彼が君臨していた時代、シティのあるアナリストは「〈BAE〉は『マフィア』によって経営され、ディックがボスで、彼らは自分たちの思いどおりにしている」とコメントした。元従業員の言葉によれば、「彼はとても人好きのする男で、とても好かれていた……ただし冷酷なところがあった――彼と握手をしたあとは、指の数を数えなければならなかった」という。

しかし、〈アル・ヤママ〉劇場の本当のスターは、バンダル・ビン・スルタン王子だった。バンダルは、スルタン王子の息子である。スルタン王子はサウジの国防相で、現皇太子でもあり、もし健康がつづけば王座の後継者である（二〇一一年十月二十二日没）。バンダル王子は一九四九年三月にヒザランという一六歳の召使いのもとに生まれた。一族の奴隷と形容されることもあるバンダルは、母親のことを妾と呼んでいる。イスラム法では息子はみな平等に生まれるが、バンダルはいつも自分をよそ者、三二人の異母兄弟、異母姉妹のなかの庶子だと考えてきた。少年時代は父親とごくまれにしか接触せず、かわりに母と叔母と暮らしてきた。バンダル少年にとって幸運なことに、祖母で影響力のあるアブドゥル・アジズ王のお気に入りの妻フッサ王妃が彼を気に入り、彼をいっしょに住まわせて、スルタン王子に庶子の息子を認めるよう説得した。おかげでバンダルが一一歳のとき、彼と母親は宮殿に引っ越して祖母といっしょに暮らすようになった。彼が「事務的な決定だったが、わたしの人生を完全に変えた」と評した進展である。宮殿に移る以前には、彼の少年時代は、リヤドの土の通りを裸足で遊びまわり、電気が一部しか通っていない家でおもちゃを自分でこしらえる、そんな比較的質素なものだった。そのせいで、派手好きでいまや大金持ちとなった王子は、自分を「田舎王子」と形容するようになった。

バンダル王子は、一族の多くのメンバーにならってイートン校に進学するのではなく、リヤド専門学校で学んだ。これは彼の低い地位の反映だったかもしれない。[1]バンダル王子の半公認で、彼をときに聖人扱いした伝記のなかで、作家のウィリアム・シンプソンは、いまや将軍となった級友のミフガイがバンダルについて語った言葉を引用している。「彼の学業の成績はなみはずれていた。それにとても人気のある生徒だった……魅力的で、外向的で、いっしょにいて楽しかっ

1　興味深いことに、バンダルの三人の息子はイートン校に進学している。

た。大人びていて、おちついた、バランスの取れた少年だった。なかなか怒らなかったし、ぜったいにかんしゃくを起こすことはなく、かわりに誰かを無視して歩き去るほうを選んだ」

父親が一九六二年に国防相になったときから軍人にかこまれていたせいと、イエメンの内戦に王党派を支持して介入したとき王家を風靡した愛国主義の風潮、そして父を感心させたいという欲求が合わさって、バンダルは栄光ある戦闘機パイロットの道に進むことを決意した。彼はこの選択についてこういっている。「飛行機を飛ばしているとき、人が何者であるかは関係ない。バンダル王子であるかないかは、飛行機にわからない。自分がやっていることを心得ているか、いないかだ。心得ていれば、人は生きのびる。心得ていなければ、自分を殺すことになる」

バンダルはイギリスのクランウェルの英国空軍士官学校に入校するための願書で歳をごまかした。スルタン王子は息子のイギリス一時滞在のために白いメルセデスを買ってやったが、バンダルはこれをすぐさまこわしてしまった。彼はかわりにアストンマーティンを手に入れ、週末にはよくロンドンまで飛ばして、もし止められたら、サウジの運転免許証を見せて外交特権を主張した。バンダルの訓練担当下士官の話では、「彼にはロンドンで切られた駐車違反切符をしまう引き出しがあって、一度も罰金を払っていなかったし、CDナンバーのプレート（外交団）をひと組持っていて、週末にはよく車に貼りつけていた」という。

王子の操縦の腕前については、さまざまな意見がある。一方では、彼はわずか九時間の訓練ではじめて単独飛行したというが、パイロット仲間で友人のジョン・ウォーターフォールは、「彼はクランウェルではひどいへたくそだった」と遠慮なく評している。ある出来事では、バンダルは飛行場の場周経路に逆方向から入って、上空を周回するほかの飛行機の流れに逆らって飛んだことがあった。彼の飛行教官のトニー・ユールは「スルタンは元気よく熱心に飛んでいる」と報告した。彼は場周経路では問題があったが、操縦課程の最後にはかなりうまく対処しつつあった。

一九六九年にクランウェルを卒業したあと、バンダル王子は少尉としてサウジ王国空軍に入隊し、ダハランに配属された。そこで彼はピース・ホーク訓練計画のもとでアメリカ人教官の訓練を受けた。彼は中隊長としてのカリスマ性と指導力を称賛された。軍服を着たほかの王族とちがって、バンダルは「王子」と呼ばれるより、階級の大尉または少佐を使うほうを好んだ。称号をまた使うようになったのは、駐アメリカ大使になったときだった。この謙遜と思われる態度にもかかわらず、部屋に入るときにはパイロット仲間全員が起立するよう求めて、自分の地位を守った。一九七〇年にはアメリカで訓練を受け、テキサス州、サウスカロライナ州、アリゾナ州でF－102戦闘機と、サウジ空軍に導入されつつあったF－5A／B戦闘機の訓練に時間をついやした。

アメリカについて最初の日、バンダルはダラスで飛行機の乗り継ぎをしているあいだに、アメリカンフットボールの〈ダラス・カウボーイズ〉の選手の騒々しい集団に出くわした。選手たちは空港ターミナルの注目を大いに集めていたが、本当にバンダルの目を引いたのは「すばらしい」チアリーダーたちだった。その日以来ずっと彼は〈カウボーイズ〉の熱狂的なファンで、ホームの試合ではオーナーのゲストとして欠かせない存在となり、ついには自分で年間五〇万ドルのプライベート・ボックス席を購入した。チームの選手は彼のことをよく知っていて、たんに「王子」と呼んでいる。バンダルのほうは「彼らのナンバーワンの国際チアリーダー」を自称している。

一九七二年、F－5戦闘機のパイロットとしてふたたびサウジアラビアに配属されたバンダルは、ハイファ・ビント・ファイサル・ビン・アブドゥル・アジズ・アル＝サウド王女と結婚した。ハイファ王女は当時の君主ファイサル国王の娘のひとりである。翌年、第四次中東戦争が勃発すると、バンダルはヨルダン国境近いイスラエルの石油精製施設を攻撃するよう命じられたパイロットの集団にくわわった。予想では、任務で一〇人中九人ものパイロットが戦死する可能性があった。バンダルは回想する。「われわれは出撃の準備をして滑走路の端まできていた。いよいよ本物の攻撃だというときに、瀬戸際の刑執行延期を受け取った」。ヘンリー・キッシンジャーが停戦を交渉していて、たぶんそれがバンダルの命を救ったのかもしれない。王子と妻は新型のF－5E戦闘機の訓練ができるように、一九七四年にアメリカに戻った。その後数年間、彼はサウジアラビアでパイロットに新型ジェット機の訓練をほどこした。

バンダル王子はパイロット、教官、そしてパイロット指揮官としての成功にあきらかに満足していた。伝記作家は、死なずに高度三〇メートルを飛行して三六〇度の横転を打てることを知るのは、「彼の自尊心と、うぬぼれを大いに満足させた」と述べている。スタント飛行への情熱は一九七七年、サウジアラビア南西部のアブハの航空ショーで着陸装置が故障したとき、あやうく身の破滅をもたらすところだった。訓練されたように脱出するかわりに、王子は胴体着陸を試みた。機体は滑走路に激しくぶつかり、彼は背骨に重傷を負った。彼のパイロット歴をついには終わらせることになる一生涯の問題だった。

一九七八年四月、当時二九歳で、まだ空軍勤めに身を捧げていたバンダルは、カリフォルニアからサウジアラビアに戻る途中で、ワシントンDCにひと晩滞在した。ホワイトハウスから歩いてほんの五分の場所にあり、サウジの富豪連中が好んで利用する、しゃれたマジソン・ホテルのロビーを横切っていたとき、彼は異母兄のトゥルキ・アル・ファイサル王子にばったり出くわした。バンダルが空軍の任務から帰国する途中だと説明すると、トゥルキはこう答えた。「なあ、きみは天からわたしに遣わされたんだ。きみの助けが必要だ」。当時、トゥルキはアメリカを説得して王国にF－15ジェット戦闘機六〇機を売却させるロビー活動をひきいていた。バンダルはアメリカ人の顧問や広報専門家でいっぱいの階上の部屋につれていかれ、彼らはサウジ軍がF－15を必要とする根拠について若い空軍少佐を質問攻めにした。彼は戦闘機が石油生産施設とメッカ、メディナの両聖地を守るためだけでなく、マルクス主義の南イエメンからの脅威に対抗するためにも必要不可欠だと答えた。戦闘機がイスラエルの脅威であるという質問は巧妙にかわし、ユダヤ国家の手の届くところにあるタブク基地にジェット戦闘機を展開することにはいっさい触れなかった。

バンダルはトゥルキとアメリカの顧問たちをいたく感心させたため、滞在をのばすよう求められた。翌日、彼は上院軍事委員会の重要なメンバーであるジョン・グレン上院議員とバリー・ゴールドウォーター上院議員に会いにつれていかれた。ふたりとも元パイロットで、ジェット戦闘機の売却に好意的だった。バンダルはそれから売却に反対しているフランク・チャーチ上院議員とジェイコブ・ジャヴィッツ上院議員に面会した。バンダルは、事務所から事務所へと歩きまわってほとんどが好意的ではない質問に答えるのを「退屈な仕事」だと思い、妻の待つ家に帰りたいと願った。しかし、トゥルキはファハド皇太子に電話をかけて、バンダルをここに残らせるよう求めた。ファハドはそれを認め、トゥルキが王室命令をつたえたとき、バンダルは彼の言葉がまったく信じられずにこう答えた。「いや、けっこう。わたしは二日間滞在してきみを友人であり同僚として手伝ったんだ」。彼は妻と合流するためパリへ向かったが、翌日、ファハド皇太子から電話をもらい、F－15の売却にかんする票決で勝利をおさめるのを手伝うために「ホワイトハウスに出頭する」よう命じられた。バンダルは一九七三年にアラバマ州に配属されているときに旅行者としてホワイトハウスをおとずれたことしかなかった。今回は、「わたしはホワイトハスへおもむき、ハミルトン・ジョーダン（首席補佐官）がわたしをカーター大統領に引き合わせた。首席補佐官の執務室に座っていたと思ったら、いきなり大統領執務室につれていくんだ。わたしは本当に呆然としていたよ」

バンダルが必要だったのは、一九七四年に成立した法律で、二五〇〇万ドル以上の武器売却には三〇日の事前通告と議会の支持が必要だったからだ。政権の優先順位は、サウジアラビアとできるだけ緊密な同盟関係を築いて、自国への石油供給を確保することにあったが、アメリカ・イスラエル公共問題委員会（ＡＩＰＡＣ）がひきいる強力な親イスラエル・ロビーは、敵対的あるいは敵対的な可能性のあるアラブ国家への武器売却に反対するロビー活動を熱心に行なっていた。ＡＩＰＡＣの報告書は、F－15を「世界一先進的な制空戦闘機」と評して、この戦闘機があればサウジは「イスラエル国内の奥深くを攻撃」できると主張した。カーター政権は、年代物のイギリス製ライトニング迎撃機を更新するためにF－15をサウジアラビアに売却するという、フォード大統領の一九七六年の秘密の誓約を受けついで、一九七七年五月にファハド皇太子がワシントンを訪問したさいにも、その公約をくりかえしていた。

もともとの非公式の取引は、サウジアラビアにF－15六〇機を売却し、それとバランスを取るためにイスラエルにF－16を七五機、エジプトにF－5を五〇機売却するというものだった。議会には一九七八年四月十八日にはじめて取引が通知されて、三〇日の秒読みがはじまり、バンダルがロビー活動をひきいるよう命じられたのである。サウジは経験豊富なアメリカ人の政治顧問をひと揃い雇っていた。そのなかには、ケネディ大統領の政府間問題担当特別補佐官で議会問題担当国務次官補だったフレデリック・ダットンや、元サウスカロライナ州知事でカーター政権のリヤド駐在大使ジョン・ウェスト、そして国務省の中東専門家で国際問題の教授デイヴィッド・ロングもふくまれていた。ダットンはその後二七年間、バンダルの親しい仲間で政治顧問となり、ワシントンの記者団のあいだで「アラビアのフレッド」というあだ名をちょうだいした。ダットンの妻ナンシーは当時ワシントンでサウジ外務省のために法務を担当していて、二〇〇七年後半もまだサウジ大使館の法律顧問として働いていた。

バンダルはすぐにワシントンのロビー・ゲームを学んだ。彼の野望は大きな成功をおさめるAIPACの戦術を採用して、ライバルとなるアラブ・ロビーを作りだすことだった。バンダルの任務が困難であることは、カーターのスタッフが行なった調査によってあきらかになった。AIPACは必要ならいつでも上院の六五～七五パーセントの票をあてにできたからである。リヤド駐在大使のジョン・ウェストが「F－15の戦いに起きた最良の出来事」と評したバンダルは、売却に賛成の支持者を集める仕事に取りかかった。サウジ人たちはAIPACを支持する上院議員とできるだけ多くじかに話し合うことを決意して、売却に有利になるように議会に働きかけるため、F－15を製造する〈マクダネル・ダグラス〉（その後〈ボーイング〉と合併）や、ほかの多くの請負会社、下請け会社、労働組合に接触した。バンダルはメディアや議会のメンバー、影響力のある売りこみ屋にたいするPRの窓口だった。

ロビー活動の一環として、バンダルは当時大統領選出馬を計画していた共和党のロナルド・レーガン元知事をたずねた。彼はレーガンが何者かまったく知らず、カーターはそれを知ってひどくおもしろがった。彼らはレーガンなら売却を支持して、サウジアラビアの強硬な反共産主義の実績を根拠に、仲間の共和党員たちを説得してくれるかもしれないと思った。バンダルはF－5戦闘機のメーカー〈ノースロップ・グラマン〉の会長でレーガンの親友だったトーマス・ジョーンズに接触して、すぐにカリフォルニアで知事と面会するよう招待された。バンダルの言葉によれば、

わたしはレーガン知事といっしょに座り、ちょっとおしゃべりをした。それからわれわれがあの飛行機を必要としている理由を説明した。彼は最後まで聞くとこういった。「王子、こう質問させてもらいたい。そちらの国は自分をアメリカの友人だと考えているのかね？」。わたしはいった。「ええ、祖父のアブドゥル・アジズ王とローズヴェルト大統領が会談して以来、こんにちまでわが国はとても親しい友人です」。するとレーガンはふたつ目の質問をした。「あなたたちは反共主義者かな？」。わたしは答えた。「知事閣下、わが国は共産主義者と関係を持たないばかりか、共産主義者が飛行機の乗り継ぎでやってきても空港で飛行機から降りることを許さない、世界で唯一の国です」

バンダルは売却にかんする長い話し合いを予想していたが、「それが問題だった。ふたつのことが重要だったんだ。きみたちはわれわれの友人か？　きみたちは反共主義者か？　わたしが両方

にイエスというと、彼は『では支持しよう』といった」。そこでバンダルはレーガンに、彼の支持をダットンが内密に知らせた《ロサンゼルス・タイムズ》の記者に言明するようたのんだ。バンダルによれば、記者は「カーター大統領が提案しているサウジアラビアへのF－15の売却を支持されますか？」とたずね、レーガンはこう答えた。「ああ、もちろん、われわれは友人たちを支持するし、彼らはF－15を持つべきだ。しかし、それ以外のあらゆることでは彼（カーター）に反対する」

キャンペーン中、バンダルは、財政委員会の影響力ある委員長であるラッセル・ロング上院議員とも面会した。ロングは、ルイジアナ州の悪名高い腐敗上院議員で知事もつとめたヒューイ・ロングの息子だった。バンダルはロングが補佐役を同席させずに面談しようといったとき驚いた。ふたりきりになるとすぐに上院議員はいった。「わたしの票がほしいんだね？」。バンダルは「ええ」と応じた。「それには一〇〇〇万かかるよ」とロングはいって、バンダルの肩に腕をまわし、自分の椅子に座らせた。「驚かせたかね？」と上院議員はたずね、それから金は自分のためでなく、自分の再選キャンペーンの主要な後援者であるルイジアナの銀行のためだと説明した。海外との取引を行なうための保証を得るには、銀行は一〇〇〇万ドルの在外預金が必要だった。バンダルはサウジ政府にたのむことに同意した。送金が行なわれたかどうかはわからない。ロングはF－15の売却に賛成する票を投じ、再選されたが、二〇〇三年にこの話を確認することなく亡くなった。

票決は五五対四四でサウジ側の勝利に終わり、五月十五日に売却が許可された。ジョン・ウェストは議会のメンバーとの交渉におけるバンダルの「無限のエネルギー」と「非の打ちどころのない慇懃さ」を称賛した。彼はファハド皇太子に「バンダル王子は卓越した国際政治家や外交官に比肩するような、うらやむべき成熟ぶりを示した」と語った。バンダルがサウジの介入を活気づけたことは間違いないが、カーター大統領自身と彼の閣僚の多くのロビー活動がなければほとんど無意味だっただろう。

F－15のキャンペーンのあと、バンダルはサウジアラビアで空軍の任務に戻った。ジョン・ウェストとの友人関係はつづけ、アメリカの政策と中東の和平プロセスについてよく語り合った。一九七八年秋、カーターとファハド皇太子はワシントンとリヤドのあいだでメッセージをやりとりするのにバンダルを利用した。最初の機会では、メッセージはサウジアラビアとエジプトのアンワル・サダト大統領の関係についてのものだった。サダトはイスラエルとのキャンプ・デイヴィッド和平交渉のあと、アラブ世界で仲間はずれにされていた。ファハドはこの提案を拒絶してこう応じた。「エジプトとの問題はあなたたちとではなくわれわれが直接解決する」。しかし、バンダルは秘密外交の技術の手ほどきを受け、サウジの後継者である伯父と親密な関係をきずいた。ほどなく実質上の支配者であるファハドはバンダルを自分個人のワシントン駐在大使にした。

王子は一九七九年、空軍将校としてアメリカに戻り、最初はアラバマ州のマクスウェル空軍訓練学校に配属された。しかし、ジョン・ウェストとデイヴィッド・ロングはワシントンDCのジョンズ・ホプキンズ大学でバンダルのための特別プログラムを手配した。一九七九年五月の覚書では、ロングがホワイトハウスのハミルトン・ジョーダン首席補佐官とサイラス・ヴァンス国務長官の「奨励を受けて」行動していたことがわかる。特別プログラムのおかげで、バンダルは月に二回、アラバマから通ってきて、授業のために余分の手当をもらった教授たちからマンツーマンで個人指導を受けた。国際経済と国際政治の課程を受講し、アメリカの外交政策の国内における起源にかんする論文で国際公共政策の修士号を得るにいたった。これにかんしては、彼はほぼ間違いなくフレッド・ダットンからの手助けを得ていた。

一九七九年のカーター大統領の再選キャンペーンは急上昇する国際石油価格のなかで行なわれた。カーターはバンダルの助けで、ファハドにサウジアラビアが市場にもっと石油を供給するよう要請する手紙を書いた。ファハドはこう答えた。「わが友人であるアメリカ合衆国大統領に、われわれの助けが必要なとき、彼らが失望することはないだろうとつたえてくれ」。彼は「あなたの再選を確実にするために外からも中からもできることはなんでも」やると約束した。なぜならそれは「中東に公正で永続する平和がいつかあるとしたら必要不可欠」だからである。この援助によってサウジの石油はほかの供給国より一日に四〜五ドル安く取引され、王国にとって一日当たり三〇〇〇万ドルから四〇〇〇万ドルの損失となった。カーターは感謝のしるしに一九七九年十二月前半にバンダルをホワイトハウスに招き、中東政策と米サウジアラビア関係について話し合った。

サウジとエジプトの友好回復を求めるカーターのかつての要望がまだ頭にあったバンダルは、一九七九年十一月、ワシントンDCで当時のエジプトの副大統領ホスニ・ムバラクと思い切って会談した。バンダルはサウジ政府の許可も、ファハドからの事前の承認も受けていなかったが、皇太子は会談のあと、この新たな取り組みをつづけることを認めた。バンダルの考えは、カーターがファハドにサダトへの和解の手紙を書くようたのむというものだった。その手紙は、ワシントンでエジプト大統領がイスラエルのメナヒム・ベギン首相とカーターと会談するとき、本人にとどけられる。ファハドは最初ためらったが、やがて手紙をちょうど間に合うように書くと、バンダルがカーターとサダトとの会談に入っていってそれを差しだすことを許した。しかし、バンダルはファハドの手紙をもっと和解的なものに書きかえていた。彼はこの行為をずうずうしく弁護してこう主張した。「ファハドがいいたいこと、いう必要があることはわかっていたので、そういうふうに翻訳したのだ」。バンダルの危険度の高い建設的外交はこの場合には失敗し、エジプトとサウジの和解は流動的なままだった。しかし、この仲介者については、多くのことがあきらかになった。

一九八〇年、サウジアラビアのアメリカへの依存はさらに深まった。王国の恐るべき人権侵害の歴史と、不平等でときに暴力的な女性の扱いかたが、イギリスのドキュメンタリー番組〈ある王女の死〉の放送で注目されたのである。フィルムは中東の架空のイスラム国家の王女と、姦淫の罪で公開処刑された彼女の恋人の物語をドラマ化したものだった。これはハリド国王の異母兄の孫娘マシャイル・ビント・ファハド・アル＝サウド王女の悲劇的な物語をもとにしていると多くの人間が考えた。マシャイル王女は一九七七年、ジェッダの駐車場で地面にひざまずいて銃殺され、彼女のレバノン人のボーイフレンド、ハリド・ムルハラルは斬首された。サウジの王家はふたりの死を隠蔽しようとして、王女は「水泳プールの事故」で死んだと主張した。ドラマの放送はサウジ人を激怒させ、英サウジ関係を冷えきらせた。そのためサウジが防衛上の要求を満たすのに、アメリカ以外の選択肢がほとんどなくなった。

サウジは自国のF－15戦闘機の能力をのばすために、ぜひともアメリカから空中給油機を購入したいと思っていた。しかし、この試みは、ＡＩＰＡＣが手配して、七〇人の上院議員が署名した書簡によって挫折した。この状況は一九八〇年のイラン・イラク戦争勃発によって変化した。戦火が自国のほうに広がりかねないというサウジの不安にこたえて、ジョン・ウェスト大使は、ふたたびバンダルを仲介者にして、スルタン王子にサウジが「AWACSやホーク対空ミサイル発射機のような装備をほしくないか」とたずねた。このやりとりは、レーガン時代初期のもっとも重要な出来事となる壮大な戦いの引き金となった。

AWACSはかつて開発されたもっとも高性能の指揮、統制、監視システムだった。NATO以外の国々は、イスラエルですら手に入れていなかった。システムは基本的には、ボーイング707ジェット機の軍用型の胴体に特徴的なレドームを載せたものだった。バンダルは、一度体験したらあきらめるよう説得するのはむりだろうと確信して、サウジの軍幹部を同機に乗せるよう手配した。「新車を売りつけるようなものだ」。カーター政権はまだAWACSシステムの売却に乗り気ではなかったが、サウジの安全保障への肩入れを見せるために、搭乗員の乗った四機のAWACSをサウジアラビアに派遣した。サウジが同機を要望したのか、アメリカが提案したのかをめぐって、外交的な騒ぎが起きる可能性があったが、アラビア語と英語の報道発表ではべつべつの内容を用意するというバンダルの提案によって回避された。ファハドはこの意思表示を大いによろこび、アメリカ国防総省がサウジアラビアで求める「ほとんどどんなことでも」進んで認めるつもりだった――戦争物資の事前集積、合同軍事計画立案、AWACSのためのサウジの基地への出入りなど。あきらかにファハドも当時の国家警備隊司令官アブドゥラーも、カーターの再選のための特別な祈りを捧げにメッカへ出かけていた。

彼らの祈りはむだに終わり、一九八〇年の選挙でロナルド・レーガンが大統領の座についた。

バンダルはレーガンに会ったことがある唯一のサウジ王族だったので、選ばれて新大統領にはじめて接触した。アレクサンダー・ヘイグ・ジュニア国務長官は、反共十字軍への支援を獲得するため一九八一年四月にサウジアラビアを訪問したとき、サウジのもっとも重要な関心事はパレスチナ問題とAWACSシステムの取得だといわれた。議会に売却を承認させる問題について話し合うなかで、ヘイグは「もしかしたらバンダル王子がまたやってきて議会対策を手伝えないだろうか」と提案した。ファハドは同意した。バンダルはいまや王室の勅令を持った公式のサウジ筆頭ロビイストだった。

レーガン政権はAWACSの売却が「サウジの石油の輸出がわが国の経済に必要不可欠であるからだけでなく、同国がイスラエルのように地域におけるソ連の拡張主義に抵抗したいと願っているがゆえに、この比較的穏健なアラブ国家との結びつきを強めるのに重要だ」と考えていた。しかし、イスラエルはあきらかにこの武器売却が自国の脅威だと感じていた。AWACSシステムによってサウジがイスラエル軍の動きを追尾できるようになるからだけでなく、レーガンが、戦闘機の能力を向上させ、イスラエルにたいする攻撃任務を可能にするF－15の改修計画もふくめるつもりだったからである。おかげで売却にかんする議会の討議は九カ月間も長引くことになった。結論はいつも僅差になった。バンダルの顧問であるフレッド・ダットンはキャンペーンのためにつたないスローガンを思いついた。「レーガンかベギンか」。これはじつに適切であることがわかった。イスラエルのメナヒム・ベギン首相はイスラエル・ロビーにとって問題をむずかしくしたからである。最初、彼は事前にレーガン政権に知らせずにイラクのオシラク原子炉の爆撃を命じた。つぎに、AWACS売却問題で論争中のアメリカを訪問したさい、新大統領からこの取引についてロビー活動をしないようたのまれたのに、ホワイトハウスの門の外でまさにそれをはじめたのである。

バンダルはまだわずか三二歳で、信任状を与えられた外交官でもないのに、この取引の交渉窓口をふたたびつとめていた。《ニューズウィーク》は彼が「生真面目なウィットと魅力で上院議員たちを圧倒した」と評した。王子は統合参謀本部議長のデイヴィッド・ジョーンズ将軍と定期的にスカッシュの試合に興じていて、民主党の上院議員で元パイロットで宇宙飛行士のジョン・グレンとはまるで「古いパイロット仲間」であるかのように空中戦の真似事をするようになった。レーガンの首席補佐官で、やがてジョージ・H・W・ブッシュの国務長官になるジェイムズ・ベイカー三世とも親しくなり、ある時点では売却を成立させるかもしれない妥協案にかんするハリド国王とレーガン大統領の交渉にかかわった。最終的に、アメリカと情報を共有し、第三者がシステムにアクセスすることを防止するさまざまな防衛策が織りこまれるという条件で、AWACSを売却するための妥協案が成立した。この取引と、地域での軍事的影響力を広めるそのほかの新たな取り組みのおかげで、後年アメリカは王国を第一次湾岸戦争の足がかりに利用できたのである。

AWACS売却の成功後すぐにバンダルはワシントンDCのサウジ大使館の防衛武官に任命された。この職は通常、軍歴にとっては死刑宣告にひとしいものだったが、バンダルはハリド国王が自分の能力をためそうとしているのだと考えてこの任務を受け入れた。彼が新しい任務を引き受けたちょうどそのとき、イスラエルがPLOを追いだしてヤセル・アラファト議長を亡き者にしようとレバノンへの大規模侵攻を開始した。侵攻の一週間後、ハリド国王が亡くなり、一九八二年六月、バンダルの伯父で庇護者であるファハド国王があとをついだ。バンダルの主張によれば、彼は当時、PLOをレバノンから退去させる交渉の中心にいた。レーガンも彼のふたりの国務長官もこの出来事の回想ではこのサウジ人にごく軽くしか言及していないが。この場合の役割がどうであれ、一九八三年十月二十四日にバンダル王子がサウジの駐米大使になったことはほとんど驚きではなかった。

新しい大使が信任状を提示すると、レーガン大統領は彼の言葉を途中でさえぎった。「いいかな？　きみもずいぶん出世したものだね。最初に会ったとき、きみは若い空軍少佐だった。それがいまは、お国のアメリカ合衆国駐在大使だ」。バンダルは答えた。「そうですね、大統領閣下、あなたご自身もそう悪くない成功をおさめられました。最初にお会いしたとき、あなたは失業した知事でしたが、それがいまは世界最大の国家の大統領です」

バンダルはレーガンのホワイトハウスに定期的に出入りしたので、あるときワシントン駐在のイスラエル大使が苦情をいったほどだった。このサウジ人はレーガン政権にとって大きな価値があることがやがてわかる。バンダルは政権を国際的にも国内的にも支援することで、強力なイスラエル・ロビーの対抗勢力の働きができると考えていた。

彼の真価を示す機会は、イラン＝コントラ・スキャンダルですぐにやってきた。すでに書いたように、一九八四年、レーガン大統領と彼の国家安全保障計画グループは、議会の決定がニカラグアの右翼勢力コントラに物資の支援を提供することをアメリカ政府に禁じたのにもかかわらず、中米に共産主義が広まるのを防ぐために、武装勢力を援助することに腐心していた。レーガンは国家安全保障問題担当補佐官のロバート・マクファーレンに「コントラを身も心も団結させる」よう指示した。実質的には、イスラエル経由でイランに売却された非合法武器の収益がコントラに資金を提供するために使われた――これはアメリカの法律に違反し、ホメイニ体制への武器売却を阻止するアメリカ自身のキャンペーンを骨抜きにするものだった。

このこみいった計画は実行に移すのに時間がかかった。議会がコントラから資金を引きあげたあと、当座のあいだ、マクファーレンはバンダル王子に不足分を埋め合わせるようたのんだ。マクファーレンとキャスパー・ワインバーガー国防長官との会合のあと、バンダルはコントラが一九八四年中期から月に一〇〇万ドル受け取れるように手配した。一九八五年前半のレーガンとの朝食会談で、ファハド国王は送金額を倍にすることを申しでた。サウジはやがて三二〇〇万ドルをコントラに与えた。この金の流れはAWACSの売却とつながっていた。この売却から資金が作りだされ、そこからコントラへの月々の金がまわされたからである。

バンダルはのちにこういっている。「コントラのことなどどうでもよかった――わたしはニカラグアがどこにあるかも知らなかった」。この支援はサウジ流のアメリカへの投資だった。その究極のねらいは、イスラエルとアメリカとの関係に対抗するためのサウジ＝アメリカの連帯である。この戦略はサウジ人の伝説的なおべっかによってさらに円滑に機能した。ファハド国王はアメリカの大義への支持のあかしとして、二〇〇万ドル相当のアラブ馬とダイヤモンドを大統領と大統領夫人に気前よく贈った。バンダルはあいだに立って、贈り物が、外交儀礼が求めているようにアメリカ国民にかわって受け取られ登録されるのではなく、大統領夫妻の個人的な所有物になるよう手配した。バンダルはとくにナンシー・レーガンと親しく、数えきれないほどのやりかたで家族に手を貸した。法律問題をかかえ、大酒飲みで、ホワイトハウスを無一文で去ることになっているやり手の大統領副首席補佐官マイクル・ディーヴァーを雇ってくれないかとナンシーがたのんだとき、バンダルは月五万ドルでコンサルタントとして彼を雇ったが、彼が給与支払名簿に載っていた一年のあいだ一度も彼と接触したことはなかった。

サウジ人たちがイラン＝コントラ取引で進んで秘密の支援を提供していることを考慮して、ワインバーガーはスキャンダルが議会で調査されたとき、サウジ側の関与を隠そうと試みた。一九八七年七月三十一日、ワインバーガーは毎週の朝食会議でウィリアム・ケイシーCIA長官とかわした会話について質問された。その会話のなかでは、バンダル王子が五〇〇〇万ドルずつ計二五〇〇万ドルをコントラに割り当てたことが言及され、メモされていた。ワインバーガーは公聴会のあいだじゅうひどい記憶喪失に悩まされ、そういったことを思いだせないと主張した。当時の統合参謀本部議長ジョン（ジャック）・ヴェシー将軍はワインバーガーの言葉に反し、国防長官がコントラのために二五〇〇万ドルを確保したことを確認した。さらにヴェシーは、調査にあたる法律家との一九九二年のインタビューで、バンダルが自分の貢献について彼に二度語ったことをあきらかにした。その会話のひとつは、AWACS売却にかんする一九八四年五月二十五日のホワイトハウスの会合で行なわれ、ロバート・マクファーレンが出席していた。ワインバーガーがこれらの会話のいくつかを日記につけていて、バンダルとの接触を、国防総省での一六回の会談をふくめ、少なくとも六四回メモしていることがあきらかになった。

国防長官は偽証と司法妨害で起訴されたが、一九九二年にジョージ・H・W・ブッシュによって大統領特赦を与えられた。バンダルも関与を否定し、一九八六年十月二十一日の報道発表で「サウジアラビアは、ニカラグアに関係するいかなるグループにたいする、あるいはそうしたグループとつながりのある、軍事的またはそれ以外のいかなる種類の支援活動にも、直接的または間接的にかかわってはいないし、関与したこともない」と主張した。嘘がばれるとバンダルはその行為を弁護し、「アメリカの法律をやぶったわけではない」と主張した。これもまた嘘だった。議会はコントラへの献金を他国に求めることをはっきりと禁じていたからである。ケイシーは議会が禁止していることをやるための代理人としてサウジ人たちを実質的に利用していた。証拠はワインバーガーと悪名高いオリヴァー・ノース中佐をふくむ高官たちを指し示していたが、ケイシーはこの問題をサウジ人とけっして話し合わないことで用心深く自分の身を守った。バンダルもまた、スイスに飛んで、自分の銀行にコントラへの中継地であるケイマン諸島の口座に送金させ、銀行取引による文書の足跡を残さないようにした。外交特権を持つ王子は調査員への協力を徹頭徹尾こばんだ。バンダルは真実にたいする無頓着な態度をあらわにして、サウジの役割が暴露されたことへの失望をマクファーレンに表明した。「真実などどうでもいい。もしなにかの話をするつもりなら、いっしょに話そう。もしそれが嘘なら、いっしょに嘘をつこうじゃないか」

サウジはアンゴラのジョナス・サヴィンビの残酷なUNITA軍にも資金を提供した。UNITAは近隣のアパルトヘイト体制からかなりの支援を受けて、共産主義のMPLA政府を崩壊させようとしていた。パレスチナ系アメリカ人ビジネスマンのサム・バミーは、アメリカ下院アフリカ問題小委員会で、一九八一年にファハドと会ったと証言した。当時の皇太子は、もしAWACSを受け取ったら、サウジは「世界中の反共運動」によろこんで資金を提供するつもりだと語ったという。バミーはバンダルがそれを実行する責任者だったと証言した。そこで彼とバンダルは一九八四年二月、フランスのカンヌで会い、アンゴラの反政府武装勢力とアフガニスタンに金を流すためのダミー会社を設立する話し合いをした。バンダルはバミーに、ふたりが会っているあいだにも、ケイシーとファハドが王室専用船上で同じ問題を話し合っていると語った。バミーの主張によれば、サウジはアンゴラの武装勢力に資金を与えるために、モロッコを通じて、五〇〇〇万ドル以上を提供したという。

バンダルのつぎの秘密任務は、レーガンの親友でヴァチカン駐在アメリカ大使のウィリアム・ウィルソンの要請でもたらされたとされる。ある話によると、バンダルは一九八五年の選挙で恐れられた共産主義者の勝利を阻止するのを手助けするために、イタリアのキリスト教民主党に二〇〇〇万ドルを手配してとどけるよう求められた。サウジの「献金」は、スーツケースに詰められ、それからバンダルがエアバスの専用機でローマまで運んだとされる。彼はみずからそれをサウジの外交官公用車でヴァチカン銀行へ運んでいき、ひとりの聖職者が階段の下まで降りてくると、ひと言も聞かずにスーツケースを受け取った。ヴァチカンはキリスト教民主党候補に金を分配し、同党は最終的に投票数の四パーセント差の選挙結果で勝利をおさめた。この話の正確さは見きわめがたい。四人の人間にしか話されていないからだ。《ワシントン・ポスト》の三人と伝記作家のウィリアム・シンプソンにしか。ウィルソン大使はこの事件についていっさい知らないといい、もしそういうことがあったのなら、「それはきっとわたしの知らないところで行なわれたのだ」といっている。シンプソンの主張によれば、この計画はレーガンとファハドとサッチャーによってたくらまれ、バンダルが関与したのは「関与を否定できる要因つきでこれをやる」ためだった。「そこにアメリカの指紋が――あるいはイギリスの指紋が――ついているのを見ることはぜったいにないだろうからだ。金は彼らから出たものではなかった。彼らは議会や国会を通じてそれを認可したわけではない。誰もが『わたしはそれとは関係ない。それはわたしとは無関係だ』といえるが、それでもそれが物事のやりかただった……これはレーガンとファハドとサッチャーのあいだでじつに多くのやりかたで戦略的協力がいかに行なわれたかの典型例だった」

バンダルが法王の運び屋になったことはあるのだろうか？　この話になんらかの真実があるとしたら、それは一九九三年のバンダルの法廷証言をひどく偽善的なものにするだろう。このとき彼は、《ガーディアン》紙があやまって彼が保守党にひそかに献金したと主張したせいで、同紙を文書誹毀《ひき》で訴えた。バンダルは、自分が他国の選挙に影響をおよぼそうとするなどと思われるだけで、「当惑と悲しみ」のきわみであると法廷で語っている。

一九八五年三月八日、新たに創設されたヒズボラの精神的指導者シャイフ・ムハンマド・フセイン・ファドララのアパートメント近くのモスク前で、強力な自動車爆弾が爆発した。八人が死亡し、少なくとも二〇〇人が負傷した。犠牲者の多くはモスクを出てきた礼拝者だった。ファドララは無事だった。《ワシントン・ポスト》の高名な記者ボブ・ウッドワードは、ウィリアム・ケイシーCIA長官とバンダル王子がイギリスの元コマンドー隊員を雇って、この暗殺計画を実行させようとたくらんだと主張している。元コマンドー隊員はバンダルから三〇〇万ドルを支払われた。サウジ人はこの訴えを激しく否定したが、記者は二〇〇一年に報道番組〈フロントライン〉でふたたび取り上げた。記者の主張によれば、ヴァージニア州マクリーンのバンダルの地所で「庭を散歩」中に、彼とウィリアム・ケイシーは、サウジ人が「プロを雇ってシャイフ・ファドララに自動車爆弾をお見舞いできないかやってみるために資金を提供する」ことに同意した。ケイシーは、作戦が記録に残らず、レーガンさえ知ることはないだろうといった。おそらく、失敗に終わった作戦が暴露されたことで、バンダルは当時リヤドでつきたがっていた国家安全保障担当顧問の職をふいにした。バンダルはファドララの暗殺計画へのサウジの関与の申し立てはまったく根拠がないと断固として主張し、自分はそのたくらみになんの役割も演じていないと断言した。

サウジは一九八〇年代、アフガニスタンの対ソ戦争を支援するために武器や経済援助に数十億ドルを支出し、アフガニスタンの高等教育施設《マドラサ》に資金を提供するためにCIAと協力した。バンダル王子は自分がさらにアフガニスタンから撤退するようゴルバチョフ書記長を説得するのにも必要不可欠な役割を演じたと主張している。一九八八年のモスクワ訪問で、ゴルバチョフは王子に、ロシア人はサウジがイスラム戦士《ムジャヒディン》に毎年二億ドルを提供してきたことを知っていると語った。バンダルはこう答えた。「それはまったくちがいます、書記長閣下。われわれは二億ではなく五億払っていますし、もしあなたたちがアフガニスタンから出ていかなければ、よろこんで一〇億払うつもりです」。バンダルはゴルバチョフがほとんど即座に、つぎの三月までにアフガニスタンを後にすることに同意したと示唆している。この会話の中身の真相がどうであれ、バンダルはすばらしい記念品を持って帰ってきた。レーガンのお気に入りの一節「信頼せよ、しかし検証せよ」が書き添えられたゴルバチョフとレーガンの写真である。ゴルバチョフはこの写真の五〇枚しか存在しない焼き増しの一枚をバンダルに進呈した。バンダルはつぎにレーガンに会ったときたずねた。「彼がなぜこれをわたしにくれたと思います、大統領閣下?」「彼はきみになんといった?」とレーガンはたずねた。「彼は『わたしもきみの友人の友人だということを知ってもらいたい』といいました」。するとレーガンは写真にこう書いた。「バンダル王子、信頼せよ、しかし検証せよ」。バンダルがその数年後、つぎにゴルバチョフに会ったとき、彼もまた写真にロシア語で同じことを書いた。「ダヴィエーリ・ノ・プラヴィエーリ」。バンダルはこの写真を何年もオフィスに目立つように飾っていた。

バンダル王子には権力者を魅了する能力と、友情と影響力を買うための祖国の金がある。法律や規定をくぐりぬけることにも平気で独創性を発揮し、ときには真実に無頓着に思える。おかげで彼は、世界の究極の武器取引を交渉するのにうってつけの人物になった。

バンダルがいってきたように、ミセス・サッチャーはサウジの兵器需要にひじょうに理解を示した。彼らにはアメリカという選択肢が閉ざされ、フランスはイランの石油をもっと買うことで墓穴を掘ったとはいえ、イギリスの武器を買うというサウジの決定に影響力を与えたもうひとつの要因は、あらゆるものの最大の根拠、つまり金だった。バンダルとサッチャーの息子、そして桁はずれの規模の支払いを受け取るのにかかわったほかの多くの者たちとの取引は、たぶん武器取引の歴史上もっとも腐敗した契約だろう。

バンダルはサウジ王族の元顧問であるニハド・ガドリーにこう回想している。「わたしは彼女（ミセス・サッチャー）に、この取引はわれわれの直接的なもの、二カ国のあいだのものだといった。それを超えてはならないと。われわれに関係するものはなんであれ、ほかの誰でもなくわれわれの関心事である……わたしはまた彼女に、われわれは王族であり、われわれの周囲にはたくさんの人々がいて、たくさんの責任があるといった。わたしとミセス・サッチャーとの会話は、彼女がわたしのいわんとするところを理解して終わった」

4　人道を守るため

一九八九年のベルリンの壁崩壊は、全世界で武器ディーラーの仕事のやりかたを大きく変えることになった。冷戦後の世界は、「歴史の終わり」と紛争の終結をもたらすのではなく、市場主導のアメリカ式民主主義が世界全体で受け入れられると、よりいっそう複雑な武力紛争に悩まされた。世界のあまり安定していない政権の多くをアメリカ側またはソ連側についているという根拠でささえてきた支援の崩壊は、国内の人種的な非国家関係者のあいだの紛争が将来、大規模に勃発することを予告していた。自暴自棄な集団が、国内で、宗教的過激派の場合には国家に関係なく出現し、権力を手に入れようとしたり、さまざまな理由で最大限の混乱を引き起こそうとした――民族の理想郷の約束や経済的優位、あるいは宗教的表現のために。影で活動する小規模の武器ディーラーにとって、こうした新しい顧客たちは、肥沃な大地だった。

〈メレックス〉はこの新しい市場にすばやく参入して、いくつもの大陸で内戦や宗教紛争の爆発的増加に便乗することができた。同社は急激に手を広げ、リベリアのチャールズとボブのテイラー兄弟の同類のような悪名高い販売代理人をたくさん動かした。それから一五年間、ユーゴスラヴィアやリベリア・シエラレオネの内戦や、アメリカのイラク侵攻をはじめとする、もっとも有名な紛争のいくつかで利益をあげた。そのさいに〈メレックス〉は、武器ディーラーや革命家、独裁者、食わせ者、戦争屋、宗教的過激派、拷問者、制裁破り、マネーロンダリング業者、胡散臭い情報工作員、日和見主義の企業家の広大な国際ネットワークにコネをつけた。彼らは全員、儲かりそうな混乱状態があればどこででも活動していた。この無政府状態の迷宮が、新たな世界の現実のなかの影の世界だった。

一九九〇年、〈メレックス〉は事業を再構築して、法律的な問題と財政的な問題に対処し、新たな世界で利益をあげて生きのびるそなえをした。その重要な一手として、ジョー・デル・ホヴセピアンが共同経営者として迎えられた。自称「世界市民」のデル・ホヴセピアンは、アルメニアとレバノンの血をひき、ドイツとイタリア、スイス、フランスに有力なつながりを持っていた。

わたしは二〇一〇年五月にヨルダンのアンマンで彼に会った。メッカ通りに面した彼のオフィスはガラスと渋い木材だらけで、銃などの武器のポスターで飾られていた。デル・ホヴセピアンは印象的な男である。いかつい顔はコスモポリタン的な生い立ちを反映している。チュートン的で中東的な顔立ち、赤いだんご鼻の下のととのったゲルマン的な口ひげ。大きな黒いステットソン帽とカウボーイ・ブーツのせいで、実際よりさらに背が高く見える。

饒舌で魅力的だが、無愛想なときもあるデル・ホヴセピアンは、自分の以前の経歴をこう説明した。外人部隊の父とレバノン人の母を持つ彼は、つねに軍隊関係者のあいだで世界中を旅してきた。父の軍事的素質にならって、彼はレバノン軍に入隊し、アメリカの基地などで戦闘機パイロットとして訓練を受けた。若いデル・ホヴセピアンは、持ち前の冒険心とレバノンの名家との姻戚関係のおかげで、すぐに大佐の階級に上りつめた——彼が武器取引業界で知られるようになった肩書きである。

一九七八年にはデル・ホヴセピアンはレバノン軍を除隊し、ボンでライフルとスポーツ射撃の店を開いた——元ナチで〈メレックス〉の創業者ゲーアハルト・メルティンスの故郷である。そして、一九八〇年代前半には武器ディーラーとしてメルティンスと協力しはじめていた。デル・ホヴセピアンは最初、彼と〈メレックス〉が一九八〇年代の大半にやっていた活動についてあいまいだったが、メルティンスがやっていたことについてしばしば内情に通じていたことはあきらかだった——ことに、ふたりが同じ地所で暮らしていたからだ。メルティンスはドイツの情報機関BNDにたいする訴訟で得たかなりの思いがけない金を使って、ボンからライン川を渡ったケーニッヒスヴィンター地区のトーマスベルクに大規模な養鶏場と地所を購入した。デル・ホヴセピアンの言葉によれば、メルティンスはかなりの政府のコネを利用して、姪の夫が働いているドイツの外務省を説得し、彼の区画のとなりに庁舎を建設させ、地所の価値をつりあげたのだという。

一九八〇年代にしばしば資金繰りに行き詰まると、彼は仕事をしてくれた者たちにときどきトーマスベルクの地所を小さく分割して支払いにあてた。デル・ホヴセピアンはそれを受け取った者のひとりで、メルティンスや彼が開拓した雑多な連絡相手といっしょに地所に住んだ。デル・ホヴセピアンはいま、メルティンスが自分から三〇〇万ドル近くをだまし取ったと主張している。デル・ホヴセピアンに便宜をはかってもらった代価を支払うかわりに、トーマスベルクの地所のいちばんいい場所を再開発のために差しだしたのである。開発すれば、その価値は急騰すると考えられた。ただひとつだけメルティンスが内緒にしていた問題があった。土地開発計画の規制によって、デル・ホヴセピアンが新たに取得した土地には、いかなる建物も建てることがはっきりと禁じられていたのである。これは、メルティンスが金をだまし取ったとデル・ホヴセピアンが主張する、数々の事例のひとつにすぎなかった。

　デル・ホヴセピアンが一九九〇年に〈メレックス〉の共同経営者になったとき、同社は苦境にあった。当時の財務報告書からは、収益がおちこむなかでコストが急激に増大していたことがわかる。黄金時代の儲けをほとんど帳消しにする下降運である。メルティンスは救いを求めて昔からのパートナーであるサウジアラビアに目を向けた。サウジはドイツからレオパルト戦車（レオと呼ばれている）を購入したがっていた。メルティンスは自国政府にコネがあったので、取引をぜひともまとめたいと思った。この取引にたいし、サウジアラビアは彼に一六〇〇万ドイツマルクから一七〇〇万ドイツマルクを支払うことに同意した。破産をまぬがれるのにじゅうぶんな金額だ。トーマスベルクの地所は、前払い金の担保として持ちだされた。この異例の手配は、メルティンスの友人であるトゥルキ・アル・ファイサル王子が交渉した。トゥルキは外務大臣の弟で、バンダル王子の異母兄、故ファイサル国王の息子にして、取引の時点では、サウジの情報機関アル・ムハバラトの長官だった。したがって、契約はトゥルキの補佐役アフメド・バディーブとゲーアハルト・メルティンスの名前で調印された。

　メルティンスのもっとも重要な政府側の連絡相手は、なにかと問題の多いバイエルンの政治家で元国防相のフランツ・ヨーゼフ・シュトラウスだった。一九六〇年代前半にほかの者たちといっしょに〈ロッキード〉の贈収賄スキャンダル（12章参照）に巻きこまれたシュトラウスは、デル・ホヴセピアンから「ひどく腐敗した」と評された。たぶんメルティンスおよび〈メレックス〉とよろこんでかかわったことを説明しているのだろう。しかし、このバイエルンの指導者は一九八八年、狩猟中に思いがけず亡くなった。おかげでメルティンスはすでに代金の支払いを受けていたレオ戦車を納入できなくなった。返金を拒否し、戦車を納入できないメルティンスに選択肢はひとつしかなかった——会社をたたんで、新会社を再建することである。

〈メレックス〉の事業再構築には、メルティンスの高齢も関係していた——彼は一九九三年にこの世を去る。したがって、〈ドイッチェ・メレックス〉と命名された新会社の構成は、メルティンスの果たす役割が小さくなったことを反映していた。いくつかの抜け目ない取引の結果、一九九二年、新会社の所有権は、デル・ホヴセピアンとメルティンスの息子たち、ヘルムートとイェルク・トーマス（「J・T」と呼ばれた）のあいだで平等に分割された。会社の株式の一パーセントは、当時はまだゲーアハルト・メルティンスが社長だった〈USメレックス・コープ〉の手に残った。〈メレックス〉ネットワークのほかの部分は、奇怪な形に切り刻まれた。そのひとつ、〈メレックスAG〉は中身を入れ替えて、ケーニッヒスヴィンター郊外のグート・ブシュホーフのホテルとスポーツセンターを運営する会社になった。メルティンス一族の一部のメンバーは、武器取引よりストレスの少ない業種につきたかったのかもしれない。グート・ブシュホーフができあがり、一九九三年にメルティンスが亡くなってすぐに、〈トーマスベルク・ホテル・ウント・シュポルトアンラーゲン〉がセンターを運営するために設立された。公式には同社の取締役は、トゥルキ王子の補佐役アフメド・バディーブだった。

サウジアラビアの情報機関に深く組みこまれたバディーブは、一九八〇年代のソ連のアフガニスタン侵略まで、比較的平凡な経歴を持っていた。サウジの教育省のもとで働く生物教師だったバディーブのもっとも有名な生徒は、オサマ・ビン・ラーディンだった。バディーブはこの生徒と友だちになった。ビン・ラーディンの一族は、イエメンのバディーブと同じ地域の出身だった。

彼はサウジの公務員のなかで出世して、三十代半ばにはトゥルキ・アル・ファイサル王子の首席補佐官をつとめた。トゥルキ王子の父ファイサル国王の——彼の異母兄弟の息子による——暗殺は、トゥルキの出世コースに影響をおよぼさず、彼は最終的にアル・ムハバラトの長に任命され、それから二〇年間、その地位にあった。二〇〇三年から二〇〇五年までは英国大使をつとめ、その後、バンダル王子のかわりに短期間サウジの駐米大使となって、二〇〇五年七月から二〇〇六年十二月までその職にあった。

バディーブは、砂漠の王国でもっとも力を持つ情報機関関係者のひとりの右腕として、しばしば重要な同盟国情報機関との仲介に派遣されたり、武器取引や現金の引き渡しを手配したりした。ある取引では、バディーブはパキスタンにおもむき、軍人の支配者のジア＝ウル＝ハク大統領と面会した。かなりの額の現金を持ってトゥルキ王子から派遣されたバディーブは、パキスタンのホスト役たちに、中国の供給源から各種の高精度ロケットを購入するための資金をサウジアラビアはよろこんで提供するつもりだとつたえた。彼の付き添いたちは、その提案がほとんど信じられなかったので、バンダルがジア＝ウル＝ハク大統領と話しているあいだに、こっそり彼のスーツケースを開けてみて、気前のいい補助金を確認した。バディーブはアフガニスタンでも活発に活動し、祖国とムジャヒディン戦士との関係をみちびいた。バディーブは、メルティンスがレオパルト戦車の契約を履行できなかったためにサウジにたいして背負った借金のかたに、トーマスベルクの地所の所有権を取り上げたと考えられている。

〈メレックス〉の財政的な困難を考えれば、同社の名前を残したのは奇妙に思えたかもしれないが、〈ドイッチェ・メレックス〉にはある意味で隠し財産があった。デル・ホヴセピアンによれば、ドイツ人とネオ・ナチのつながりは、アラブの顧客を味方につけたという。彼らのなかには、「もしヒトラーがユダヤ人を始末していたら、自分たちがいまかかえている（イスラエルとの）問題に悩まされることはいっさいなかっただろう」と考える者もいたからだ。デル・ホヴセピアンはこのこじつけの理論を利用することを恐れずに、アラブの顧客にはなにげなく「ワライクム・サラーム、「元気かい」《ヴィー・ゲーツ・ディア》」とドイツ語をまじえてあいさつした。これは、「（武器取引で）成功をおさめるには、いい仕掛けと高品質の装備が必要で、おまけに顧客をだましてはならない」といったとき、彼がほのめかした仕掛けなのかもしれない。それと同じぐらい重要なのは、権力者と親しい関係をはぐくむ能力である。あまりにも多くの武器ディーラーが社交的で押し出しのいい人物である理由のひとつはそれである。新生〈メレックス〉が最初の大きな取引を獲得したサウジアラビアで、デル・ホヴセピアンが自信たっぷりにやってのけたのは、それだった。

一九九〇年八月、イランとの一〇年におよぶ熾烈な戦いを終えたばかりのサダム・フセインは、クウェートに侵攻を仕掛けた。サウジ人たちはとくにサダムが生物化学兵器を使う可能性をひどく心配した。〈メレックス〉はガスマスク一〇〇万個の購入の手配をするよう持ちかけられた。これほど大量の取引のためには、デル・ホヴセピアンにはたよりになる助太刀が必要だったので、アメリカからメルティンス兄弟を呼び戻した。複数の供給源からかき集めた結果、デル・ホヴセピアンは品物を確保でき、みずからサウジアラビアにガスマスクを空輸した。これは旨味のある取引で、デル・ホヴセピアン自身の話では、一億二六〇〇万ドルの価値があった。すばやい納入へのさらなる褒美として、武器ディーラーはサウジ政府から公式の表彰状を授与された。

にもかかわらずデル・ホヴセピアンは、サウジと取引するさいの「特別な」出費をこき下ろした。机の上のグラスを使って、その過程を説明した。「連中はじつに強欲なんだ。つねに賄賂を払う必要がある。もし連中がこのグラスを買いたいとして、こっちが五ドルだといったとする。連中は一ドルまで値切って、それからこういうんだ。『わかった、三ドル払おう。だが、二ドル返してくれよ』」。デル・ホヴセピアンはサウジとの取引では契約価格の半分以上を賄賂で返さなければならないと主張している。現地のサウジ大使館の駐在武官がいつも領収書にサインする。「金はドイツで連中に支払われ、キックバックは現地の駐在武官に送金されて、彼がそれを王子たちに送金する」。彼はこうしめくくった。「バンダルが手数料を取らずにアメリカからサウジに装備が渡ることはぜったいにない」

冷戦後、ユーゴスラヴィアが崩壊したとき、〈メレックス〉とデル・ホヴセピアンはバルカン半島で重要な役割を演じた。一九九一年六月、スロヴェニアがユーゴ連邦からの独立を宣言し、クロアチアとマケドニアがそれにつづくと、国家はばらばらになりはじめた。それは、セルビア人によるボスニアのイスラム教徒の民族浄化によって記憶に焼きつけられた、驚くほど複雑な四年間の残酷な戦争の第一幕だった。

武器禁輸が地域にすぐさま敷かれたため、各陣営はどんな武器でも見つかりしだい飛びつく必要があった――大胆な武器ディーラーには文字どおりのご馳走である。クロアチアは戦争になりそうだと見て取って、早くも一九九一年一月には装備を集めはじめた。イタリア人のロレンツォ・マッツェガは、クロアチアの武器の再補充を手伝うのに理想的な立場にあった。当時、彼はクロアチアの都市ザラを拠点として、クロアチア指導部に有益なつながりを築いていた。マッツェガの評判は本人に先行していた。少なくともフランコ・ジョルジのところまで。ジョルジは一九四三年生まれのイタリア人で、一九七五年に仕事のためリビアへ旅していた――なにをしていたのかは説明しようとしなかったが。一九七九年、リビア当局は彼がイスラエルのためにスパイ活動をしている公安上の危険人物だと判断した。八カ月間の勾留のすえ、彼は「転向」し、いまやリビア当局のためにイタリア国内やそれ以外の場所の人物についての情報を提供した。一九九〇年にはイタリアに帰国して、ヴェネチアで商店をいとなむ妻のもとに戻り、そこでジョルジは幾人かの連絡相手と会った。彼は仕事上の知り合いから、マッツェガが自分の会社〈ヴェニンペクス〉を通じて東欧じゅうで武器を自由に取引できると聞いていた。共通の知り合いを通じて紹介されたあと、ジョルジは仕事の話し合いのためザラへ出張した。彼の目的は、〈メレックス〉に代わって、クロアチアに武器と補給品を売ることだった。マッツェガはのちに、ジョルジが「イタリアとクロアチアと東欧諸国で〈メレックス〉の代理人をつとめている」と主張したと回想している。「彼は〈メレックス〉のカタログも見せてくれた。彼がザラにきたのは、〈メレックス〉が警察用の装備を製造していたからだった――双眼鏡や防弾チョッキ、無線機といったものだ」。彼らの会議の結果、〈メレックス〉は実際にクロアチアで契約を獲得した。注文はマッツェガがコンサルタントをつとめるザラのある会社から出されていた。ジョルジは取引の詳細を持って正式にデル・ホヴセピアンに接触した。デル・ホヴセピアンは最初懐疑的だったが、話に乗ることに同意した。

クロアチア当局が――しかもすぐに――必要としていたのは弾薬だった。およそ一〇〇万ドル分の。デル・ホヴセピアンは昔からの知り合いであるエリ・ワザンに補給品を確保するのを手伝ってくれるよう協力を求めた。ワザンは彼自身、成功した武器ディーラーで、一九八〇年代前半にはレバノンでキリスト教系民兵のための装備調達係をつとめていた。一九八〇年代なかばには、イスラエル情報機関との有益なコネを築いたあと、みずからこの商売に乗りだし、東ベイルートで武器の取引をした。またレバノンの名誉領事の地位につき、役に立つ外交特権を与えられた。ワザンのおもな供給源のひとつが南アフリカの準国営企業の〈アームスコー〉だった。同国にたいして強制的な武器禁輸が科されたあとでアパルトヘイト政府が設立した会社である——この禁輸は〈アームスコー〉の海外への販売も禁止していた。巨額の資金がつぎこまれた〈アームスコー〉は巨大企業となり、アパルトヘイト政府が国内とサハラ砂漠以南のアフリカ全土に恐怖時代を実現するための補給品を大量に作りだした。〈アームスコー〉は、国内向けの製造を支えるのに必要な海外でのセールスを促進するために、しばしばあやしげな仲介者や代理人のネットワークをたよりにした。ワザンは彼らのお気に入りのひとりで、一九八三年から同社に協力していた。一九九〇年には〈アームスコー〉の「専属代理人」に任命されている。

クロアチア用の弾薬を確保するためには、デル・ホヴセピアンとワザンは南アフリカにたいする武器禁輸に違反する必要があった。〈メレックス〉経由でやった場合、ドイツの当局が警告を受けることを恐れて、デル・ホヴセピアンは姉妹会社の〈インターシステムズ・ベイルート〉を通じて行なうことにした。もっとも彼はジョルジに会って、ドイツ国内で取引について話し合っていたのだが——これ自体が違法行為である。デル・ホヴセピアンとワザンは南アフリカの役人も欺かねばならなかった。当時、南アフリカの内閣通達で、〈アームスコー〉は旧ユーゴスラヴィアのいかなる国へも武器の販売を禁じられていた。しかし、レバノンへの販売は禁止されていなかった。そこでワザンは〈アームスコー〉の在庫品がレバノンのキリスト教系民兵に納入され、ベイルートで荷揚げされると嘘をついた。実際には、アンケ号に船積みされた武器は、クロアチアへ向かい、クロアチア当局が心からほっとしたことに、一九九一年三月、同地に到着した。装備の価格は一〇〇万ドルちょっとだったが、フランコ・ジョルジは仲介者としての役割で二〇万ドルの手数料をもらった。

これは比較的小さな取引のわりには、かなりの骨折りだった。しかし、そのおかげでジョルジとデル・ホヴセピアンは信頼できるとクロアチア当局は納得した。一九九二年、地域で戦闘が勃発して、国連が全当事者への強制的な武器禁輸を科してから一年ちょっとたったころ、クロアチアはさらなる武器を探しにでた。今回はミサイルをふくむずっと大きな荷物で、価格は二六一〇万ドルにのぼった。取引はまたしてもロレンツォ・マッツェガが持ちかけた。彼はクロアチア当局の代理としてフランコ・ジョルジに接触した。この機会に飛びついたジョルジはクロアチアに出向いて、さまざまなクロアチアの将軍やヨゾ・マルティノヴィッチ財務大臣と取引について話し合った。クロアチアの国営銀行〈プリヴレドナ〉の元取締役だったマルティノヴィッチは、国連の禁輸に違反して武器を運びこませた多くの交渉に深くかかわっていたとされている。

ジョルジはふたたびデル・ホヴセピアンに協力を求めた。彼は最初のクロアチア向けの積み荷を確保するのに使用したのと同じ連絡相手のネットワークを利用した。〈アームスコー〉に連絡がいき、取引がまとまった。アメリカの回漕業者マイクル・ステーンバーグが輸送の面倒をみるために選ばれた。武器は一九九二年なかばにスカイバード号に積まれて配送された――一回の取引で国連のふたつの武器禁輸をやぶって。発見を避けるため、船積みの積み荷目録は改竄されていた。前回の手口を踏襲して、積み荷はレバノンのキリスト教系民兵にあてたものということになっていた。本当の目的地はクロアチアの港湾都市ウマグで、マルティノヴィッチ財務大臣が最終使用者証明書を用意していた。彼はまた、デル・ホヴセピアンに約束のメモを送り、武器ディーラーに五〇〇万ドルの頭金と、〈プリヴレドナ〉銀行経由で毎月四三五万ドルずつ五カ月間の支払いに同意した。積み荷がとどきはじめると、デル・ホヴセピアンはとどこおりなく金を受け取った。しかし、支払いはすぐに、デル・ホヴセピアンがおよそ一二〇〇万ドル受け取ったところで、残りの一四〇〇万ドルが未払いのまま、クロアチア当局によって停止された。

クロアチア人が支払いを停止した理由は依然としていささか謎である。デル・ホヴセピアンによれば、彼らは納入された品物の品質に文句をつけ、古くて中古品で使いものにならないと主張したという。デル・ホヴセピアンは面食らった。装備は五年前のものだったが、一度も使用されておらず、彼がみずから行なったテストでは完璧に機能していた。フランコ・ジョルジはクロアチア人たちが装備は「レバノン軍がはねつけた」ものだと主張したという――実際には、武器はすべて南アフリカの〈アームスコー〉から出たものだというのに。そして、〈アームスコー〉はたしかに影の事業者ではあったが、しっかり製造された武器で定評を得ていた。たぶんデル・ホヴセピアンはいいように扱われていたのだろう。いったん武器が納入されたら、武器ディーラーには支払いが確実につづくようにする手段がない。フランコ・ジョルジによれば、デル・ホヴセピアンはドイツでクロアチアからの奇妙な代表団の訪問を受けた。女性ひとりと男性ふたりで、ロレンツォ・マッツェガが同行していた。「彼らは彼が納入した武器について好意的な報告書を出すかわりにホヴセピアンから賄賂をせしめようとした。ホヴセピアンはことわり、彼らをさっさと追い払った」。デル・ホヴセピアンは金策に困ったクロアチア人にだまされていたのか、あるいは有力なコネを持つクロアチアの役人に手数料を払うためにはめられたのか。いずれにせよ、デル・ホヴセピアンがこの取引でそれ以上収益を得ることはなかった。

武器ディーラーにとって、事態はさらに悪くなった。取引が進行中に、べつの〈メレックス〉の代理人ゲーアハルト・デルフェルがクロアチア政府の接触を受けた。エンジニアを職業とするデルフェルは、ゲーアハルト・メルティンスの親友でもあった。彼はドイツの印刷会社〈ギーゼッケ&デブリエンド〉とのつながりのせいでクロアチア当局の注意を引いたのである。彼らは同社に自国の新通貨を印刷してもらいたがっていた。クロアチアとの取引の多くでフィクサーをつとめたロレンツォ・マッツェガはしばしばデルフェルのお目付け役をつとめ、彼を助けていた。マッツェガはよくメルティンスのトーマスベルクの地所に旅行して、メルティンスとデルフェルと会ったと回想している。デル・ホヴセピアンが自家用車を運転して通り過ぎていくのを見かけたことも何度かあった。この商売上の利害関係の重複は、デル・ホヴセピアンにとって致命的だった。クロアチアの取引をメルティンスに秘密にしておこうとしていたからである。デルフェルはクロアチア当局から取引のことを知ると、すぐにメルティンスに知らせた。彼は激怒した。職業上の嫉妬からだけでなく、ドイツ当局の望まざる関心を引くことを恐れたからである。メルティンスは仕返しをすることにした。トーマスベルクの地所にファイルしてあったデル・ホヴセピアンの書類をあさると、犯罪の証拠となる書類の山を全部ドイツ当局に渡した。共同経営者を密告したのである。

ドイツの法執行機関は捜査を開始し、すでに旧ユーゴスラヴィア全土におけるフランコ・ジョルジとロレンツォ・マッツェガの活動を調べはじめていたイタリアの警察幹部とも何度も連絡を取り合った。メルティンスが道義的な理由からデル・ホヴセピアンを裏切ることにしたというのは、まずありえないように思える。むしろ、経済的な利益が得られるかもしれないと思ったからだろう。クロアチア当局がデル・ホヴセピアンの積み荷をはねつけたあと、マルティノヴィッチ財務大臣はこの問題をまるくおさめようと決意したからである。彼はマッツェガを介してメルティンスに接触し、もしこのドイツ人がデル・ホヴセピアンを説得して、残金をしつこく請求するのをやめさせられたら、デル・ホヴセピアンは全額最終決済として、一〇〇万ドルちょっとの支払いを一回だけ受けることになると提案した。メルティンスは提案を吞むようデル・ホヴセピアンを説得できるといったが、共同経営者とそのことを話し合うつもりはなかった。一九九二年八月、ミュンヘン空港のバーで、ロレンツォ・マッツェガは現金一〇〇万ドル以上が入った書類カバンをメルティンスに手渡した。メルティンスはいかにも彼らしく、デル・ホヴセピアンに金を与えることはなかった。共同経営者がドイツの検察官の関心に対処するのにいそがしく、メルティンスのごまかしには気づかないだろうと思ったからである。

メルティンスの暴露の結果、デル・ホヴセピアンは訴追をまぬがれるためにドイツから逃げださざるを得なくなり、数年後に捜査が行き詰まったことがあきらかになるとやっと帰国した。メルティンスは一〇〇万ドル分、金持ちになっていたが、彼のごまかしはふたりの関係の終わりを意味し、結果的に継続企業としての〈ドイッチェ・メレックスGmBH〉は終わりを迎えた。デル・ホヴセピアンはメルティンスの息子たちとは親しい関係をつづけた。ふたりとも父親の卑劣な商慣行にはちゃんと気づいているのがわかった。ゲーアハルトが亡くなったあと、デル・ホヴセピアンはJ・T・メルティンスから感じのいい手紙をもらい、そのなかでデル・ホヴセピアンは「ゲーアハルト・メルティンスがだました人たちのリストのだいたい一二番目にすぎない」と打ち明けられた。

デル・ホヴセピアンはドイツからやむなく逃げだしたが、それが不運なクロアチアとの取引の終わりではなかった。一九九八年、彼はスイスの法廷でこの問題を追及し、クロアチア国に残金を支払うよう要求するという、奇怪な決断を下した。最終的に二〇〇一年三月、この問題がデル・ホヴセピアンによって上訴されたあと、スイスの最高裁判所は未払い金にたいする彼の主張をしりぞけた。裁判所の決定によれば、約束の手紙はあいまいでなく、制裁違反は契約を取り消す理由ではない――スイスは取引の時点で国連に加盟していなかった――ものの、この取引はスイスの社会的秩序の概念と、それゆえ世界共通の社会的秩序の概念に反していた。ユーゴスラヴィアへの武器移転は道義に反するからである。わたしが裁判所の決定についてデル・ホヴセピアンにたずねると、彼は不機嫌になった。猥褻な言葉をどなり、激怒してテーブルを叩いた。武器取引が道義に反するだなんて、どうして考えられるんだ？　と彼はいぶかった。道義のために取引を行なったというのに。「わたしは人道を守るためにこの仕事についている」と彼は説明した。「平和をもたらすには戦争にそなえなければならないんだ」。運命の皮肉なめぐりあわせで、デル・ホヴセピアンは意図せずに平和と人道に彼なりの貢献をしたのかもしれない。スイスの裁判所の決定は、法律の専門家のあいだで大いに話し合われる話題となっていて、ほかの後ろ暗い取引も、世界共通の社会的秩序を維持するスイスの法的義務によって阻止できるという期待が高まっているからである。

旧ユーゴスラヴィアへの〈メレックス〉の関与は、クロアチアでの大失敗で終わりはしなかった。ほとんどの武器ディーラーと同様、〈メレックス〉はデル・ホヴセピアンのクロアチアの顧客の仇敵に武器を供給する者たちにコネを持っていた。とくにニコラス・オーマンは、二〇〇五年のドイツの捜査で一九九〇年代前半に〈メレックス〉の外国における代理人としてリストアップされた人物で、この地域で活発に活動していた。オーマンの経歴については、一九四三年にスロヴェニアのポドコレンで生まれたこと以外、ほとんどわかっていない。少なくとも一九六〇年代からはオーストラリアを住まいにしている。バルカン半島における彼の活動を捜査するイタリアの役人に事情を聞かれて、オーマンは自分が一九六〇年代にＮＡＳＡのパイロット訓練学校を卒業した民間パイロットで、スロヴェニアと深い感情的な絆を持つ献身的な民主主義者だと主張した。オーストラリアの当局が描いた彼の肖像画はそれよりはるかに薔薇色ではない。インターポールのキャンベラ支部はオーマンがしばしば法律にひっかかっていることを認めた。一九六六年、彼は「武器による暴行」で有罪となった。その一年後には「制限された物質」の所持が見つかった。一九七三年には不法な暴行で訴追される。そして、一九八〇年代なかばには「詐欺による窃盗」、「ナンバープレートの不正な使用」、そして「武装強盗」の容疑をかけられたが、無罪放免となった。

オーマンは一九八九年にイタリアへ旅行し、悪名高いイタリア人リーチオ・ジェッリと三度会った。ジェッリは一九八〇年代前半に大がかりな銀行スキャンダルにかかわった疑いがかけられ——しかし訴追はされなかった——たことで悪名を馳せていた。このスキャンダルでは一〇億ドル以上が巨大銀行〈バンコ・アンブロシアーノ〉から不可解に消えていた。ジェッリはプロパガンダ・デュオ、略してP2として知られるフリーメーソンの支部の「ヴェネラブル・マスター（支部長）」に任命されていた。これはイタリア産業界やメディアや政界に広がった極右主義者のネットワークで、その多くはイタリアの政界に大きな影響力を持つようになった。一九八七年、ジェッリはイタリアの右翼テロ組織に資金を提供した罪で有罪になった。彼は有罪判決の時点ではすでにスイスに逃亡していて、彼の政治犯罪の範囲を限定する犯人引き渡し合意を交渉で勝ちとって帰国した。

ニコラス・オーマンは、太平洋の小国トンガへの投資を同国政府のために集める活動の一環として、要注意人物のジェッリに会ったと主張している。彼はジェッリがこの投資に関心があるかもしれないと考えていた。トンガ政府が主要な投資家に外交上の承認と、それによる不逮捕特権を与えると申しでていたからである。一九八九年にオーマンがジェッリに会った事実は、民間パイロットにすぎないというオーマンの主張が嘘であることを示していた。オーマンの元補佐役のヨルネイ・チェピンが事情聴取で認めたところによれば、オーマンは自分のかなりの富を説明して、「イラン・イラク戦争のときイランに協力して、その謝礼にこの金をもらった。そのおかげで自分の武器ビジネスを発展させることができた。その額は三五〇〇万ドルだった」と語ったという。チェピンはこの説明を信じていて、オーマンが一九九〇年にイランへ旅行したことを補強証拠として持ちだした。

一九九一年、オーマンはオーストラリアから祖国スロヴェニアに引っ越した。そして、ブレッドの大仰な城に腰をおちつけると、そこを拠点に商売の大半を行なった。彼の目的は、主張によれば、スロヴェニアが独立に向かい、共産主義の軛《くびき》から逃れるのを助けることだった。城のあるじは特徴的な人物で、ひょろりとした体格のせいでよく昆虫の七節《ななふし》に似ているといわれた。スロヴェニア警察はかつて彼のことを没個性的にこう描写した。「身長一八五センチ、平均的な身長、とがった顔、焦茶色の髪（白髪まじり）、焦茶色の目、中ぐらいの鼻、ななめの頭、楕円形の耳」

このぶかっこうな人物は、そびえ立つ城から、あやしげな共犯者の儲かるネットワークを築きはじめた。彼はリベリアの泥棒政権に重宝なパートナーを見つけた。オーマンはすぐにこの貧困に陥った国からヨーロッパのさまざまな地域へのダイヤモンドの取引にたずさわった。一九九二年、リベリア駐在アメリカ大使のテイラーの親友となった――のちにもうひとりの〈メレックス〉の代理人である残酷な独裁者チャールズ・テイラー・ニル――がリベリアでオーマンに会いに飛行機でやってきた。その数日後、オーマンがスロヴェニアの駐リベリア名誉領事に任命され、外交官パスポートと外交官の不逮捕特権の両方が与えられたことが発表された。

外交的な肩書きは、一九九二年に同国に科された国連の武器禁輸に反して、リベリアのエリートたちがダイヤモンドを動かし、武器を購入するのを手伝った見返りだった。チェピンはオーマンが「仕事」でしょっちゅうリベリアに旅行し、品物の密輸を手伝わせるために依頼料を払って南アフリカのダイヤモンド専門家を雇ったことをふりかえった。オーマンが反対尋問で「愉快なイタリア人の友だち」と言及したロレンツォ・マッツェガは、一九九〇年代なかばにオーマンがリベリアの首都に一〇日間、旅行したことをおぼえていた。「オーマンがたずねたあとすぐに、リベリアで戦争が勃発したので、わたしはやや皮肉めかせてリベリアに戦争の引き金を引きにいったのかと彼にたずねたのをおぼえている。そのとき彼は、具体的に武器の供給の契約をまとめにいったとわたしに語った」。リベリアの真実と和解委員会はオーマンをいくつかの経済犯罪で有罪とみとめた。そのなかには、「非合法の武器取引」、「ヨーロッパ共同体の関係者（つまり武器供給者）の援助と扇動」そして「密輸そのほかの関税違反」がふくまれていた。

オーマンはスロヴェニアの根城と外交官の特権を持ち、ユーゴスラヴィア紛争のほとんどの側に武器を供給する独特の位置にいた。かつてはユーゴの一部だったスロヴェニアは一九九一年六月、クロアチアと同じ日に連邦からの独立を宣言した。この宣言は、クロアチアにたいして同時に動員されていたユーゴ軍の残余とスロヴェニア軍との一〇日間にわたる戦争を引き起こした。スロヴェニアは独立をみとめられ、クロアチアによってセルビアから地理的にさえぎられていたため、それ以上の戦争をほとんど体験しなかった。こうして比較的静かだったことと、その位置関係によって、同国は武器取引にとって絶好の始点となった。ニコラス・オーマンはスロヴェニアの政界と軍部の最上層部のコネを使ってすぐさま機に乗じた。

彼は自分の城で手のこんだ華やかな外交的会合を主催し、そのなかでスロヴェニアの国防相と内務相の友人となった。スロヴェニアのミラン・クーチャン大統領とも「対等の関係」をきずいた。最初、オーマンは、クーチャンの政府が貸し付けと外国為替の限度額を得るのを手伝い、この任務をこともなげに完了した。じきに政府は彼に独立を強化するために武器を取得するのを手伝ってくれないかと持ちかけた。オーマンはギリシャの友人コンスタンチン・ダフェルマスに接触し、彼の会社〈スコーピオン〉はすぐさまかなりの量の武器の在庫をオーマン経由でスロヴェニアの指導部に発送する手配をした。

スロヴェニアの戦闘は短期間だったため、オーマンはユーゴ紛争でほかの者たちに補給品を供給しはじめた。最初、彼はクロアチアに武器を供給するのに専心した。国連の武器禁輸宣告直後の一九九一年十月二十八日付けの請求書は、オーマンの会社〈オーバル・マーケティング・サーヴィシズ〉のレターヘッド付きで書かれ、「ブロウパイプ携帯対空ミサイル・システム」の納入のために「クロアチア共和国国防省」に宛てられていた。装備は一九八〇年にイギリスで製造されたNATOの在庫品だった。オーマンはMk40ミサイル四〇〇発と発射機八〇基にたいして合計で一五六〇万ドルの手数料を請求していた。

一九九二年にはオーマンはクロアチアとボスニア両方にたいする武器の納入にかかわっていた。ボスニアのセルビア人は当時、ボスニア＝ヘルツェゴヴィナの一部に国境を拡張しようとするクロアチアのもくろみに抵抗していた。一九九二年一月八日、スロヴェニアの調査によれば、アンティグア船籍のヘル号という船がスロヴェニアのコペル港に入港した。積み荷目録によれば、クロアチア向けの農業機械を運んでいることになっていた。しかし、四六個の貨物コンテナが荷揚げされ、調べられたとき、一万三〇〇〇梃のAK－47ライフルと弾薬一三〇〇万発、一万梃のマカロフ・ピストルと弾薬五〇〇万発、迫撃砲一四門と冬用の軍服二〇〇〇着が発見された。これらはオーマンの〈オーバル・マーケティング〉が供給し、〈スコーピオン〉が紛争のあらゆる側に転売したものだった。隠し武器の総額は八九〇万ドルにのぼった。

オーマンはロシアとも関係をきずいていた。彼はそこで同国の冷戦時代の大量の武器を処分したがっている旧ソ連の将軍たちと連絡を取っていた。オーマンの客人だったフルヴィオ・レオナルディは、このスロヴェニア人をブレッドの城にたずねたことをおぼえている。彼はオーマンが所有するレストランで主人役とVIPの招待客にくわわるようさそわれた。レオナルディが驚いたことに、彼は大物の武器密売人の会合に呼ばれていたのだった。招待客のなかには、重要な武器メーカーであるロシアの〈スホーイ・コーポレーション〉の元社長や、クツィンという名前の元将軍もいた。将軍はラキヤ・ブランデーを数本空けたあととりわけ愛想がよくなり、自分は戦車や重火器システムをふくむ旧赤軍の在庫を売却する手配のために腐敗将官たちに任命されたのだと自慢げに話した。「クツィンはなんの包み隠しもせずに、自分を最高レベルの武器密売人だと紹介した」とレオナルディはみとめた。

このロシアの連絡相手のおかげで、一九九四年、オーマンはボスニアのセルビア人指導者、ラドヴァン・カラジッチから特別な需要について話し合うよう提案された。スレブレニッァの集団殺害をふくむ戦争犯罪で現在裁判中のカラジッチは、バルカン半島の紛争のやりかたを根本的に変えるものを手に入れたがっていた。大量破壊兵器を。カラジッチはオーマンがロシア軍内でのコネを使って、いわゆる「ヴァクウム」爆弾つまりエリプトン爆弾を調達できると信じていた。核物質——レッド・マーキュリーまたはオスミウム——をエネルギー源とする一キロトンの爆発力を持つ、およそスーツケース大の装置は、ひじょうに強力であることが知られていた。人種差別的で反ユダヤ的な言動で知られる超国家主義的なロシアの指導者ウラジーミル・ジリノフスキーは、セルビア訪問中にロシアの「秘密兵器」について何度となく豪語していた。ジリノフスキーは、アメリカ旅行中にはアメリカ人に、同国はヒスパニックと黒人の潜在的な支配に直面して「白色人種の保護」のためにもっと努力するべきだと警告したことでも有名で、オーストラリアと日本からは締め出しをくらったが、セルビアではメジャーな存在だっただけでなく、ニコラス・オーマンとも親しく、彼の城に一度滞在したこともあった。この関係のせいで、ボスニアのセルビア人指導者のために爆弾を手に入れられるというオーマンの主張は信用できるように思え、セルビア人指導者は代金として六〇〇〇万ドルを支払うことに同意した。支払いの一〇パーセント——六〇〇万ドル——は頭金として現金で支払われ、スロヴェニアのオーマンのもとへ、彼の友人でフィクサー仲間のロレンツォ・マッツェガが自分のサーブの後部に積んで運んだ。残金の担保として、オーマンはボスニアの石油精製所のひとつに譲渡抵当権を設定することをみとめられた。

オーマンはカラジッチの満足するような起爆可能な爆弾を入手できなかった。核物質は手に入れられたようだ。一九九六年に彼の貸金庫が強制捜査されたとき、三〇グラムのオスミウムが出てきたからだ。しかし、フランコ・ジョルジはオーマンが転売のために彼に一キロのオスミウムを提供したことをおぼえていた。これはつまり、オーマンには爆弾を調達するつもりなどなく、戦争犯罪の容疑者から大枚六〇〇万ドルをだまし取ることを期待して、ずっとカラジッチを欺いていたのかもしれないということを示唆している。《ニューヨーク・タイムズ》はべつの解釈をして、オーマンはスーツケースに入った間に合わせの爆弾をカラジッチに手渡したが、赤いゼリーのようなチューブに入ったレッド・マーキュリーの中身は起爆不能なものだったといっている。

肝心なのは、カラジッチが武器も手に入れられず、六〇〇万ドルも懐から失ってとり残されたことだ。激怒したボスニア人はなんとしても金を取り戻すために、かつての民兵指揮官のひとりで、いまは「ドゥギ」というあだ名で知られるビジネスマンのブラニスラフ・ライノヴィッチの協力を取りつけた。ライノヴィッチはフランコ・ジョルジに接触した。彼はジョルジのことを、オーマンをおどして抵抗をやめさせられる「武器ディーラーでマフィアの一員」と見ていた。そのころカラジッチの激怒のことをまだ知らないオーマンは、金の残りを集金するために、あつかましくもふたりの運び屋を――そのひとりはマッツェガだった――サラエボに派遣していた。彼らは大枚五四〇〇万ドルを受け取るどころか、逆にライノヴィッチに人質にとられた。ライノヴィッチはパスポートを取り上げ、オーマンが金を用意した場合のみ人質を解放することに同意した。ライノヴィッチにとって腹立たしいことに、ふたりが人質になっていた地域はアメリカ軍の爆撃を受け、マッツェガと仲間は逃げだすことができた。

不屈の「ドゥギ」は、金を取り返し、裏切り者の武器ブローカーを暗殺するつもりで、スロヴェニアのオーマンをたずねた。しかし、ずる賢いオーマンは、自分を生かしておいて、上司たちにはスロヴェニア人を見つけられなかったと報告する見返りに、一二〇〇万ドルの賄賂を受け取るようライノヴィッチをまるめこんだ。ライノヴィッチにとって、これは致命的な判断だった。彼のボスたちがごまかしに気づいたあとすぐに、「ドゥギ」の他殺体が発見された。共犯者の抹殺を耳にすると、オーマンは城から逃げだし、オーストラリアに腰をおちつけた。ユーゴスラヴィアでもっとも成功をおさめ、もっとも良心的でない武器ディーラーのひとりだった彼の五年間の権勢は、終わりを迎えた。

デル・ホヴセピアンにとってもオーマンにとっても、ユーゴスラヴィアはまぎれもない災難だった。しかし、オーマンが逃亡して隠遁生活を余儀なくされた一方で、デル・ホヴセピアンは心地よい環境である中東に戻っていった。一九九三年九月、彼は〈メレックス〉の以前の顧客と激しく敵対しているグループに武器を提供しはじめた。南イエメンの左翼がかった民兵である。デル・

ホヴセピアンはサウジアラビア、とくにアンワル・ビン・ファワズ・ビン・ナワフ・アル・シャラーン王子との親しい関係のおかげで、取引にかかわっていた。取引にかんする南アフリカの調査委員会の報告書によれば、「王子は仕事仲間のデル・ホヴセピアンを深く完全に信頼していた――王子の究極の利益にかない、彼の名誉が疑われないかぎりは、デル・ホヴセピアンに、率先して思いどおりにことを運ぶ暗黙の権限をみとめるほどだった」

アル・シャラーン王子は、かなりの種類の事業に手を染める、典型的なサウジ王族の一員だった。とくに南イエメンの商品市場に関心を持っていた。金になる可能性があって、ほとんど手つかずの商機である。しかし、参入するには南イエメン人のために武器を調達する必要があると彼は教えられた。その多くは一九九〇年の同国の統一で勢いを失った分離派運動を組織していた。そのため、彼は信頼すべき親友のデル・ホヴセピアンに救いを求めた。調査委員会は彼のことを、いくぶん控えめないいかたで、「国際武器ビジネスに高度の理解」を持っていると評している。

デル・ホヴセピアンは、王子のために武器を調達するのに、クロアチアで利用したのと同じネットワークを使った。エリ・ワザンを通じて〈アームスコー〉から積み荷――各種のライフルと弾薬――を購入し、マイクル・ステーンバーグを通じてヴィンランド・サーガ号でイエメンに海路発送した。〈アームスコー〉は、武器の移送を説明しなければならなくなると――同社は依然として武器禁輸に悩まされていた――申告された最終使用者は以前の取引と同様、レバノンのキリスト教系民兵だと名指しした。〈アームスコー〉はその先の移送に責任はないと主張した。デル・ホヴセピアンによれば、〈アームスコー〉はレバノンが最終使用者ではないと知っていたという。とくに、レバノンとはなんのつながりもない王子が自分で南アフリカに出張して、武器を点検していたからである。それに、デル・ホヴセピアンも、最終使用者証明書に関係なく、武器がどこへいくかつねにはっきりと知っていた。デル・ホヴセピアンがこの取引でどれだけ儲けたかははっきりしない。購入価格は三五万一七五ドルだ。しかし、王子は最初に五一万ドル、そして最初の取り決めを第二の取引に拡大することに合意したとき、さらに九〇万二四五五ドルを支払っている。このうち、ワザンは一九九三年九月から一九九四年のあいだに合計で四八万四七八〇ドル受け取っていて、この業界の手数料支払いの規模がある程度うかがえる。

装備の第二回分にかんする〈アームスコー〉との契約事項は、G3ライフルとAK-47、それに弾薬についてだった。いまやおなじみのネットワークがこの積み荷のためにふたたび利用されれ、荷はアークティス・パイオニアー号に積まれて出航した。これほどじゅうぶんに下準備をしたルートが用意されていたので、問題が起きるとは思えなかった。しかし、デル・ホヴセピアンと友人たちは、顧客の移り気も、武器ディーラー同士の関係のあてにならない性質もたよりにしなかった。エリ・ワザンは二度目の取引からほぼ完全に除外されていたが、偽の最終使用者証明書を用意するのに必要だとわかると、また引き入れられた。彼は大枚はたいて、簡単に見破られるお粗末な偽造品を作り上げた。しかし、本当に取引をだめにしたのは、買い手の優柔不断だった。

積み荷は最終的にイエメンに到着すると、きっぱりと拒絶された。イエメン人たちはおもてむきは品物の品質に感心しなかったと主張した。デル・ホヴセピアンはそんないいわけにだまされなかった。実際には、装備が到着したころには、イエメン人たちはそれをもういらないと決めていたのだ――限られた財源のなかではるかに差し迫っていたのは、海軍艦船の取得だった。その結果、アークティス・パイオニアー号は追い返され、ちょうどアフリカ民族会議（ＡＮＣ）のネルソン・マンデラが初の民主的な大統領として選出されたばかりの南アフリカに到着した。地元の報道機関は積み荷のことを聞きつけ、一九九四年末にこのニュースを報道し、ＡＮＣがこの取引を知っていて、武器の一部がパレスチナのかつての同盟者にいくようにしたと示唆した。その結果、船は差し押さえられ、公的な調査委員会が設置された。調査の結果、デル・ホヴセピアンと〈アームスコー〉とイエメンとの取引の一切合財が明るみに出ることになった。関係した多くの者にとって、これは災難だった。ステーンバーグはさらなる法的措置を恐れて譲歩し、〈アームスコー〉の高官フェルマークは辞任せざるをえないと感じた。

最初にデル・ホヴセピアンに接触してインタビューを求めたとき、わたしは、彼が調査委員会についておおやけに発言していないことに触れ、彼が自分の側の話をしたいのではないかとほのめかした。彼は無頓着に答えた。「わたしのキャラバン隊は犬が吠えようが通り抜けるよ」。彼にとってはるかに関心があったのは結論だった。アークティス・パイオニアー号が差し押さえられ、彼はかなりの積み荷と資本の損失に直面していた。デル・ホヴセピアンはかくして南アフリカの弁護士を雇って船の差し押さえ解除を求め、一九九八年ついにそれを手に入れた。船は四年遅れでイエメンに戻っていき、そのころまでに大幅に価値が下がっていた積み荷とともに到着した。デル・ホヴセピアンはイエメンの買い手たちが「価格を値切り」、その結果、彼は「金をとてつもなくたくさん失った」とふりかえった。

クロアチアとイエメンでの経験の結果、デル・ホヴセピアンはいくつかの有益な教訓を学んだといっている。まず第一に、彼は政府間の契約しか扱わないことにした。第二に、彼はいまや思惑で品物を供給するのを拒否することにした――代金はすべて前払いでなければならなかった。しかし、われわれのインタビューではそこまでいわなかったものの、彼は三番目の教訓をつけくわえることができただろう。人目につかないように用心すること。二〇〇一年のクロアチアにたいする賢明でない訴訟をのぞけば、彼の名前は一〇年以上、報道に出ていない。わたしが最初、彼に接触したとき、彼はすぐさまこう答えた。「だが、それがわたしにとってどんな利益になるのかね？　わたしは生まれてこのかた、無からなにかを得たことはないし、無からなにかを与えたこともない」

デル・ホヴセピアンの長い沈黙は、彼をとりまく恐怖のイメージを強めるばかりだ。ステーンバーグも〈アームスコー〉の高官フェルマークも、この男を恐れているとうちあけた。そのことについてデル・ホヴセピアンにたずねると、彼はひとりで小さく笑った。「もちろん連中はわたしがこわかっただろうさ」と彼は説明した。「連中の頭に銃をつきつけて、殺してやるっていったんだからね。でも、連中が知らなかったのは、わたしが平和主義者だということだ。わたしはこのしろものを売買するだけで、使ったりはしないんだよ」

5　究極の取引、それとも究極の犯罪？

ワシントンＤＣの〈リッグズ銀行〉は、アメリカの首都で最古で最大であるだけでなく、もっとも威厳ある金融機関だった。一八四七年のメキシコ＝アメリカ戦争や、一八六八年にはロシアからのアラスカ購入、そして連邦議会議事堂の完成に資金を提供してきた。リンカーンやローズヴェルト、アイゼンハワー、ニクソンをふくむ二二人のアメリカ大統領と、ワシントンに置かれた世界各国の大使館の大半の取引銀行だった。〈リッグズ〉はアメリカの体制の一部であり、ホワイトハウスに隣接する、その威風堂々たる柱廊そなえた本店は、一〇ドル札に何十年も描かれていたほどだった。

そのもっとも大事な顧客のなかに、長期にわたってサウジの駐米大使をつとめ、ブッシュ家の親友でもあるバンダル・ビン・スルタン王子がいた。ジョージ・W・ブッシュの叔父はその期間、銀行の重役だった。

銀行のすばらしい評判にもかかわらず、二〇〇〇年、同じサウジ人のオマル・アル・バユーミが9・11同時多発テロ事件のハイジャック犯のふたりのために口座を開設して約二週間後に、アル・バユーミの妻が何万ドルにものぼる支払いを〈リッグズ銀行〉の口座から毎月受け取るようになったことが明るみに出た。その口座の持ち主は、バンダル王子の妻であるハイファ・ビント・ファイサル王女だった。

この送金があきらかになると、FBIはマネーロンダリングとテロ活動への資金提供との関連の可能性を疑って、銀行の捜査を開始した。FBIも、のちには9・11委員会も、最終的に金は意図的にテロリストに資金を提供するために流用されなかったと述べたが、捜査官たちは〈リッグズ銀行〉の防衛対策がじつに手ぬるいことを知って驚いた。銀行はCIAと密接につながっていることが知られていただけになおさらだった。

リベリアの独裁者で一時期〈メレックス〉の武器ディーラーだったチャールズ・テイラーや、チリの軍事独裁者アウグスト・ピノチェト、そのほかの雑多な独裁者たちの口座があきらかになったのにくわえ、幾人かのサウジ人の口座では、連邦の銀行業務法規に違反して、必要な背景調査の欠如や、大きな送金について監視当局への通報をつねに怠っていることなど、金融機関として不適切な処理があったことがわかったのである。

こうした送金の多くには、バンダル王子がみずからかかわり、しばしば一度に一〇〇万ドル以上を送金していた。たとえば、リヤドの自分の宮殿の建築家／施工者には合計で一七四七万八八七〇ドル八七セントを送金している。バンダルの口座にある金の大半の資金源はイギリスの兵器メーカー〈BAE〉で、同社は一五年もの期間にわたって一〇億ポンド以上を、〈BAE〉とイギリスの武器輸出振興機関であるDESOが共同管理している〈イングランド銀行〉の口座からこのワシントンの銀行に送金していた。この金は、少なくとも部分的には、世界最大の武器取引にかかわったことへの王子の手数料だった。

警察は〈アル・ヤママ〉取引で六〇億ポンド以上の手数料が、主として英領ヴァージン諸島〈BVI〉に置かれた会社〈ポセイドン・トレーディング・インヴェスティメンツ・リミテッド〉と〈イングランド銀行〉の口座、そして下請け会社の支払いを通じて支払われたと推定した。バンダル王子の口座に入った一〇億ポンド以上にくわえて、当時のイギリス首相の息子マーク・サッチャーが、この取引で代理人として約一二〇〇万ポンドを受け取ったと報じられているが、彼はこの疑惑を否定している。

サウジアラビアでは、石油の発見以来、腐敗行為がはびこり、主として三つの手口が使われてきた。もっとも一般的なのは、納入業者が王国の代理人に支払う場合だ。代理人はサウジの支配層にいいコネを持つサウジ人でも外国人でもいいが、その人物は支払人からの金を自分の後ろ盾あるいは王族内の重要な意思決定者にそのまま手渡すのである。バーター契約もあって、この場合には軍事ハードウェアが石油と交換される。どういう仕組みかというと、たとえば四〇万バレルの石油の出荷が軍需品納入業者の代理人に譲渡される。しかし、サウジの勘定には四四万バレルの出荷が記録される。余分な四万バレルは流用され、サウジの売買業者とその仕事仲間が売って私腹をこやすのだ。バーター方式は悪用もされやすい。とくに石油ファンドが設立され、関係者の支出分に使われる場合には。そして最後に、契約のさまざまな面に不当な値段をふっかけるという、確実で簡単な仕組みがある。

三つの手口はすべて〈アル・ヤママ〉取引で使われ、サウジの王族のメンバーたちは何千何百万ポンド、ときには何十億ポンドという大金を手に入れた。元国防相のギルマー卿がBBCの〈ニュースナイト〉のインタビューでいったように、「仕事を手に入れて、賄賂を贈るか、それとも賄賂を贈らずに、仕事を手に入れられないかのどちらかだった。サウジ側がどうふるまい、なにを望むかにしたがうか、それともアメリカとフランスに仕事を全部持っていかれるかのどちらかだった。ほめたたえるようなことでも、とくに自慢するようなことでもない。たまたまそれが取引の条件だというだけで」

〈アル・ヤママ〉取引における贈賄の疑いは、最終的な細部をまだ交渉している最中からはじまっていた。アラビア語の月報《スーラキア》は、取引が発表されてすぐあとの一九八五年十月号で、懸念を表明した。《ガーディアン》はこれを取り上げ、「ジェット機取引で六億ポンドの賄略」と大見出しをつけた一面記事を掲載した。その前日、労働党の防衛問題スポークスマンのデンジル・デイヴィスが、取引を手に入れるために三億ポンドないし六億ポンドの秘密手数料を支払うことになっているという報道をみとめるか否定するよう政府に要求した。国防省は「コメントを拒否したが、高官たちは交渉がまだつづいていると語った」という。当時、《ガーディアン》は、手数料が王族のふたりか三人の主要メンバーと、ファハド国王の姻戚ふたり、そして代理店のあいだで分配されると主張するアラブの消息筋の話を引用した。大臣たちにたいする英国政府《ホワイトホール》のアドバイスは、否定しようとするどころか、「われわれは国防省があらゆるコメントをただ拒否するよう提案する」だった。

何年ものあいだ、保守党政府は質問されるたびに〈アル・ヤママ〉取引に手数料がからんでいたことを否定していた。国防調達担当大臣のロジャー・フリーマンは、一九九四年一〇月に下院でこう述べた。「女王陛下の政府とサウジアラビアとのあいだの取引は国家間のものであり、手数料はいっさい支払われておらず、いかなる代理人も仲介者もかかわりませんでした」。彼はこうつけくわえた。「契約の詳細はイギリスとサウジ政府とのあいだの秘密です」

しかし、こうした嘘はすぐにばれた。その同じ年、〈アル・ヤママ〉取引の下請け業者で、音楽レーベルのほうで有名な〈ソーンＥＭＩ〉の重役が、同社が取引にふくまれる爆弾の信管の契約で四〇〇〇万ポンドを手数料として支払ったことを暴露したのである。契約価格の二六パーセントをしめる手数料は、サウジの代理人と、元〈ＢＡＥ〉の社員が経営するプレストンに置かれた代理店のバーミューダの口座に分配された。いったん異端者が出ると、下請け業者のあいだでさらなる腐敗行為がすぐに明るみに出た。トーネードとホーク・ジェット機のエンジンを製造する〈ロールスロイス〉は、八パーセントの手数料として、二三〇〇万ポンドをパナマ登記の法人〈エアロスペース・エンジニアリング・デザイン・コーポレーション（ＡＥＤＣ）〉に支払ったことを認めた。この会社はファハド国王のお気に入りの姻戚であるイブラヒム家のメンバーが管理していた。イブラヒム家は〈ロールスロイス〉が六億ポンドのエンジンの取引で一五パーセントの手数料を確約したと主張した。〈ＡＥＤＣ〉は一九九七年十二月十二日に督促状を出して、未払い金を要求し、〈ロールスロイス〉と〈ＢＡＥ〉の役員会を見え見えの恐慌状態におとしいれた。困惑が深まるなか、〈ロールスロイス〉と〈ＢＡＥ〉は大物の法律家チームを雇って、あわただしく法廷外の和解交渉にあたらせた。

〈ヴォスパー・ソニークロフト〉も〈アル・ヤママ〉契約でかなりの手数料を支払ったといわれた。ジョージ・ギャロウェイ下院議員は、議員の不問責特権のもと、下院でこう述べた。

取引のもうひとつの部分は一九八八年、政権が〈ヴォスパー・ソニークロフト〉から掃海艇を購入することに同意したときに結ばれました。〈ヴォスパー〉は代理人として、ファハド・アル・アセルというサウジ人を利用しました。南サネット選出の議員閣下（ジョナサン・エイトケン）のように、ムハンマド王子のために働いている人物です。〈ヴォスパー〉はアル・アセルの会社に巨額の支払いを行ない、この支払いは〈ヴォスパー〉の了解を得て、サウジアラビアのダミー会社を介してマネーロンダリングされ、二〇パーセントはアル・アセルに、四〇パーセントはムハンマド王子に、四〇パーセントはそれ以外の名指しされていない者たちに分配されました。その一部は英国社会で著名な人物として知られています。

ヘリコプター・メーカー、〈シコルスキー〉の重役トーマス・ドゥーリー大佐は、アメリカの法廷で、ブラックホーク・ヘリコプターをサウジの政権に販売しようとするとき、「賄賂の競争」を経験したと証言した。彼の説明によれば、バンダル王子は彼に「取引にはどんな賄賂が必要か、その賄賂はどの仲介者を経由しなければならないか、そして彼が金をほかの王族にどう分配するか」をはっきりと語ったという。

英国政府の気まずさは、一九九七年の高等法院の文書誹毀罪訴訟で強まった。この訴訟ではギャロウェイに名指しされた下院議員で元国防調達担当大臣のジョナサン・エイトケンが《ガーディアン》紙とグラナダTVを訴えた。エイトケンが取締役だった会社〈BMARC〉の元重役デイヴィッド・トリガーは、〈BAE〉と〈ロイヤル・オードナンス〉のあいだで、トーネード・ジェット戦闘機に搭載する武器の取引を交渉したと証言した。取引の手数料率をたずねられると、トリガーは「いいえ、それは話せません」と答えた。秘密なのかとたずねられると、トリガーはこう応じた。「はい、そうです。〈アル・ヤママ〉取引はとてもこみいったもので、政府、〈ブリティッシュ・エアロスペース〉などの人々がかかわっていて、手数料の正確な金額をあげるのはきわめて困難でしょう。手数料はあきらかに支払われましたが、わたしの理解では、あの契約に関係するわたしの仕事はすべて公機密保護法の適用を受けます」。トリガーはミスター・エイトケンの仕事仲間シャイフ・ファハド・アル・アセルと将来の契約のために一五パーセントの手数料の取り決めを交渉したことも認めた。サウジアラビアの法律では、代理人の手数料は五パーセントしか認められていない。証言のあと、トリガーは法廷の後ろまで歩いていき、書類カバンから思い出の品をエイトケンにプレゼントした。その場にいたジャーナリストはこう記録している。「元閣僚はいつもの皺くちゃの笑みを浮かべ、愛想よく関心を持ったふりをした。内心では、彼の胃は信じがたい思いで締めつけられていたにちがいない」

後年、偽証の罪で刑務所に入ったのち、エイトケンは、自国の政府が一貫して否定したことに反する発言をするようになった。「現実の世界に生きていると、代理人が手数料を受け取ることになる契約のいくつかの部分——たとえば訓練とか、予備部品とか、建設作業とか——がかならず出てきた。ビジネスの世界をまわしているものは販売手数料だ。重要なのは、サウジアラビアが情報収集にとってひじょうに重要な同盟国で、不安定な地域を安定させる影響力を持っているということだ」。マイクル・ヘイゼルタイン元国防相も同意している。「もしサウジがこの調達計画の手配をそのようにしたいのなら、国際企業にはそれにしたがうしか選択肢はなかっただろう。われわれがこの国防上の利害関係をサウジに持つことは、われわれと中東の安定にとってきわめて重要だ」

しかし、〈アル・ヤママ〉取引の主契約者〈BAE〉がはたらいた腐敗行為の全貌があきらかになるには、何人かの内部告発者の協力を得た、ふたりの《ガーディアン》紙のジャーナリストの勇敢な働きが必要だったのである。

デイヴィッド・リーは控えめな人物である。眼鏡をかけた大学の学生監のような外見は、地味な学者を思わせる。しかし、そのいかつい風貌は、もっと重圧の多い、興味深い人生をうかがわせている。二〇年以上の経験を持つ《ガーディアン》の古参記者デイヴィッドは、世界でも指折りの調査報道記者だ。彼は、パリへの旅行を報じた《ガーディアン》をジョナサン・エイトケンが訴えたあと、この担当大臣を破滅させた張本人として有名になった。担当大臣はファハド国王の息子ムハンマド王子のお抱え「実業家」サイード・アヤスの支払いでパリのリッツ・ホテルに滞在していた。エイトケンは旅行をしたことを否定し、「わが国のゆがんでねじれたジャーナリズムという癌を、純粋な真実の剣とイギリスのフェアプレーのたのもしい楯で取りのぞく」つもりだと豪語したあと、リッツで担当大臣がサインした領収書をリーが提出すると、法廷に嘘をついた罪で有罪判決を受けた。エイトケンは最終的に一八カ月の刑期のうち七カ月服役し、リーの名は高まった。

リーは、熱心な同僚のロブ・エヴァンズとともに、英国政府と武器取引にかんする記事をいくつか書いていた。そのなかには、〈ＢＡＥ〉が東欧の契約入札で不正をしていると主張するアメリカの苦情もふくまれていた。ふたりは政府の記録文書を片っ端から調べているとき、ストークス報告書に出くわした。防衛セールス支援機構（ＤＳＯ、一九八五年に防衛輸出機構［ＤＥＳＯ《デソ》］に改称）の設置につながった一九六五年の文書である。報告書の作成者である企業家のドナルド・ストークスは、「じつに多くの武器セールスが、誰かが武器を求めているからではなく、途中にからむ手数料のせいで行なわれた」と述べ、「セールスを行なうためには、しばしば賄賂を提供する必要があった」と書いていた。彼はまた、「優秀な貿易代理人は……あまり正統的ではないリベートをばらまくのに、役人より適所にいる」と報告している。ジャーナリストたちはこうした説明と、ストークス報告書につづく腐敗した英サウジ間の武器取引に関心をそそられた。ふたりは〈ＢＡＥ〉のもっと最近の商売のやりかたをより徹底的に調べはじめた。

ジャーナリストたちは調査の末、リヴァプールの暗い公営アパートにたどりついた。〈ロバート・リー・インターナショナル（ＲＬＩ）〉という会社の不満を抱く元従業員エディー・カニンガムの住まいである。同社は一九八六年に〈ＢＡＥ〉から契約を請け負って、サウジのパイロットたちが〈アル・ヤママ〉取引に関連してイギリスに旅行する手配をした。〈ＲＬＩ〉はパイロットたちに「もてなし」を提供するよう求められていて、カニンガムは彼らの世話係だった。彼は喜びいさんで〈ＢＡＥ〉の秘密をぶちまけた。

カニンガムの説明によれば、パイロットたちが受けた「もてなし」のために、車やヨット、観光旅行、とっかえひっかえの女たちについやされた金は、何百万ポンドにもなるという。彼の話では、サウジアラビア空軍のパイロットたちは「わたしに女を用意するようたのみ……一晩でふたりか三人の女を相手にし、それから午前三時ごろ食事に出かけては、戻ってきて、またはじめたがった……おかげでこっちはいつもくたくただった」。カニンガムは〈ＢＡＥ〉の重役から、お楽しみの代金はサウジの金で支払われ、〈アル・ヤママ〉取引で可能になったものだと教わった。「これは必要なもので、いやならこの契約をあきらめればいいし、彼らはほかを探すことになるといわれた」

カニンガムは、数年前の一九九六年に、〈ＢＡＥ〉のセキュリティ担当者にこの「もてなし」資金の詐欺が経営陣のなかで行なわれたことを警告した様子を物語った。担当者の報告はこう記録している。

サウジ人とのセックスとＳＭプレーを材料にした元売春婦による恐喝、一〇〇万ポンド以上と見積もられる租税回避と付加価値税の脱税。支払いは〈ＢＡＥ〉だが、サウジの王子の名義で登記された一件の家への言及もあった。実際に住んでいたのは〈ＢＡＥ〉の重役と、〈ＲＬＩ〉に雇われたその愛人だった。〈ＲＬＩ〉の取締役はそれがサウジの王子からの贈り物だったと主張している。

この詐欺の性質と程度は、〈ＢＡＥ〉の重役トニー・ウィンシップの愛人シルヴィア・セント・ジョンによって確認された。ウィンシップは小粋な銀髪の元英国空軍中佐で、公式には〈ＢＡＥ〉のサウジ「顧客関係担当者」をつとめ、「もてなし」資金を管理していた。セント・ジョン自身は三〇万ポンドの価値がある二軒の家を、一軒はロンドン南西部に、もう一軒は北アイルランドに取得した。金は帳簿上はサウジのトゥルキ王子への支払いとして処理されたが、実際には直接セント・ジョンに渡されたようだ。〈ＲＬＩ〉の経営者ジョン・シャープの署名入り供述書によると、「〈ＢＡＥ〉は支出を許可し、承認した」という。ロンドンの家はトゥルキ王子の名義で、北アイルランドの家はミズ・セント・ジョンの名義で所有されていたが、彼女はロンドンの家の不動産権利書も持っていて、そこでウィンシップと暮らしていたと主張している。シャープの主張では、トゥルキ王子はセント・ジョンが二軒の家を贈り物として受け取ることを望んでいて、さらにウィンシップが管理している資金が北アイルランドの家の固定資産税と公共料金請求書を支払うために使われることになっていたというが、家の改修費用から「アンティークの真鍮製薪載せ台一対」にいたる領収書もまた〈ＢＡＥ〉の支払いになっていた。ミズ・セント・ジョンは〈ＲＬＩ〉に雇われていたが、自分のことを「〈ブリティッシュ・エアロスペース〈ミリタリー・エアクラフト〉リミテッド〉のサウジアラビア・サポート部門の顧客家族担当者」といっていた。彼女は、自分が病院をたずねて、癌で死の床にあったトゥルキ王子の姉妹をなぐさめ、それゆえに「その金に見合うだけ働いた」という根拠で、贈り物を正当化した。

さらに《ガーディアン》は、資金を使って購入した八万ポンドのヨット、フェイ・サマンサ号も探り当てた。船の所有者はトニー・ウィンシップで、彼の自宅に近いハンプシャー州のリミントンに繋留されていた。

カニンガムは詐欺についての懸念を持ちだしたあとすぐに馘になったと説明した。彼は激怒して、〈BAE〉と争い、最終的に二万ポンドの和解金を認められた。それで満足しなかった彼は、二〇〇一年、イギリスの重大不正捜査局（SFO）に接触して、〈RLI〉から〈BAE〉に請求された月額二五万ポンドにものぼる根拠のない請求書と、「過大な経費と、もてなし、私的目的で使われている資産の形跡」の証拠を見せた。

SFOは、政府間取引の監視役としての立場から、国防省に問題を提起した。しかし、政府の金が不正に流用されているというSFOの懸念を、国防省のサー・ケヴィン・テビット事務次官は一蹴した。「有害な問題を野放しにするつもりはないが、貴局の手紙で提起された微妙な問題にかんがみて、小官はこの主張の省への関与を慎重にまず調査してみた」この調査とは要するに、捜査の必要はないという〈BAE〉のディック・エヴァンズ会長の個人的な言質をそのまま受け取ったということらしい。カニンガムは腹を立ててこう主張した。「国防省と〈BAE〉の不適切な関係だ。国防省の態度は、『あの連中を困らせるな、連中はこの国に金をもたらしているんだ、この金を見ろ……こんな些細なことは大目に見ればいい』というものだった」

国防省は声明を出し、テビットの措置は「政府のしっかりとした不正防止政策」にそったものだとくりかえした。声明はさらに、適切な措置が取られたことをSFOが認め、サー・ケヴィンの協力に感謝の意を表したと述べた。

カニンガムはさらに、パイロットたちへの支出が氷山の一角にすぎないと、リーとエヴァンズに主張した。サウジの王族ははるかに巨額の大盤振る舞いの受益者だった。これは、〈BAE〉が〈RLI〉と、ピーター・ガーディナーが経営するべつの会社〈トラヴェラーズ・ワールド・リミテッド〉を通じて動かしている、巨額の裏金から流用されたものだった。

ガーディナーは《ガーディアン》の記事を見たあと、ジャーナリストたちに接触してきた。カニンガムの情報をつきつけられた彼は容疑者より証人になろうと必死で、やはり内部告発者になった。彼は、自分の小さな旅行代理店がどのようにしてサウジの王族にひそかに使われる〈BAE〉の何百万ポンドもの金のルートに変わったかを、ジャーナリストたちに説明した。その主張を裏づける何箱もの書類も持っていた。ふたりのジャーナリストはガーディナーといっしょに何週間もかけて請求書の山に目を通し、出来事や場所、人物をつなぎ合わせた。同時に、カニンガムにデータ保護法を利用してさらに情報を入手するようすすめた。

ガーディナーの書類箱の情報と、カニンガムのデータ保護法による申請への回答をもとに、彼らは巨額の裏金の仕組みを解明することができた。PBという芸のない暗号名を与えられた裏金の「筆頭受益者《プリンシパル・ベネフィシアリー》」は、トゥルキ・ビン・ナセル王子だった。アブドゥラー国王の姪でスルタン王子の娘であるヌラ王女と結婚していたトゥルキは、サウジ王国空軍の長であり、二〇〇一年まで武器購入ではサウジの重要な政治家だった。彼は主としてロサンゼルスの〈バンク・オブ・アメ

郵便はがき

料金受取人払郵便

新宿局承認

6465

差出有効期限
平成29年9月
30日まで

切手をはらずにお出し下さい

160-8791

344

東京都新宿区
新宿一－二五－一三
（受取人）

原書房

読者係 行

1608791344 7

図書注文書（当社刊行物のご注文にご利用下さい）

書名	本体価格	申込数
		部
		部
		部

お名前　　　　注文日　　年　　月　　日

ご連絡先電話番号（必ずご記入ください）　□自　宅　（　　　）　□勤務先　（　　　）

ご指定書店（地区　　　）（お買つけの書店名をご記入下さい）

書店名　　　書店（　　　店）

帳合

5181
武器ビジネス 上

愛読者カード

アンドルー・ファインスタイン 著

＊より良い出版の参考のために、以下のアンケートにご協力をお願いします。＊但し、今後あなたの個人情報（住所・氏名・電話・メールなど）を使って、原書房のご案内などを送って欲しくないという方は、右の□に×印を付けてください。 □

お名前《フリガナ》　男・女（　　歳）

ご住所　〒　　－

市　町
郡　村
TEL　（　　）
e-mail　@

ご職業　1会社員　2自営業　3公務員　4教育関係
5学生　6主婦　7その他（　　）

お買い求めのポイント
1テーマに興味があった　2内容がおもしろそうだった
3タイトル　4表紙デザイン　5著者　6帯の文句
7広告を見て（新聞名・雑誌名　　）
8書評を読んで（新聞名・雑誌名　　）
9その他（　　）

お好きな本のジャンル
1ミステリー・エンターテインメント
2その他の小説・エッセイ　3ノンフィクション
4人文・歴史　その他（5天声人語　6軍事　7　　）

ご購読新聞雑誌

本書への感想、また読んでみたい作家、テーマなどございましたらお聞かせください。

リカ〉の口座に振り込まれた多額の支払いで、一七〇〇万ポンド分の利得と現金を受け取った。利得には、豪華な休日と買い物三昧、そしてもちろん女がふくまれていた。

サウジの指導者たちは臣民には厳格なコーランの教義の厳守を要求する一方で、自身の行ないは彼らの信仰とはこれ以上ありえないほどかけ離れていた。陽気な女優兼モデルで、レオナルド・ディカプリオの元ガールフレンドのアヌーシュカ・ボルトン＝リーは二年間、トゥルキ王子の愛人だったことをあきらかにした。王子に紹介したのはトニー・ウィンシップだった。二〇〇一年から二〇〇三年のあいだ、ミスター・ウィンシップはミズ・ボルトン＝リーのホランド・パークにあるフラットの年一万三〇〇〇ポンドの家賃の「面倒を見て」、彼女がロンドンで二年間の演劇コースを受講するための料金を支払った。ウィンシップは請求書と運転教習の料金を支払うために、何度か彼女に現金入りの白い封筒を手渡した。彼女はこういう形で四〇〇〇ポンドぐらいを受け取り、現金について「これはみんな王子のお金だと思った」と語った。ウィンシップからの金にくわえて、トゥルキ王子が自分で札束を与える場合もあった。たとえばシープスキンのコートのために一万二〇〇〇ポンド、〈フェンディ〉のハンドバッグのために三〇〇〇ポンド。彼女は「王子がわたしのフラットと演劇学校と運転教習のお金を払ってくれた」と思っていたが、「いまではどうやらそうではなく、払ったのは〈BAE〉だったようね。とっても悲しいことだと思う」と語っている。

王子は〈BAE〉の支払いで魅力的な女性たちの歓心を買う一方で、自分の家族が困窮しないように手配した。彼らは同社から贈り物を受け取った。いちばん多かったのが車で、彼の娘のために三万ドルのメルセデス、妻のためにはピーコック・ブルーのロールスロイス、そして彼自身用の一七万五〇〇〇ポンドのアストンマーティン・ルマンがふくまれた。車はサウジアラビアとロサンゼルスのあいだを個人のチャーター機で定期的に運ばれた。一九九五年、一機の貨物機が自動車とトゥルキ王子の買い物をサウジアラビアの自宅に運ぶためにほぼ三〇万ドルで借り上げられた。彼らは毎年、世界屈指の高価なホテルですごすぜいたくな休暇でもてなされ、召使や運転手、ボディガードなど三五人のお供をしたがえていた。

二〇〇一年八月、トゥルキ家はメキシコのカンクンでの休暇のため、二機の専用旅客機——エアバスとピンクの専用ボーイング・ビジネスジェット——で飛び立った。〈BAE〉はカンクン・リッツ・カールトン・ホテルの四万一〇〇〇ポンドの勘定を持った。防衛企業は、ヌラ王女の息子で三〇歳のファイサル王子がコロラドの高級リゾートでスキーをするために九万九〇〇〇ポンドを、さらに彼にチャーター機を用意するために五万六〇〇〇ポンドを支払った。彼はミラノのフォーシーズンズ・ホテルで二万一〇〇〇ポンド使った直後にコロラドに到着した。その夏、彼の母親はアテネのインターコンチネンタル・ホテルで五万六〇〇〇ポンドを、滞在中のリムジン利用料でさらに三万六〇〇〇ポンドを〈BAE〉に払わせた。ヨットを借りるのにはさらに一万三〇〇〇万ポンドかかった。それから彼女はイタリアに移り、〈BAE〉はリミニ近くのグランド・ホテル・デ・バンでさらに二万六〇〇〇ポンドと、それにくわえてリムジン代二万八〇〇〇ポンド、ボディガード代一万四〇〇〇万ポンドを払った。王女とその家族はフランス南部に足をのばし、カンヌのマジェスティック・ホテルで九万九〇〇〇ポンドをたちまち使いつくした。しかし、夏のクライマックスは、大西洋を飛行機で横断して、高価なショッピングで有名なロデオ・ドライブに歩いていける距離にあるビヴァリーヒルズのヒルトン・ホテルで友人や客をもてなすことだった。〈ＢＡＥ〉の出費は一〇万一〇〇〇ポンド。

夫とカンクンへ旅行したあと、ヌラ王女は時間をかけて東へ戻っていった。プラザ・ホテル――「マンハッタンの五番街の至宝」――での滞在では、〈ＢＡＥ〉は一九万五〇〇〇ポンドも払ったとされる。パリのオテル・ル・ブリストル経由の乗り継ぎでさらに一〇万二〇〇〇ポンドかかり、エジプトのカイロ・マリオット・ホテルでの秋の短期滞在が、〈ＢＡＥ〉の記録に残る二〇〇一年のヌラ王女用の勘定書に、最後の三万五〇〇〇ポンドをつけくわえた。同社はさらに、一家の夏の旅行のあいだじゅう、ビヴァリーヒルズの一家の住まいである豪邸にボディガードのチームを二十四時間配置するために四〇万ポンド以上支払った。

〈ＢＡＥ〉はバンダル王子の娘リーマ・ビント・バンダル王女の新婚旅行のために裏金からひそかに二五万ポンド近くも払っている。王女は、トゥルキ王子の息子でスキー愛好家のジェット族ファイサル王子と結婚していた。ファイサル王子は専用ジェット機でオーストラリアのグレートバリアリーフに旅行したあと、新しい義父と同様、〈ダラス・カウボーイズ〉のファンだったので、重要な試合をどうしても観たいと所望した。バンダルの娘とその夫が試合をライブで観られるように、一〇〇キロ離れたプライベート・クラブ全体が真夜中に貸切にされた。三時間の滞在は六〇〇〇ポンドかかった。

裏金が二〇〇二年に閉鎖されるころには、請求書はときに月一〇〇万ポンドを超え、平均して年間約七〇〇万ポンドにのぼった。ピーター・ガーディナーの説明によれば、個々の細目はすべて彼の会社が支払い、それから「海外からの来客のための宿泊施設、サービス、サポート」という請求項目で月末に〈ＢＡＥ〉に総額が請求されるようになっていた。金は〈ＢＡＥ〉によって全額払い戻され、すべての細目は同社によって認められた。支払いを知っていた者のなかには、元最高執行責任者（COO）のスティーヴン・モグフォードと、トニー・ウィンシップ、そして彼の親友である会長のディック・エヴァンズがふくまれていた。イギリスの国防省は知らず知らずこの一件の共謀者になっていた。同省は嘘の請求書で〈BAE〉に支払いをし、それからサウジ政府による払い戻しのためにそれに署名して確認したからである。

《ガーディアン》のすっぱ抜きの結果、二〇〇四年十一月三日の夜明け、SFOとロンドン市警察の経済犯罪課の警察官と捜査員八〇人が、ロンドンの北のハートフォードシャーにある一軒の倉庫を急襲した。裏金の請求書三八六箱が発見され、裏金の一部として〈BAE〉から便宜を得ていたサウジの高官全員の名前があきらかになった。そのなかには、〈BAE〉から豪華な家を与えられたロンドンのサウジ大使館の駐在武官何人かと、トゥルキ王子の家族もふくまれていた。

この警察の強制捜査の結果、トニー・ウィンシップとジョン・シャープは逮捕された。ウィンシップはサウジ人への支払いと便宜供与にくわえ、国防省、防衛輸出機構（DESO）、国防省サウジ軍プロジェクトの役人にぜいたくな贈り物をした罪で起訴された。

しかし、これらの個人は誰ひとり有罪にならず、逮捕されたのに無罪放免された。

デイヴィッド・リーとロブ・エヴァンズはすごい特ダネを掘りあてたと思ったが、〈BAE〉が比較的静かなことに首をひねった。「なぜ〈BAE〉がわれわれにひとこともいわなかったのか――われわれは自分たちが頭がいいと思っていた。この裏金をすっぱ抜いたとね。彼らはあきらかにじっと動かずにこう考えていた。『やれやれ、ありがたいことに連中は本当の話をつかんでいない』」

巨額の裏金を暴いたあと、記者たちは〈BAE〉と袂を分かった同社の元代理人から連絡を受けた。デイヴィッド・リーはイギリス国外で彼と会い、彼は迷宮のような会社のネットワークの存在をあきらかにした。彼はこのネットワークを通じて支払いを受け、それからこのネットワークを使って重要な意思決定者に支払いをしていた。この内部告発者は銀行の記録を手渡した。「それは世界的なマネーロンダリング・システム全体をあきらかにする鍵だった。長年イギリス政府の黙認でつづいてきた、文字どおり何十億ドルにものぼる秘密の現金支払いの巨大な世界規模のネットワークを」

システムの中心にはふたつの会社があった。ほとんど無名の英領ヴァージン諸島にある〈ポセイドン・トレーディング・インヴェスティメンツ・リミテッド〉と〈レッド・ダイヤモンド・トレーディング・リミテッド〉である。このカリブ海の楽園は、一四九三年にクリストファー・コロンブスがアメリカへの二度目の航海で見つけた、六〇の島からなる群島である。彼はこれを、聖ウルスラと彼女の一万一〇〇〇人の処女《ヴァージン》の島と名づけ、のちに短くヴァージン諸島とした。英領ヴァージン諸島には清らかなところなどなにひとつない。ここには八二万社以上ものオフショア会社が置かれている。これは二〇〇〇年の時点で、世界の合計の四一パーセントにあたる。したがって、〈BAE〉が裏金と代理人およびサウジの王族への巨額の違法支払いを隠すために会社の迷路を設立しようと決めたとき、英領ヴァージン諸島を選んだのは驚きではない。

《ガーディアン》の記者たちはデイヴィッド・リーが帰国するとすぐに記事を書きあげた。ニュース担当デスクは最初この記事を、武器取引かオフショア資金操作のオタクにしか関心がないだろ

う と思って、翌日版の七ページ目に掲載するつもりだった。自分たちが探り当てたものの重大さに気づいていたリーとエヴァンズは、情報をSFOに持ちこみ、〈BAE〉の犯罪行為の全貌をあきらかにすることを願って、イギリスと世界中のジャーナリストと協力した。SFOはいまやこの主張を捜査せざるをえなくなり、〈ロイズ銀行〉などに命じて、〈BAE〉関係の記録を引き渡させた。それはまさに宝の山であることがわかった。

記録からは、〈レッド・ダイヤモンド〉社が一九九八年二月にヴァージン諸島で設立され、〈ロイズ銀行〉、〈UBS〉、〈チェース・マンハッタン〉のロンドン、スイス、ニューヨークの口座を利用していることが確認された。〈レッド・ダイヤモンド〉社の支払いは南米、タンザニア、ルーマニア、南アフリカ、カタール、チリ、チェコ共和国とイギリスの代理人にたいして行なわれていた。〈BAE〉は〈ロイズ銀行〉のオンラインのバンキングサービスを使って、自動的に金を〈レッド・ダイヤモンド〉社経由で最終目的地に送金していた。〈BAE〉は、公表されている会社の会計報告書では〈レッド・ダイヤモンド〉社の存在にいっさい触れていないし、その設立理由についてもまったく説明していない。

しかし、〈レッド・ダイヤモンド〉社は〈BAE〉が贈収賄と腐敗行為を隠すために設立した複雑な世界的ネットワークのほんの一部にすぎなかった。すでに一九九五年には〈BAE〉は、子会社の〈ロイヤル・オードナンス〉と〈ヘッケラー&コッホ〉に関係するものにくわえて、約七〇〇もの代理店契約を結んでいた。同社には少なくとも三〇〇人の代理人がいて、年間に五〇〇〇万ポンド近くを彼らに支払っていた。代理店契約はあまりにも多すぎて、「その全部をおぼえていることは不可能」だった。〈ノヴェルマイト〉という会社は、「スイスの支社を通じてほかのグループ会社にサービスを提供する」ために設立された。そのもともとの登記住所は〈BAE〉のファーンボロ基地だったが、一九九九年に〈ノヴェルマイト〉のイギリスの登記は廃止され、ヴァージン諸島に移った。業務は実際には本部マーケティング・サービス部門で動かされ、その最初の長は、〈BAE〉と対外情報機関MI6との連絡役でもあったヒュー・ディッキンスンと、彼の長年の補佐役であるジュリア・オルドリッジだった。書類が示すところによれば、役員会レベルの委員会が会議を開いてそれぞれの代理店契約を承認していた。

非合法活動をさらに隠すために、契約はときにイギリスの司法管轄外で調印された。ある消息筋は一九八〇年代、インドでの武器取引の秘密契約に署名するのにスイスまで飛んでいかねばならなかったとふりかえっている。秘密の支払いが手配されるときは、代理店契約の写し一通が作成され、〈BAE〉の代表がジュネーヴに飛んで、文書を預ける。調印はときに〈ロンバー・オディエ〉で行なわれた。これは腐敗政治で悪名高いフィリピンの故マルコス大統領の財産を隠していたことで有名なスイスのプライベート・バンクである。同行は一通の写しを保管して、契約の両者の立ち会いのもとでのみ見ることを許すことになっていた。保管者としての関係は一九九七年、スイスの弁護士ルネ・メルクトとシリル・アベカシスに移され、ふたりは武器販売代理人のためにオフショア会社も設立した。

二〇〇二年前半、経済協力開発機構（OECD）の外国公務員贈賄防止条約がイギリスの法律に組みこまれた結果、外国の公務員の贈収賄がイギリスで完全に違法になると、〈BAE〉は取引銀行の〈ロイズTSB〉スイス支店の協力で、ジュネーヴのアカシア通り《ルート・デ・アカシヤ》四八番地の一ブロックの六階に警備厳重なオフィスをひそかに借りた。監視カメラや暗号ファックス、電話システムが設置され、信頼できるイギリスの専門家が盗聴器の有無を確かめるために飛んできた。OECDの外国公務員贈賄防止条約が調印されて間もないある夜、〈BAE〉は契約書と代理人契約書が入ったファイル・キャビネットと金庫を特徴のないバンに積みこんで、信頼できるスタッフの運転で、それをイギリス当局の詮索の目がとどかないジュネーヴへ運ばせた。これ以降、書類に署名あるいは更新が必要な場合には、〈BAE〉の要人がジュネーヴに飛んで、アカシア通りのオフィスの鍵を開けた。場合によっては、代理人が、ごまかしのないちゃんとした支払いと、おそらくは筋の通った手数料率のために、ロンドンで契約書に署名することもあった。しかし、それから、ずっと高額でもっと汚れた金を提供するもうひとつの並行契約がスイスで署名されるのである。

〈BAE〉はとくに〈アル・ヤママ〉取引のために〈ポセイドン・トレーディング・インヴェスティメンツ・リミテッド〉を設立し、一九九九年六月二十五日、ヴァージン諸島で法人登記した。一〇億ポンド以上が〈ロイズ〉銀行を使って、〈ポセイドン〉の口座経由でサウジの代理人に渡った。

武器取引に支払われた手数料を隠し、ロンダリングすることを生業《なりわい》にしてきたある代理人は、かすかに恐れ入ったような声でデイヴィッド・リーとロブ・エヴァンズにこう語った。「ずいぶん多くの航空機メーカーのために働いてきたが、〈BAE〉はこんな制度化されたシステムを持つ唯一のメーカーだ」。そのシステムは当時、違法ではなかったが、大多国籍企業が代理人や仲介者に支払いをするために秘密めいた裏の金融システムを設立していたら、間違いなく怪しまれる。SFOはのちにこう結論づけることになる。「システム全体がこのような秘密の状態で維持されているので、支払いの本当の目的にかんしては妥当な疑いがある」

一〇億ポンドがヴァージン諸島の会社を通じて流れ、それから代理人と、バンダル王子の父で契約に署名した国防相のスルタン王子とつながっていると思われるスイスの銀行口座に移された。この手数料の一部は、トーネード・ジェット戦闘機の場合で最大三二パーセントという大幅な過大請求によって相殺された。すでに述べたように、この取引の不正な金のやりとりは、通常の手段を三つとも利用して、総額六〇億ポンド以上にのぼった。

バンダル王子の口座にはそのあいだに年一億ポンド以上が振り込まれた。四半期ごとに〈リッグズ銀行〉に払い込まれ、防衛輸出機構（DESO）によって承認されたこの支払いの総額は、最終的に一〇億ポンドを超えていた。この資金の一部は新品のワイドボディ型エアバスA340ジェット旅客機という「贈り物」に使われた。旅客機の燃料と整備、搭乗員の経費は少なくとも二〇〇七年までその同じ資金源から支払われていた。

バンダル王子とスルタン王子の金のかなりの額は彼らの口座に直接入ったが、取引の支払いの一部は、主としてワフィク・サイードとムハンマド・サファディという取りまとめ役を通じて行なわれたと考えられた。

サイードは慇懃な英国びいきのシリア人で、イギリスで有数の富豪と考えられている。推定一〇億ポンドの富を持つ彼は、二〇〇九年の《サンデー・タイムズ》の富豪リストで四〇位に入った。みごとな仕立てのパリ風スーツにいつも身をつつみ、世界中に宮殿のような豪華な家を持っている。オックスフォードシャーの田舎の豪邸は三五〇〇万ポンドの価値がある。サイードはなかでもボーイング７３７ジェット旅客機一機と、厩舎いっぱいの競争馬、モネ、モジリアーニ、ピカソ、マチスの絵画作品を所有しているといわれる。

一九三九年、シリアに生まれたサイードは、同国の教育相をつとめた眼科医の息子だった。一九六三年にジュネーヴの〈ＵＳＢ〉で投資銀行の仕事をはじめ、そこで実業家の娘である英国人の妻ローズマリーと出会った。夫妻は一九六〇年代後半にロンドンに引っ越して、ワフィクの兄弟が市内のお洒落なケンジントン・ハイストリートで経営するレストランを手伝った。ある晩、若い遊び好きのサウジの王子バンダルとハリドがレストランで食事をした。サイードは自己紹介をして、それから数週間で彼らは友だちになった。ワフィクとローズマリーは一九六九年にサウジアラビアに移り住み、そこで彼はサウジ政府のために少し働いてから、建築業界で成功をおさめはじめた。

一九六九年、サイードはサウジの武器ディーラーで金融業者のアクラム・オッジェと手を組んだ。オッジェの息子マンスールは、共通の情熱の対象である自動車レースにかかわった縁で、やがてマーク・サッチャーと友人になる。一九七三年、サイードはオッジェを介して、パリの〈ＴＡＧコンストラクション〉の社長になり、防衛関連プロジェクトのために建築契約を仲介した。さらにミサイルと爆弾の製造でもっともよく知られたアメリカ企業〈レイセオン〉の代理人でもあって、サウジアラビアへのホーク地対空ミサイルの売却にかかわった。サイードとオッジェは一九八〇年に〈シフコープ〉を設立する。これはバーミューダに置かれていることになっていたが、〈サイード・トラスト〉によってルクセンブルクで管理されている投資金融会社である。

ワフィクはかなりの魅力を発揮して、サウジアラビアの金持ちや権力者と親しくなり、とくにレストランで出会ったふたりの王子とその父のスルタン王子との旧交をあたためた。ワフィクはのちに王子たちの専属金融アドバイザーとなり、彼らの財産を管理し、彼らにかわって投資を行なうことになった。一九八一年、一〇歳の長男カリムがスルタン王子の家のプールで溺死したのと同じ年、王室命令でサウジの市民権を獲得した。

〈アル・ヤママ〉取引にワフィクがかかわっていることはもともと秘密にされていた。いまでは彼は契約のアドバイザーとしての自分の役割をおおやけに認めているが、手数料を取ったことは否定している。二〇〇一年の《デイリー・テレグラフ》ではこう語った。

これはイギリスの産業界に巨大な後押しを運んできた取引だ。ここでいっているのは何千何万人という雇用の話だ。しかし、どういうわけか、わたしには理解できないが、報道機関はこれを胡散臭い謎めいた取引のように書きたがる。わたしはサウジアラビアと広範囲の接触があるから、ごくささやかな役割を演じた。大きな役割を演じたのはレディ・サッチャーだ。

かなり率直にいって、わたしは自分がこの国のためになることをしていると思っていた。わたしはペンナイフさえ売ったことはない。（〈ブリティッシュ・エアロスペース〉に助言したことで）一文だってもらっていないが、このプロジェクトによってサウジアラビアでわたしの会社がかかわる建設仕事ができたおかげで恩恵をこうむった。

しかし、これ（〈アル・ヤママ〉取引）のせいで、わたしは武器ディーラーと呼ばれるようになっている。まるで武器のカタログを持っているみたいにね。わたしのところにはいままでも中古の戦車あるいは弾薬を売るのを手伝ってくれないかと問い合せる人々からの手紙がとどいている。

べつの機会にはこう意見を述べている。「もしわたしが武器ディーラーなら、〈ブリティッシュ・エアロスペース〉の会長も武器ディーラーだし、首相も武器ディーラーだ」。自分の役割をどう表現することを選ぼうと、サイードが〈アル・ヤママ〉取引においてサウジへの利益の取りまとめ役だったことに疑いの余地はほとんどない。

サイードは、首相官邸に接近するためにマーク・サッチャーに支払われたと報じられる数百万ポンドの資金源だったともいわれる。彼はこの主張を否定して、自分の政治的偶像を弁護した。「そんなことを匂わすのはレディ・サッチャーと彼女の息子にとってまったく不当だ」。悪名高い武器ディーラーのアドナン・カショギ（13章参照）はこう主張している。「ワフィクはマークの情報を利用していた。ワフィクにとって彼の価値はもちろん彼の名前で、ワフィクが質問に答えてもらう必要があるときはいつでも、マークが母親のところに直接答えを聞きにいっていた」。カショギはのちに発言を取り消し、こういった。「ミスター・サッチャーの取引への関与……についてはいっさい知らない」

マーク・サッチャーは取引に関連して一二〇〇万ポンドを受け取ったという主張をくりかえし否定した。この金額は、サウジアラビアの情報機関が録音した、サウジの王子たちと代理人との会話の筆記録から取ったものだ。同機関は、取引にたいするイギリス、フランス、アメリカの競争入札を盗聴していた。この筆記録はサウジの国連一等書記官ムハンマド・ヒウェリによってリークされたものだ。ヒウェリは一九九四年五月に亡命し、アメリカによって庇護を認められた。

一九八〇年代、ロナルド・レーガンの国家安全保障会議の中東専門家だったハワード・タイシャーは、こう主張した。

> わたしはサウジアラビアのアメリカ大使館からの急送公文書でこの取引におけるマーク・サッチャーの関与について知った。サウジアラビアとヨーロッパで収集された情報報告と、ほかのヨーロッパの首都からの外交急送公文書で。これらの急送公文書は完全に信頼でき、完全に正確だとわたしは考えた……それが事実だと確信していないかぎり、人々が漠然と首相の息子をこうした取引に関与したと非難するとは思わなかったし、わたしは彼の名前がべつべつの情報源にもとづくいくつもの文書に出てくるのを目にしたことによって、少なくともマーク・サッチャーの側の基本的な関与がたしかであることを確信した。彼はあきらかにある種の役割を演じて、二カ国の政府間の取引を完了させるのに手を貸していた。

タイシャーはのちに自分の見解を再確認した。「彼は武器取引で積極的な役割を演じていたし、彼が仕事上の立場で関与していたことは明白だ」。タイシャーの見解はヒウェリの筆記録にもとづいていた。その筆記録はサウジ側がマークに金を払って、彼の「軍用装備にかんする……政府とのすばらしいコネ」を利用したことを確認していた。

サッチャーのもっとも近い仕事仲間も彼の役割を確認した。サッチャー家の友人のロバート・タイラーは、「あるときワフィクがマークに電話をよこして、ワフィクがヘリコプターでチェカーズ（首相の地方官邸）に飛んでマーガレットと会えるようにマークが手配をしたことを、事実として知っている」といった。当時の〈BAE〉の重役もマークの関与と彼が受け取ったとされる一二〇〇万ポンドの手数料を認めた。元〈BAE〉のコンサルタントでサイードの友人によれば、「マークは彼の母親の支持を間違いなく取りつけるのに役立った」という。あるイギリスの下院議員はこう主張する文書を匿名で送りつけられた。「マーク・サッチャーと彼の友人ワフィク・サイードをはじめとする仲介者、その全員がイギリスの非納税居住者だが、彼らと保守党にたいする経済的な余禄は、〈BAE〉の重役によればまったく途方もないものである」

マーク・サッチャーにかんするある本の著者たちによれば、彼の母親はマークが取引から利益を得ていることを知らされていたという。彼が母親とサイードとバンダル王子との面会を手配していたことを考えれば、彼女が息子の関与に気づかなかったなどということはほとんどありえない。しかも、ワフィク・サイードの元航空担当重役によれば、マークがサイードと取引をしていたのは、「ミセス・サッチャーからそうするようにいわれた」のだという。元防衛産業の重役ジェラルド・ジェイムズは、マークが〈アル・ヤママ2〉からも利益を得ていたと主張した。

自分の母親が重大な役割を演じた取引からマーク・サッチャーが利益を得たことは、彼の経歴をたどったことのある者にとってまったく驚くにはあたらないだろう。彼の個人財産は六〇〇〇万ポンドと見積もられていて、彼の母親の援助もその蓄財に大いに役立っていた。マークは二〇〇三年に父親の准男爵位を受け継ぎ、母親が一九八一年にイギリスの建設会社のために獲得したオマーンでの大学建設の契約に関連して、支払いをポケットに入れた。それについて議会で質問されたマーガレット・サッチャーは、不正を否定して、自分は「イギリスのために打席に立った」だけだと主張した。マークは母親からの手書きの覚書を使って、アブダビで価値のある取引を手に入れたともいわれている。

しかし、マーク・サッチャーの経歴のどん底がおとずれたのは、二〇〇四年八月二十五日、ケープタウンの高級な郊外地区コンスタンシアの自宅で、赤道ギニアでのクーデター未遂に一役かった容疑で逮捕されたときだった。彼は個人的に親しい友人の英国人傭兵サイモン・マンが計画したクーデター未遂事件に資金と後方支援を提供した罪に問われたのである。母親が介入して南アフリカの傭兵禁止法について司法取引が認められた結果、彼は自分が不注意にも「なにに使われるか適切に調査することなく」飛行機に投資した罪を認め、それがアフリカで救急輸送機として使われると思っていたと主張した。彼は三〇〇万ランド（四五万ドル）の罰金と四年の猶予刑を受け、国外退去させられた。サイモン・マンは最近、マーク・サッチャーがクーデターに深くかかわり、三五万ドルを提供して、「ただの投資家ではなく完全に仲間で、管理チームの一部になっていた」ことを再確認している。

〈アル・ヤママ〉取引が完了したあと、マーク・サッチャーは、ワフィク・サイードの仕事上の住所で登録されたパナマの会社〈フォルミゴル〉を通じて、豪華なベルグレーヴィアのフラットを購入した。サイードはマークをよくバンダル王子のオックスフォードシャーの地所で射撃またはゴルフにつれだした。〈アル・ヤママ〉取引時に〈ＢＡＥ〉のダイナミクス部門の元専務取締役だったアレックス・サンスンは、サイードが取引で中心的な役割を演じたと《オブザーバー》紙に語った人物だが、「彼（マーク・サッチャー）はワフィク・サイードとバンダル王子ととても親しかった。彼が関与していたことは多くの人間が知っていた。彼は厄介者だった。人をこき使ってコネを付ける人間だった。それが彼の手段で、彼の母親の当時のイメージは、役に立つ財産だった」といっている。小サッチャーにとって〈アル・ヤママ〉取引の利益は莫大だったので、なかにはこれを〈アル・ヤママ〉ではなく〈あなたのお母さんはだれ《フーズ・ヤ・ママ》〉取引と呼ぶ者もいる。

　ワフィク・サイードは、事実上の引退生活を送っているが、いまもふたつのパナマの会社の取締役に名をつらねている。一九七五年設立の〈ミトラスル・コーポレーション〉と〈アル・ムルク・ホールディングズＳＡ〉だ。〈ミトラスル〉の取締役のなかには、リビアの観光開発会社〈マグナ〉の最高経営責任者でもあるナビル・ナーマンもふくまれている。サイードは〈マグナ〉の後援者と報じられ、同社の会長をつとめるのはマーガレット・サッチャーの元アドバイザーで〈ＢＡＥ〉の顧問でもあるチャールズ・パウエルである。チャールズ・パウエルの弟ジョナサンはダウニング街一〇番地の首相官邸でトニー・ブレアの首席補佐官だった。サイードは、ジョナサン・エイトケンの銀行で、以前は〈エイトケン・ヒューム・ホールディングズ公開有限会社〉という名前で知られていた〈ＡＨＩ公開有限会社〉の元取締役でもある。彼はいまも〈サイード財団〉の理事で、同財団は「中東の恵まれない子供や若者の明るい未来のために活動している」。ジョナサン・エイトケンも理事のひとりだ。

　サイード・ビジネススクールは一九九六年にオックスフォード大学に設立され、その新しい建物はワフィク・サイードから二〇〇〇万ポンドの寄付を受けて二〇〇一年に完成した。二〇〇八年、彼はさらに二五〇〇万ポンドをビジネススクールに寄付した。スクールの評議員のひとりはチャールズ・パウエルである。ダウニング街が介入して、学校の計画申請書の審査を急がせたともいわれる。サイードの関与は、学生や学者、地元活動家からの数多くの抗議をまねいている。数年前、わたしは同スクールのデズモンド・ツツ・アフリカン・リーダーシップ・インスティテュートで講義を行なった。ワフィクとのつながりを知らなかったわたしは、武器取引の代理人といわれる人物と同じ名前のスクールで倫理の講義をするとはなんとも皮肉な話です、と冗談を飛ばした。講義のあとで、わたしのホスト役は、それがスクールに寄付した同じワフィク・サイードであることを礼儀正しく教えてくれた。

ワフィク・サイードは、ムハンマド王子のお抱え「実業家」サイード・アヤスと同様、レバノン研究センターの創設時の後援者だった。アヤスはジョナサン・エイトケンとつながりがあった。多くの肩書きを持つサイードは、一九九六年以来、セント・ヴィンセントおよびグレナディン諸島のユネスコ大使で代表団長をつとめている。名誉や社会的地位への欲という点では、彼はサー・バジル・ザハロフの伝統を受けついでいる——支配階級に取り入って、その見返りを存分に受けるという。そのことはサイードと英国政界との親密なかかわりに反映されている。イギリスがサッチャーとメジャーの保守政権時代、サイードは少なくとも三五万ポンドを保守党に献金した。二〇〇四年と二〇〇五年、彼の一族はオークションを通じて約五五万ポンドを保守党に与えた。彼もしくは彼の一族は、イギリスの政党に外国人が献金することを禁止した新しい法律があったにもかかわらず、二〇〇五年に保守党に何十万ポンドもの献金をしたと考えられている。

トニー・ブレア首相の「新しい労働党《ニュー・レイバー》」が政権を握っているあいだ、サイードは内閣の「闇の王子」ピーター・マンデルソンと親しくするよう心がけた。マンデルソンは北アイルランド相を辞任する数週間前にシリアでサイードに会ったが、私的な旅行だったので、要請されているとおりに外務省にこの旅行を通告することはしなかったと主張した。にもかかわらず、マンデルソンはこの訪問でシリアのバシャル・アル・アサド大統領と二時間会談した。サイードの会社〈ファースト・サウジ・インヴェスティメント・カンパニー〉は当時、シリアで旨味のある契約を手に入れようとしていたアラブの共同企業体の一部だった。マンデルソンと〈ＢＡＥ〉の顧問でトニー・ブレア首相の首席補佐官ジョナサン・パウエルの兄チャールズ・パウエルは、それぞれがサイードの友人だっただけでなく、おたがいも友人同士だった。こうした関係のおかげで、ワフィク・サイードはどんな種類の政治権力とも三〇年以上親密でいられたのである。

〈アル・ヤママ〉取引の第二の主要な取りまとめ役であるムハンマド・サファディは、ワフィク・サイードと同じように、なみはずれたいいコネを持ち、彼自身、政治家だった。このレバノンの億万長者で政治家は、何十年間もサウジ側や〈ＢＡＥ〉と親しく、そのスイスの銀行口座は〈アル・ヤママ〉の手数料のルートとして使われた。取引ではトゥルキ・ビン・ナセル王子の権益を代表し、王子のビジネス・マネージャーをつとめていると考えられている。ＳＦＯの捜査の証人候補のひとりは、記者のデイヴィッド・リーとロブ・エヴァンズに、「わたしは彼ら（ＳＦＯ）にミスター・サファディの役割をたずねられた。わたしは彼のイギリスの会社〈ジョーンズ・コンサルタンツ〉がサウジ空軍の長トゥルキ・ビン・ナセル王子の勘定を払っていたと彼らに話した」と語った。

サファディは一九四四年、トリポリに生まれ、ビジネスマネジメントの学位を受けてベイルートのアメリカン大学を卒業した。彼は家業の有名な〈サファディ・ブラザーズ〉商会で働き、一九六九年、カダフィ大佐のクーデターのとき、ベイルートに移った。ベイルートでは住宅や航空、観光、コンピューター業務、銀行業の分野で投資の仕事に手を染めた。一九七五年にレバノンで内戦が勃発すると、サファディはリヤドに移り、〈ＢＡＥ〉のような企業のために住宅施設を建設し、スルタン王子の親族の代理として活動をはじめた。

サファディは一九九五年、レバノンに戻ると、〈サファディ・グループ〉を設立し、政界に入って、二〇〇五年に公共事業大臣にまでのぼりつめた。二〇〇九年十一月に新しく発足し、サアド・ハリリがヒズボラと連立して首相をつとめる挙国一致政権では、経済貿易大臣となった。政府契約のためのもっとも重要な政務のひとつをつかさどる一方で、彼はひきつづき〈サファディ〉傘下のグループ企業を動かしていた。彼の利権には二億ポンドの資産を持つ不動産会社〈ストウ・セキュリティーズ〉や、ロンドンのオフィス街に一億二〇〇〇万ポンド分の株を持つ不動産会社がふくまれる。〈ストウ〉は大部分がジャージー島とジブラルタルの匿名のオフショア法人で構成されている。リストにならんだ投資家のひとりは、サウジ空軍の元上級指揮官アフメド・イブラヒム・ベヘリー将軍だ。同社は、〈BAE〉の本部でもあるファーンボロ空港から一部運航しているプライベート・ジェット会社〈TAGエヴィエイション〉にも投資している。サファディはマンスールとアブドゥルアジズ・オッジェとともに〈TAGエヴィエイション・ホールディング・ボード〉で取締役をつとめる一方で、彼のイギリスの会社〈ジョーンズ・コンサルタンツ〉とサウジアラビアの会社〈アライド・メンテナンス〉は、いずれも〈BAE〉から契約を受注している。

サファディと〈BAE〉との親密な関係は、ロンドンの高級街メイフェアのローズマリー・コートにある豪華なペントハウスを、彼のオフショア会社のひとつを通じて、サー・ディック・エヴァンズに使わせていることに表われている。このペントハウスは、以前ワフィク・サイードの所有する会社によってエヴァンズに提供されていたフラットに隣接している。サファディは〈英国地中海航空〉の出資者でもあった。一九九四年に主として中東便を運航するために設立された法人である。ワフィク・サイードは同社に投資し、チャールズ・パウエルを役員会に迎えた。こうしたつながりがあるので、彼が〈アル・ヤママ〉取引の支払いルートを手配するのに重要な役割を演じたのは驚きではない。

ただし、このように外国の銀行口座を使って支払いを迂回するのは、二〇〇二年にイギリスで贈収賄防止法とマネーロンダリング防止法が導入されるまでは、厳密には違法ではなかったことは指摘しておかねばならない。

ワフィク・サイードのように、〈アル・ヤママ〉取引にかかわった人間のほとんどは、自分の役割はごくわずかか皆無であると主張してきた。しかし、バンダル王子にこの手は使えなかった。そのかわりに彼は、石油の販売で取った二パーセントの手数料から〈イングランド銀行〉の防衛輸出機構（DESO）の口座に集まった金は、アメリカが直接売ってくれない武器をサウジにかわって購入するために、〈BAE〉とDESOが使ったと主張した。バンダル王子に近い情報源はこういっている。「もしサウジ側がシュペルピューマ・ヘリコプターを一〇機買いたいと思い、国防省の予算額がXだとすると、財務省はそれがその年に割り当てられた予算だという。つまりこの購入を翌年まで延期しなければならないということだ」。延期はアメリカのAIPACに武器売却への反対運動を動員する時間を与えることになるという。情報源はこうつづける。

〈アル・ヤママ〉取引がやったのは、石油とサービスの交換だから、つまり相手にこういうことだ。わかりました、〈アル・ヤママ〉が勘定を持ちますとね。サウジアラビアがフランスとでもどことでも契約を結ぼうが、イギリスがかわりに支払います。こうしていまや突然、サウジは〈アル・ヤママ〉にプロジェクトとして上がっていない実戦武器システムを、そのサポートごと手に入れる。つまりサウジアラビアは、もしアメリカ側からなにかのサービス、あるいはいま買わなければあとで議会が反対するであろうなにかの武器システムを手に入れたいと思い、それがいまの防衛予算では手がとどかない場合には、〈アル・ヤママ〉にこういうだけでいい。「あの金をまわすんだ」

バンダルの主張を裏づける証拠はいくつかある。たとえば二〇〇四年のアメリカ国務省の電文は、クーガー・ヘリコプター一二機を六億ドルで、ベル412ヘリコプター四四機を四億ドルで購入するサウジの契約が、〈アル・ヤママ〉を通じて資金提供されるだろうと述べている。〈BAE〉が、〈アル・ヤママ〉取引による石油の売却で資金を得たあとで、サウジにかわってフランスの企業〈ユーロコプター〉とカナダの企業〈ベル〉に代金を支払うわけだ。国務省はヘリコプターの法外な価格に疑問を呈しているが、同省は「いずれの取引でも、それにともなういかなる経済的見返りや報奨金、手数料、オフセット、投資も承知していない」と注記している。

電文はさらにこうつづけている。「経済的見返りという全般的な話題について現地消息筋に問い合わせたところ、驚きの表情や、したり顔の笑み、『その値段なら南フランスにずいぶん広い土地つきの大きな城が買えますよ』といった言葉が返ってきた。クーガーの購入に手数料がふくまれていることは推測しかできないが、小職にはどのくらいの金額で誰にあてたものかわからない」。

電文はこうも言及している。「サウジ空軍の戦闘捜索救難航空機の取得を支持する原動力は、サウジ空軍の作戦部長トゥルキ・ビン・ナセル・ビン・アブド・アル・アジズ・アル＝サウド王子少将だった……。トゥルキ・ビン・ナセルは、彼が切実にほしがっているが予算の余裕がないヘリコプターを購入する手段に、あきらかに思い当たっている。支払いに〈アル・ヤママ〉媒体を使った石油である（いうまでもなく〈BAE〉はこの侵害に激怒している）」

〈アル・ヤママ〉の金をサウジアラビア用の武器を買うのに使ったというのは、バンダル王子の弁護士で、元FBI長官（一九九三～二〇〇一年）のルイス・フリーがくりかえしている弁明である。そうした主張は、武器輸出を監視するアメリカ議会の役割を土台から揺るがし、誰にでも説明できるように予算を編成する努力を台無しにすることになるのだが。

このいささか疑わしい弁明を受け入れたとしても、巨額の金の私的な使用をめぐる疑問には依然としていっさい答えがでていない。バンダル王子はいっさいの腐敗行為を否定しているが。口座からバンダル王子の宮殿に使われた一七〇〇万ドルにしぼって質問されたルイス・フリーは、公共放送PBSにつぎのような説明をした。

ナレーター　これらの不審な活動の報告書によれば、個人のものと思われる取引がありました。たとえば、バンダル王子の新しい宮殿の工事のために、サウジアラビアの建築家に総額一七〇〇万ドルもの支払いがあったのです。

デニス・ローメル　こういうのは通常の取引のなかでは見られないものですよね。個人が口座から、仕事用の口座から、一七〇〇万ドルを私用とおぼしきものに移すというのは。

ルイス・フリー（LF）　彼のいわゆる「邸宅」への一七〇〇万ドルというのは、彼の邸宅ではないのです。これはサウジアラビア王国の政府所有財産で、高位の王族が住むために提供されます。

フリーはさらにつづけた。

LF　わたしの依頼人が賄賂で二〇億ドル受け取ったという主張、賄賂でエアバスA340をただでもらったという主張、これらの主張は完全にでたらめです。

ローウェル・バーグマン（LB）　アメリカ政府の文書では、〈アル・ヤママ〉取引の契約はサウジ国防省の通常の予算の帳簿外だと説明されています。そのとおりですか？

LF　簿外のバーター取引です、石油と飛行機の。

LB　しかし、山のような金額ですよ、いいですか、サウジアラビア政府の通常の予算処理を通過しなかった多額の金です。

LF　そのとおり。

ナレーター　フリーはワシントンに送られた二〇億ドルについて説明できるといいます。

LF　こう考えてください、ローウェル。これは武器の購入にかんして最大限の柔軟性を確保するように計画された取引だと。もしサウジアラビア国防航空省がアメリカの武器を買いたいと思えば、アメリカの武器は、サウジへのアメリカ製装備の売却にたいするアメリカ議会の反対に遭わないやりかたで、〈ＢＡＥ〉とイギリス国防省を通じて購入することができるのです。

LB　つまり、石油からの利益はこの取引でアメリカをふくむほかの国から武器を購入するために使えたと？

LF　もちろんです。

ナレーター　このインタビューのあと、〈フロントライン〉は二〇億ドルのなかから支払われたアメリカとの特定の武器取引の例をルイス・フリーにたずねました。彼は例をあげませんでした。フリーはエアバスA340についての質問には答えています。

LB　ここでなにかおかしなことが起きている兆候があったことさえわからなかったのですか？

LF　ええ。まったくわかりませんでした。まったくね。飛行機は王子に割り当てられた。サウジアラビア空軍が所有し、主としてわたしの依頼人のために彼らによって運用されていました。それは彼がいちばん旅行するからで、わたしの依頼人への贈り物あるいは賄賂ではぜったいになかった。

LB　〈ダラス・カウボーイズ〉のチームカラーで塗られた軍用機をほかに知っていますか？

LF　知りません。

LB　自家用機みたいだとは思いませんか？

LF　いや、自家用機のようには思えませんね。

LB　でも、サウジ政府では、バンダルのような王子の場合、どこからが政府の支出で、どこからが個人の支出なんですか？

LF　彼らの視点から考えてみましょう。もしサウジアラビア国王陛下と国防航空大臣が——

LB　彼の父親ですね。

LF　彼の父親です。そして石油相と財務相が——もし全員が同意し、なにが誰によって支出されているかを知っていたのなら、彼らがそれをどのように支払ったか、あるいは、それをどのように分類するかは、なにが個人的でなにが個人的でないかを分類することもふくめて、実際にはアメリカの知ったことではないのです。

元FBI長官がこうした行為を弁護するのは驚くべきことだ。しかし、これはアメリカの政治エリートとサウジの王族との関係の性格を反映している。その腐敗行為への態度はバンダル王子自身がもっともうまく要約している。

バンダル王子　いいですか。もしわれわれが腐敗行為を独占していると思ったら、わたしは不快に思うでしょう。

ナレーター　バンダル王子はきょう、インタビューには応じようとしませんでしたが、二〇〇一年、〈フロントライン〉が腐敗行為とサウジ王家について質問したときには応じました。

バンダル王子　しかし、わたしは腐敗行為の非難にこう答えます。過去三〇年、われわれは約四〇〇〇億ドル分に近い開発計画を作成し、実施してきました。そのすべては、そう、三五〇〇億ドル以下ではできなかったでしょう。いま、もしこの国全体を建設し、四〇〇〇億ドルのなかから三五〇〇億ドルを支出して、われわれが五〇〇億ドルを不正流用した、あるいは贈賄されたというなら、「そのとおりだ」と答えましょう。ですが、わたしはその非難をいつでも受けとめるつもりです。

しかし、もっと重要なことがある、あなたはなんの権利があってこんなことをわたしにいうのですか? というのも、わたしはここでも、イギリスでも、ヨーロッパでも、いろんなスキャンダルをいつも見ているからです。わたしがいわんとしているのは、だからなんだということなんです。われわれが腐敗行為を発明したわけではない。こんなことはずっと起きていた——アダムとイブ以来ずっと。つまり、アダムとイブは天国にいたが、悪さをして、地上に降りなければいけなくなった。だから、つまりこれは——これは人間の本性なんです。しかし、われわれはあなたたちが思っているほど悪い人間ではないんですよ!

6 ダイヤモンドと武器

〝平和主義者〟のデル・ホヴセピアンとニコラス・オーマンは、アフリカで武器取引に活発にかかわった〈メレックス〉ネットワークの数多くのメンバーの一部にすぎなかった。紛争つづきのアフリカは、この商売のメッカである。ネットワークはアフリカ大陸のあまり安定していない地域に有力なコネを持ち、リベリアの悪名高い軍閥大統領のチャールズ・テイラーとその弟で〈バークレイズ銀行〉の従業員ボブを代理人と見なしていた。

テイラーはかなりのコネを持っていたおかげで、この西アフリカの小国で権力の座にのぼりつめることができた。リベリアは一八二一年からアメリカによって「故郷」に帰る自由を与えられた「解放奴隷」によって建国された国である。権力を掌握して維持するテイラーの戦いは、すでに貧しかった国を残忍な殺戮の野に変えた。その恐怖は資源豊富な隣国シエラレオネにも広がり、人間の野蛮さの嵐を解き放った。集団殺害、斬首、儀式殺人――すべては影の世界に棲息する武器ディーラーとダイヤモンド密輸業者と材木商人のネットワークによって可能になったのである。その大半は国際的な法の支配の谷間で活動する凶悪な犯罪者だった。一部は、〈メレックス〉に関係する武器ディーラーのネットワークやアル・カーイダのダイヤモンド商のネットワークのように、より組織化されていた。アル・カーイダのダイヤモンド商たちはリベリアを利用して、外貨の流れを世界一流動性のある資産に変えた。

テイラーの生い立ちからは、のちの活動を暗示するものはほとんどうかがえない。一九四八年にリベリアの首都モンロヴィアのすぐ郊外で誕生したテイラーは、アメリカ系リベリア人の一家で一五人きょうだいの上から三番目だった。父親は学校教師として安定した職を持ち、そのおかげでテイラー家は堅実な中流階級の生活を送ることができた。チャールズは最初、父の足跡をたどって、教師になる勉強をはじめた。しかし、一九七二年、ボストンから一五キロ離れたベントレー大学で経済学を学ぶために、リベリアのエリートの約束の地アメリカへ移住した。ベントレーでの五年間でテイラーは、アメリカ人の級友たちのあいだに、戦闘的なリーダーとしての評判を確立し、地元の政界に自分を印象づけた。

テイラーはその教育のおかげで、リベリアのエリートたちの晩餐会のテーブルに席を確保することができたが、彼の政治的な共感もそれを後押ししたことは疑いない。彼は一九七九年のニューヨークのデモで、リベリアの当時の大統領ウィリアム・トルバートへの嫌悪を明言したからである。翌年にはリベリアへ旅行し、サミュエル・カニオン・ドーによるトルバート政権の軍事的転覆を積極的に支持した。ドーはそれから一〇年間、強権政策でリベリアを統治することになる。のちにテイラーはドーの失脚に手を貸すことになったが、一九八〇年には忠実な支持者で、公的調達すべてを監督するドー政権の要職を与えられた。彼の幸運はそれからすぐに尽きた。政府の役職を利用して悪質な横領に手を染め、九〇万ドルを個人口座に流用したと糾弾されたのである。彼は告発されるおそれがあったため、一九八〇年代前半に国外へ逃亡しなければならなかった。そしてマサチューセッツの以前のなじみの地にふたたび腰をおちつけ、リベリアが彼の送還を要請したあとは、お尋ね者となった。一九八四年、彼は逮捕され、プリマス郡矯正施設に収監された。

刑務所もテイラーを長くは閉じこめておけなかった。翌年、彼はプリマス郡矯正施設から脱獄したが、その状況はいまも謎のままである。ある説によれば、テイラーはほかの四人の収監者とぐるになって、監房の鉄格子を鋸で切断し、ベッドのシーツを結んだものを使って脱獄したのだという。テイラーは五万ドル払って脱獄計画にくわわったとされる。しかし、やすやすと脱獄してすぐ国外へ逃亡できたというのは、単純な脱獄計画にはそぐわない感じがする。もっと公的な方面からの支援が用意されていたのかもしれない。テイラー自身の話によれば、彼は脱獄したのではなく、アメリカの情報機関の協力で「釈放された」ことになっている。彼は刑務所の警備がもっとも厳重な区画にある監房からつれだされ、警備がもっともゆるい区画に案内されて、ロープ状にたばねたシーツを使って塀を乗り越えることを許されたと回想している。外には一台の車が待っていて、彼はそれに乗ってアメリカ中をつれまわされた。CIAは脱獄への関与をいっさい否定しているが、同局の否定はふたつの事実によって疑問符がつけられる。脱獄のほんの数日後に、テイラーのリベリアの仲間であるトーマス・クィウォンパが、サミュエル・ドー大統領の転覆を試みた。クィウォンパはアメリカの限定的な支持を受けているとされていた。そして、第二に、テイラーは自分のパスポートを使っていたにもかかわらず、プリマス郡からワシントン、それからアトランタ、最終的にはメキシコまで妨害されずに旅することができた。

彼はサミュエル・ドーを倒し、リベリアの権力を握るために、すぐさまアフリカに戻った。彼はいくつかの国で同情的に受け入れられた。そのなかのひとつ、ブルキナファソでは、さまざまなリベリア人亡命者の軍勢にくわわった。なかでもいちばん注目すべきは、クィウォンパの失敗に終わったドー政権打倒の試みに参加した自称軍閥のプリンス・ジョンソンである。彼らはリベリア国民愛国戦線(NPFL)を結成した。この集団は一五年にわたる同国の野蛮な惨状を監督することになる。リベリアの亡命者たちは、軍事訓練と野心で、大統領の座を狙うブルキナファソ人ブレーズ・コンパオレの注意を引き、彼はブルキナファソのトーマス・サンカラ大統領を追い出すのに協力を求めた。コートジボワールのウフェ＝ボワニ大統領の支援で計画は勢いづいた。一九八七年十月十五日、サンカラはブルキナファソ人の一団に殺害された。この一団にはプリンス・ジョンソンをふくむリベリア人の工作員が何人かふくまれていた。多くの者はテイラーが殺害に積極的に関与したと示唆している。そのおかげで、その二年後、リベリア侵攻の準備をしているとき、テイラーはブルキナファソとコートジボワールの支援を期待することができた。最初は外交的な支援だったが、のちには武器や補給物資を提供できるルートとして。

この支援のおかげで、テイラーとNPFLはかなりの外交的な地位を得ることができた。しかし、彼らが必要としていたのは、外交的な援護以上のものを提供できる後援者だった。彼らはそれをリビアの一匹狼の独裁者ムアンマル・カダフィの姿のなかに見いだした。一九八七年、テイラーはリビアを訪問し、彼とリベリア人の仲間たちはカダフィの世界革命本部に導きいれられた。そこは、カダフィが自分の誇大妄想的な将来像だけでなく、それぞれの民族的野心を実現させたいと考えるグループのための訓練キャンプだった。リビアは軍事的陰謀にしばしば加担する豊かな産油国として、テイラーとNPFLに彼らが本当に必要としているものを提供できた。軍事訓練、武器弾薬、そして山のようなドルを。

同時にカダフィは革命統一戦線（RUF）の創設の面倒も見ていた。これは、リベリアの隣国であるダイヤモンド資源の豊富なシエラレオネを武力で乗っ取ろうと準備するサディスト集団である。テイラーはRUFの指導者フォデイ・サンコーと親しくなった。それは破滅をもたらす友人関係となった。一九九〇年から二〇〇五年のあいだ、RUFとNPFLは世界でもっとも豊富なダイヤモンド産出地域でそれぞれの国を支配するために、たがいの資源を糧として共生することになる。

一九八九年のクリスマス・イヴにチャールズ・テイラーとNPFLは行動を起こした。彼らの狙いは単純だった。地方を通って前進し、支持者を集めて、既存の独裁者を追いだす一方で、首都モンロヴィアを支配する。リベリア国内を進む彼のすばやい進軍は地元住民の声援にささえられていた。その一部は彼が本当に人気のないドーをやめさせて、責任ある政府の形態を導入すると信じていた。いわゆる「地方の人間」の一部はアメリカ系リベリア人にたいする反感に動かされていたが、掠奪の誘惑に焚き付けられていた者たちもいた。テイラーはNPFLがリベリアに進撃したときのことをのちにこうふりかえっている。「われわれは行動する必要さえなかった。人々はわれわれのところにやってきてこういった。『銃をくれ。わたしの母を殺したやつをどうすれば殺せる?』」。一九九〇年六月には、NPFLは首都に達していて、勝利は間違いないように思われた。サミュエル・ドーは、トルバート前大統領を殺害して大統領に就任していたが、自分も同じ目に遭うことになった。テイラーではなくプリンス・ジョンソンにひきいられたNPFLの分派がドーの大統領府を襲った。ドーは何時間も苦しみながら残酷な拷問にかけられた。血も凍るような絶叫のなかで耳が切り落とされると、平然としたジョンソンは祝いの〈バドワイザー〉を飲みながら、独裁者の銀行の詳細を教えるよう要求した。この殺人のおぞましいビデオはすぐに複製されて、西アフリカ中で大量に販売された。

リベリアにたいする電撃戦が成功したとテイラーが確信したちょうどそのとき、彼の進撃は西アフリカのほかの国々の干渉で阻止された。なかでもいくつかの国、とくにナイジェリアは、テイラーの就任が地域のパワーバランスに与える影響を懸念していた。テイラーがブルキナファソとコートジボワールに支援されているため、域内政治におけるナイジェリアの役割はかなり弱められることだろう。そこで、テイラーとNPFLが権力を掌握するのを防ぐため、名目上の独立部隊が西アフリカ諸国経済協同体(ECOWAS)によって編成された。将兵の大半はナイジェリアが提供した。地域組織の監視グループ、ＥＣＯＭＯＧが展開したときには、テイラーの軍隊はすでにモンロヴィアに入っていたが、大統領宮殿をいまだに占領できていなかった。ＥＣＯＭＯＧはすぐさまテイラーの軍が占領した地域の一部を奪回した。それはテイラーが長く根に持つことになる敗北だった。

一九九〇年末までに、戦争の当事者たちは膠着状態に陥っていた。モンロヴィアはＥＣＯＭＯＧ部隊の支配下にあり、その将校の何人かは首都で犯罪的およびビジネス的な利益を追求していた――それが戦争をつづける強力な動機を提供していた。プリンス・ジョンソンのＮＰＦＬ分派はモンロヴィアの一角に陣取って、重要な影響を与えることはなかったが、チャールズ・テイラーのほうは、政治的な抜け目のなさと、ラジオ番組制作施設と国際ニュースメディアをたえず利用できたおかげで、ＮＰＦＬの卓越した指導者としての地位を確立した。彼は自分の支配地域を正式なものとして、「大リベリア」と命名し、この拠点から事実上の第二国家を運営した。

テイラーは大リベリアを支配することによって、権力を固め、かなりの額の金を稼ぐ完璧な機会を手に入れた。彼は地域で有数の雇用主である〈ファイヤーストーン・タイヤ〉社が操業を再開できるようにした。一九九二年には〈ファイヤーストーン〉はかなりの利益をあげて、テイラーのＮＰＦＬに年二〇〇万ドルの「みかじめ料」を支払っていた。のちの主張によれば、この軍閥のもっとも悪名高い作戦のいくつかは〈ファイヤーストーン〉の所有地から決行された。テイラーはまたリベリアの材木分野の再興にも目を向けた。その「税金」は彼の「第二国家」をさらに後押しした。外国のビジネスマンに道路などの必要なものを建設するよう要求するほかに、テイラーはあらゆる商取引の分け前も受け取っていた。この方法で毎年七五〇〇万から一億ドルを懐に入れていたと見積もられている。彼の不正利得はアフリカ中の個人口座に隠された。テイラーは一九九七年に最終的に大統領に選出されると、このシステムを完成させることになった。

シエラレオネの革命統一戦線（ＲＵＦ）との関係は、テイラーの銀行口座の預金額をさらに増やし、彼の軍事活動を助けた。ＲＵＦはＮＰＦＬの生き写しだった。一握りのシエラレオネの亡命者によって構成され、ムアンマル・カダフィの世界革命本部で公式に設立された。一九九一年、ＲＵＦはＮＰＦＬの支援を受けてシエラレオネに侵攻した。表向きは、政府所在地であるフリータウンを蹂躙《じゅうりん》したことで象徴されるように、政治権力の掌握を目指していた。しかし、より重要だったのは、ダイヤモンドという輝かしい富を提供する、地方の広い地域を支配することだった。ＲＵＦは「大部分が無学で社会から疎外された指揮官たちの生存主義的要求によってのみ動く、盗賊集団のままだった」

じゅうぶんに武装した盗賊と殺し屋の集団であるＲＵＦは、ＮＰＦＬと同じぐらい残忍で、その戦争の多くを少年兵に戦わせた。地元の市民は手足や首の切断や強姦の狂乱のなかで服従と隷属をしいられた。奴隷労働もダイヤモンドを地域の実質通貨に換えるために使われた――つまり武器に。地元の市民はダイヤモンドの採掘場からリベリアとシエラレオネの侵入しやすい国境までむりやり歩かされた。国境ではダイヤモンドがＮＰＦＬに引き渡され、かわりに何箱もの武器が渡された。ＲＵＦにこき使われる人間驢馬たちの大半は、休息も与えられず、よろめけば殴られるたえまない恐れのなかで、数カ月以内に命を落とした。リベリアにとって、それはダイヤモンド輸出の大規模な増加を意味した。もっとも同国のダイヤモンド産出量はごくわずかだったが。シエラレオネでは、正規のダイヤモンド輸出が一九六〇年代の年間二〇〇万カラットから一九九九年にはお笑いぐさの九〇〇〇カラットにまで落ちこんだ。リベリアは二〇〇〇年代前半には突然、毎年六〇〇万カラットを輸出するようになったが、自国のダイヤモンド採掘場からは二〇万カラットしか産出できなかった。

テイラーは、軍事力を使ってリベリアの権力を掌握する試みとRUFへの支援の両方をつづけるために、一九九〇年代前半から、武器取引とダイヤモンド密輸とマネーロンダリングの相互につながった一連のサービスを必要としていた。そのひとつひとつが国際的な許可のせいで複雑な問題になっていた。とくに武器取引は、リベリア紛争のどの当事者にも武器の売却を禁止する一九九二年十一月の国連の武器禁輸措置によって非合法化されていた。これらのサービスを手に入れるために、テイラーは〈メレックス〉代理人の相互につながったネットワークを利用し、その過程で自分も代理人になったのである。

バルカン半島の〈メレックス〉ネットワークにくわわっていたオーストラリア系スロヴェニア人武器ディーラー、ニコラス・オーマンは、一九九二年からリベリアにかかわった。チャールズ・テイラーと組んで、彼に武器を提供したのである。この関係はいくつかの関連する方法であきらかになった。ニコラス・オーマンはチャールズ・テイラーが大統領の地位に選出される直前の一九九六年にリベリアの駐在外交官としての地位を剝奪されたが、彼の息子のマーク・オーマンがそれからすぐにオーストラリアにおけるリベリアの公式代表に任命された。彼はテイラーが権力の座から追われるまでこの地位にあった。マークはまたリベリアで父の会社〈オーバル・マーケティング〉の経営をつづけ、二〇〇三年には国際的な禁輸措置に違反してダイヤモンドの大安売りを発表して、オーマン家が依然としてテイラーとNPFLと緊密に接触していることを示唆した。

ニコラス・オーマンは比較的無名の人物テイラー・ニルと密接に協力していた。ニルはリベリア駐在アメリカ大使を騙《かた》っていて、のちにRUFのイブラヒム・バーやチャールズ・テイラー本人といった出資者とともに〈インターナショナル・ビジネス・コンサルト（IBC）〉の重要な関係者として登場することになる。〈IBC〉は、テイラーが〈メレックス〉拡大ネットワークを使ってかなりの量の武器を手に入れるために利用した媒体だった。そのことはロジャー・ドノフリオが確認している。アメリカとイタリアの二重国籍を持つドノフリオは、一九九〇年代前半に現役をしりぞいたCIA工作員としばしば名指しされている人物だ。彼は状況に応じて言をひるがえし、CIAとのつながりを認めると同時に否定もしている。CIAを「引退」後、ドノフリオはナポリに住みついて、イタリアの犯罪者とマフィアの大物の問題に没頭した。ここで彼は、心を割って話し合える親友となるひとりの人物に出会った。カターニアの弁護士ミケーレ・パパである。

パパは一九七〇年代と一九八〇年代にイタリア企業とリビアの仲介者としての役割で名をあげた。一九七〇年代からリビアはイタリア企業の株をかなり買っていて、一時はイタリアの巨大企業〈フィアット〉の株式の一三パーセントを握っていた。一九八〇年代、イタリアはリビアの原油の二番目の大口輸入国で、一位のアメリカに僅差でつづいていた。この経済活動の結果、リビアはイタリア人の仲介者を必要とし、ミケーレ・パパはそのなかでも屈指の影響力を持つ人物にのしあがった。その地位は、彼がイタリアで最初のモスクの建築を手配し、監督した、シチリア＝

リビア親善団体の長をつとめたことで確たるものになった。彼の役割に疑問をはさむ声がなかったわけではない。フランスの日刊紙《ル・モンド》はこう報じている。

彼は定期的にカダフィとサンドロ・ペルティーニ大統領の巨大な肖像画をかかげてイタリア＝リビア親善晩餐会を組織し、イタリア共和国大統領府から抗議を受けている。彼はまたリビア人がシチリアのふたつの地元テレビ局を間接的に支配できるようにした。自分の新聞《シチリア・オッジ》で、彼はリビア革命の業績を讃え、その指導者への賛辞を口にしている。

リビアとの結びつきのせいで、パパは一九七〇年代後半にアメリカのいわゆる「ビリーゲート」スキャンダルに巻きこまれた。これはジミー・カーター大統領のぼんくらな弟にちなんで命名された事件である。一九七〇年代前半からリビアは、三億ドル分の武器と航空機の売却中止に代表される、アメリカ政府とのとげとげしい関係によって抑えつけられていた。リビアが必要としていたのは、ホワイトハウスに近い友好的な相談相手である。ビリー・カーターは買収可能だった。一九七八年一月、パパは大統領の弟をリビア訪問に招待した。それから一一カ月にわたって、カーター弟はパパといっしょに何度かリビアをおとずれ、パパの団体を真似て自分でリビア＝アラブ＝ジョージア親善協会まで設立した。ビリーはリビアの宣伝にあまりに熱心だったため、CIAは彼を外国の工作員として登録せざるを得なかった。彼が新しい友人たちから二二万ドルの貸し付けを与えられたというニュースが報じられると、ワシントンは大騒ぎになった。結局ジミー・カーターは弟の売りこみ口上に影響を受けたことはなかったという結論が出されたが、「ビリーゲート」は、ロナルド・レーガン相手の大統領再選キャンペーンがちょうどはじまろうとしていたときに、カーター政権に暗い影を投げかけた。

一九九二年、パパとドノフリオはアフリカに目をつけた。ふたりは〈IBC〉を使ってさまざまな製品の輸出入にたずさわることを目論んだ。パパはリビアと密接につながっている国リベリアを活動拠点にすることを提案した。「リベリアはつねにオフショア金融取引に絶好の国だ」とドノフリオはイタリアの取調官に熱心に語っている。ドノフリオは、シエラレオネとギニアと国境を接し、チャールズ・テイラーが支配する地方であるリベリアのフォヤに旅行して、計画を実行に移した。そこで彼はテイラーと、リビアで訓練を受けたRUFの指導者イブラヒム・バーに面会した。テイラーにとって〈IBC〉は武器を手に入れてダイヤモンドを売却できる申し分のない会社だった。「テイラーとわたしはバーとじっくり話し合い、〈IBC〉を使って彼らのために武器を入手することにした」とドノフリオは回想している。〈IBC〉はRUFの奴隷労働によってリベリアに運びこまれたシエラレオネの密輸ダイヤモンドで武器の代金を支払う。パパとドノフリオは、軍閥に自分たちの誠意を納得させるために、〈IBC〉の株の五〇パーセントをチャールズ・テイラーと仲間たちに譲渡し、あがった利益の半分はすべてテイラー一味の口座に間違いなく還流させた。一九九三年だけで、同社は三〇〇万ドルの利益をあげている。

〈IBC〉取り決めの当事者のなかで、不正に得た利益の出どころがわからなくなるような方法で送金を手配する方法を知っていた者は誰もいなかった。テイラーとバーがダイヤモンドを供給するという約束を履行すると信用していた武器ディーラーも多くなかった。ひとりの人物が解決策を提供した。自分自身も〈メレックス〉の代理人であるデニス・アンソニー・ムーアビイは、カナダにある〈スウィフト・インターナショナル・サーヴィシズ〉のCEOで、一九九〇年代前半に〈IBC〉といくつかの非公式の協力協定を結んでいた。イタリアとカナダの警察の合同捜査によれば、ムーアビイは悪名高いゴッチ一家とガンビーノ一味をふくむアメリカのマフィア・ファミリーと深くつながっていた。ムーアビイはフランチェスコ・エルモなる人物を〈スウィフト・インターナショナル・サーヴィシズ〉の法務担当者に任命した。エルモはコネをたくさん持ったイタリアの武器ディーラーで、逮捕されると、ドノフリオとムーアビイだけでなく、ニコラス・オーマンやフランコ・ジョルジ、ジョー・デル・ホヴセピアン、ゲーアハルト・メルティンスの同類たちの活動を解明するのに役立つ詳細な証拠をイタリア当局に差しだした。

〈スウィフト〉は、アメリカをはじめとする各地の銀行に保管された戦前のドイツの債券や貴重な鉱物にもとづく信用貸付け限度額の複雑なシステムを使って、〈IBC〉がリベリアのダイヤモンドを効果的にロンダリングするのを助け、武器を買うためのきれいな金の山を提供した。このシステムの有効性は、一九九三年にまざまざと示された。きれいな金で各種の弾薬と銃を〈IBC〉に納入する注文が、ブルガリアの武器製造メーカー〈キンテックス〉のスイス人仲介者から出されたのである。武器は無害なオレンジとオリーブの積み荷に偽装してリベリアに配達された。

〈キンテックス〉は、すくなくとも一九八五年以降、西側当局によって、主要な麻薬と武器の密輸に結びつけられていた。一九九〇年代前半には、ブルガリアでもっとも多くの外貨を稼いでいたとされる。一九八〇年代後半にアメリカがサダム・フセインへの資金を供給するのに利用した銀行〈バンカ・ナツィオナレ・デル・ラヴォロ（BNL）〉は、〈キンテックス〉がイラク向けの装備を購入するために無担保で二度の融資を行なった――一度は三〇〇〇万ドル分で、もう一度は一一〇〇万ドル分の融資である。最初の融資はコンピューター装置を購入するのに使われ、これはのちにアル・ハテーンという名のイラクの施設に姿を現わした。この施設でイラク人たちは核兵器開発実験の一部として高性能爆薬に取り組んでいたといわれる。一一〇〇万ドルはイラク国防省向けの電子装置や資材、機械類を購入するために使われた。

一九九〇年代なかば、リベリアの情勢は膠着状態に陥っていた。ECOMOG部隊はチャールズ・テイラーをさらに地方へと押し返していた。一時は彼が国内から完全に追いだされるかもしれないとさえ思われた。しかし、テイラーは何度も態勢を立てなおし、逆にECOMOGを押し返して、モンロヴィアでつづいていたはかない平和をおびやかした。テイラーとナイジェリアの関係は一九九三年にババンギダ大統領が辞任すると好転しはじめた。一九九六年後半には、ナイジェリアがテイラーに選挙で大統領職につくチャンスをあたえるつもりであることがあきらかになった。一九九七年八月、チャールズ・テイラーは最初に同国に侵攻してから八年後に大統領に選出された。NPFLは、「彼はわたしのパパを殺した、彼はわたしのママを殺した、でもわたしは彼に投票する」という支持者の歌声に特徴づけられた選挙キャンペーンで、七五パーセント近い票を獲得した。おおむね自由で公正な選挙において、野蛮な軍閥がこれほど圧勝するなどということは理解できないように思えるかもしれない。しかし、多くのリベリア人にとって、テイラーの権力を認めることは、アフリカ屈指のむごたらしい紛争を終わらせる唯一の方法に思えたのである。

テイラーがとくに一九九九年以降、彼の支配にたいする持続的な反乱に直面すると、平和への希望はすぐに打ち砕かれた。彼はシエラレオネの反政府勢力ＲＵＦへの支援もつづけ、共通の収奪政治の利益を手に入れた。大統領となったテイラーは、大リベリアで自分が開発したシステムを完璧な状態に高めて、木材製造と鉱物採掘からかなりの収入を得た。武器とダイヤモンド密輸とマネーロンダリングという内戦中の彼の要求は、大統領選出後の時代もくりかえされた。テイラーにとって不幸なことに、一九九七年以前に利用していたネットワークの大半は、彼が権力を獲得したときには四散していた。ニコラス・オーマンはラドヴァン・カラジッチの魔手から逃れるためにバルカン半島をあとにせざるをえなかったし、ほかの者たちは逮捕されていた。一九九六年には、イタリア警察が「チェック・トゥー・チェック」と呼ばれる捜査の一環で、国際的な犯罪行為のちりぢりばらばらの断片をつなぎあわせていた。オーマンやムーアビイ、ロジャー・ドノフリオ、〈スウィフト・インターナショナル〉のルドルフ・メローニをふくむ〈メレックス〉拡大ネットワークの主要な関係者に逮捕状が出された。訴追されたものはひとりもいなかったが、逮捕は少なくとも一時的に彼らの活動を中断させた。

テイラーにとって幸運なことに、ほかにも同じぐらい非道な連中がいて、喜んで代役をつとめた。イスラエル国防軍の退役大佐ヤイル・クレインは軍需品を供給し、リベリアの対テロ部隊と、国連の武器禁輸に違反して、ダイヤモンドと武器の交換取引の一環としてＲＵＦにも訓練をほどこした。この取引にはほかにふたりのイスラエル人、ドヴ・カッツとダン・ゲルトラーがかかわっていた。一九九九年一月、クレインはＲＵＦへの武器密輸容疑でシエラレオネで逮捕された。

一九九八年九月、テイラーは、汚らわしいウクライナ系イスラエル人のレオニード・ミニンと、破滅をもたらす会合を持った。一九四七年にウクライナのオデッサでレオニード・ブルヴシュテインとして誕生したミニンは、多くのユダヤ系ロシア人移民のルートをたどって、オーストリア経由でイスラエルに移住した。一九七五年ごろ、彼はふたたび移住して、最終的に西ドイツのボンとケルンに近いネルフェニッヒの町で暮らしているあいだに永住権を得た。

一九七〇年代と一九八〇年代、ミニンはさまざまな商売に手を出したがいずれもうまくいかなかった。一九九〇年代前半には、イタリアとその先の捜査当局のレーダーに姿を現わしている。一九九二年、ロシア警察は芸術作品と骨董品の密輸に関係した容疑で彼を捜査した。その二年後、元モデルのクリスティナ・カルカテラがコカインの小さな袋を持ってフランスとスイスの国境で捕まった。カルカテラによれば、コカインはミニンのもので、彼女はそれをスイスの彼にとどけるよう依頼されたのだった。一九九七年三月、彼はニースで自家用ジェット機に搭乗しようとするところを警察に逮捕された。彼はコカインの小さな袋を持っていて、その罪で八カ月の実刑判決を受けた。この逮捕はモナコの当局の注意を引いた。モナコではミニンは実業界の一員だった。一九九七年六月、彼は書簡で自分がもはやヨーロッパ一金ぴかの公国で歓迎されていないことを知らされた。彼のドイツのビザも無効にされ、彼の名前はシェンゲン協定の禁止リストでこのヨーロッパ諸国のグループでは「入国を許されない人物」として記載された。

彼の麻薬での軽罪は、ウクライナのマフィア活動への関与にくらべれば些細なことに思える。ソ連の崩壊は、頭が切れるタフな犯罪者たちにとって人生一度のチャンスを提供した。国家の一時的な崩壊と大物政治家のあいだの腐敗行為、そして天然資源の急速な私有化のおかげで、マフィア・グループはきわめて価値のある資産を支配下に置くことができた。石油と天然ガス産業は貪欲な輸出市場のおかげですぐさま利益をもたらした。一九九〇年代前半には、ロシアからの石油の全輸出量の六七パーセントが組織犯罪に支配されていたと報告されている。組織犯罪の触手は権力の回廊の最上階にまでのびていた。黒海に面したオデッサは、東側の石油および天然ガスの輸出のほとんどの玄関口だった。一九九〇年代前半、オデッサの「ネフテマフィア（石油マフィア）」は同市の輸出施設を支配下に置いた。ミニンはネフテマフィアのネットワーク全体で「もっとも重要なメンバーのひとり」だった。彼の会社〈リマド〉と〈ギャラクシー〉は地域に大きな足掛かりを持っていて、輸出取引の大きな部分を牛耳っていた。両社はロシアの原油を輸出前に精製するオデッサの能力を一気に高める精油所の建設契約を与えられた。オイル・ビジネスで富を築くのにくわえて、ミニンの支配下にあるもっと広いマフィアのネットワークは、「国際的な武器と麻薬の密輸、マネーロンダリング、強奪などの犯罪にかかわっていた」ともいわれている。

国際的な警察組織がこれらの主張を訴追に持ちこむための確たる証拠を求めて奮闘していたが、ベルギー警察はミニンが殺人に関与していたことを立証するに足る情報を集めたと考えた。一九九四年十二月、ロシア人企業家のウラジーミル・ミシオウリネがブリュッセル郊外のウックレで三人の男に射殺された。ベルギー警察はミシオウリネの会社からミニンの〈ギャラクシー〉グループへの一連の電話をたどった。ミシオウリネは、ロシアの組織犯罪とのつながりも疑われていた人物で、袂を分かつまではミニンと仕事上の関係を築いていた。警察はミシオウリネからミニンの〈ギャラクシー・エナジー〉に送られた請求書を発見した。請求書は一一万七二四〇ドルの手数料支払いを要求していた。ミニンの会社に送られたのは、ミシオウリネが他殺体で発見されたわずか四日前だった。しかし、ミニンにたいする捜査の大半同様、このウクライナ人を殺人と決定的に結びつけることができる確かな証拠はほとんど出てこなかった。彼は大手を振って自由に仕事をつづけた。

彼がつきあっている仲間と手を染めている活動を考えれば、一九九〇年代後半にロシア・マフィアの特定グループがミニンの殺害を命じたという噂が飛びかっていたのはほとんど驚くにあたらない。そのため、彼は自分の帝国をヨーロッパの先へ拡大することに熱心だった。一九九八年、彼はリベリアへとみちびく偶然の出会いを経験した。イビサで不動産業に乗りだす可能性を探っていたとき、そこでロシア人の不動産仲介業者ヴァディム・セモフと出会ったのである。セモフはミニンをスペイン人の親友フェルナンド・ロブレダに紹介した。長い時間話し合った結果、ロブレダがリベリアの彼の会社〈トロピック・ティンバー・エンタープライゼズ（ＥＴＴＥ）〉を介してミニンにアフリカへの逃げ道を提供できることがあきらかになった。

ロブレダは一九九七年二月に材木の伐採搬出会社として〈ＥＴＴＥ〉を設立した。木材伐採搬出会社がちゃんとした利益をあげるためには、政府の許可証あるいは免許が必要だった。五月、〈ＥＴＴＥ〉はリベリアのかなり広いカヴァラ森林再生研究植林地を伐採する免許を認められた。ロブレダにとって不幸なことに、この免許はチャールズ・テイラーが大統領に選出される三カ月前に彼の敵たちによって認められたものだった。ロブレダの免許は一九九七年十一月、リベリア森林開発局によって「一方的に」取り消された。彼には伐採搬出会社があっても、材木が手に入らなかった。〈ＥＴＴＡ〉にとっては壊滅的な打撃だった。とくにロブレダはすでに前政権への前払い税金と機械設備に五〇万ドル近くを支払っていたからである。

ロブレダは新しい投資家の登場が会社に資本を注入してくれるだけでなく、カヴァラ植林地の免許を取りなおすのを助けてくれることを願っていた。一九九八年九月、ミニンはロブレダとともにリベリアをおとずれ、チャールズ・テイラーに面会した。会談でなにがあったかについては論議がある。ロブレダはのちにイタリア警察の取り調べを受けて、ミニンといっしょにリベリアに旅行をしたが、テイラーとミニンの会談についてはいっさい関知していないと回想した。かわりに彼はミニンが一週間のあいだに何度かテイラーと会ったと主張した。ふたりがなにを話し合ったかは秘密のままだったが、ロブレダはミニンがテイラーに借りがあるとずっと口にしていたといい、なんらかの取引が行なわれたことがうかがえる。それにたいしミニンは、ロブレダが会談に出席していて、テイラーに「前払いの税金」を、実質上の賄賂を、直接支払うよう自分を説得したと主張した。すると大統領は将来さらに手数料を支払うことを確約するよう要求した。ミニンの証言は、強要されたにせよされなかったにせよ、彼がリベリアへの新規参入者にテイラーが要求していた贈収賄ゲームのルールにしたがうことに同意していたとはっきりと認めるものだ。

会談のあと、事態はすばやく動いた。十二月十日、モンロヴィアのホテル・アフリカで〈ETTE〉の役員会が開かれた。このホテルは内戦中にもぬけの殻と化したあとでも、リベリアのあらゆる陰謀家やビジネスマン、武器ディーラーのほとんどが指定する会談場所だった。役員会で〈ETTE〉は再編され、持ち株は変更された。ミニンはいまや三四パーセントの株を手中におさめ、ロブレダと友人のセモフが残りを保有した。ミニンは筆頭株主であることを確認するように、〈ETTE〉の取締役会長に任命され、セモフは社長、ロブレダは財務担当役員になった。そのわずか四日後、〈ETTE〉はカヴァラ植林地を伐採する免許を認められた。合意書は、〈ET

TE〉がさらなる免許の取得を待望していることに触れ、政府はそれを認めるつもりだと述べている。

これは同社にとってじつにすばらしい状況の好転で、ミニンがテイラーに与えた影響力を示している。ミニンは現金での支払いにくわえて、武器も提供できることを好戦的な大統領にはっきりさせていた。同社が免許を受けてから一週間以内に、ミニンはテイラーがかなりの量の武器を移転するのを手伝った。隠された武器はミニンがウクライナで調達し、一九九八年十二月に二回に分けてモンロヴィアに運びこまれたと考えられている。二回目の輸送では、ざっと一五〇万ドル分の武器弾薬六八トンが輸送機に積みこまれた。武器はすぐさま国境を越えて陸送され、一月前半に〈皆殺し作戦《オペレーション・ノー・リヴィング・シング》〉と呼ばれる残酷な攻撃で使われた。

二週間弱で罪のない六〇〇〇人の人々が殺害され、何万人もが負傷して、そのほとんどが一生残る障害を負った。五〇〇〇棟以上の建物が火事と掠奪でこわされ、廃墟となった街が残された。「その恐ろしさと手当たりしだいかげん、陶酔状態、そして最後にその徹底ぶりには、この世の終わりを思わせるものがあった」

ミニンの成功に終わった武器密輸は、むごたらしい結果を招いたものの、規模としてはそれにつづく武器密輸よりかなり小さなものだった。それから一年半のあいだに、彼はリベリアとさらに少なくとも二回の取引を行ない、おそらくもう一度取引をしていたが、これは依然として謎のベールにつつまれたままだ。最初の取引ではさらに六八トンのさまざまな武器が発送された。武器と弾薬が七一五箱、弾薬用の火薬が四〇八箱、対戦車ミサイル少々と、RPG携帯式対戦車ロケット弾の発射機と弾薬である。武器はウクライナの国有会社〈ウクルスペツエクスポルト〉から出たものだった。一九九九年二月付けの最終使用者証明書によれば、武器はジブラルタルにある会社〈チャータード・エンジニアリング&テクニカル・サーヴィシズ〉に売却され、ウクライナ製の巨大な輸送機アントノフ124でブルキナファソ国防省に納入されることになっていた。証明書にはブルキナファソ大統領警備隊の隊長であるジルベール・ディエンデレ中佐が署名していた。武器の一部は首都ワガドゥグーにとどまり、残りはトラックでボボ・ディウラッソの街に運ばれた。三月十七日から三十日に、ミニンは自家用ジェット機を使って武器をブルキナファソの二カ所の貯蔵所からリベリアに運んだ。のちに法廷に提出された写真には、武器の入った木箱が豪華な革張りの座席にあわただしくシートベルトで固定される様子が写っていた。

ミニンが一九九九年にもうひとつの武器取引の手配をはじめたかどうかについては、いまだにはっきりしない。この状況はミニンのかつての仕事仲間エルッキ・タッミヴオリには好都合だった。タッミヴオリはフィンランド国民で、政治権力と結びついた経歴を持っている。彼の父オラヴィは有名なフィンランド人ビジネスマンで、トルコでフィンランド人企業家のための機会を開拓して名をあげ、一九八〇年代末ごろにはイスタンブール駐在のフィンランド名誉領事となった。息子のエルッキは、首相を二度つとめたアハティ・カルヤライネンの娘と結婚して、フィンランドの政治的特権階級の仲間入りもしていた。タッミヴオリは父の足跡をたどって、トルコでいくつかの関係事業を確立した。そうした会社のひとつ〈MET　AS〉のレターヘッド入り書簡紙で、タッミヴオリは一九九九年と二〇〇〇年のあいだレオニード・ミニンと頻繁にやりとりしていた。

ミニンは、新千年紀の変わり目に新年を祝うスイスのパーティで、やはりフィンランド人だったお抱えパイロットのひとりを通じて、タッミヴオリに出会ったといっている。文字に残る記録はふたりがそれ以前に接触していたことを示唆している。一九九九年三月二十日、タッミヴオリはミニンにファックスを送って、トルコ海軍のためにホバークラフトをふくむウクライナ製の船を調達できないかとたずねていた。その翌年ずっと、タッミヴオリとミニンはリベリアでいくつかの取引を試みたが、この取引を容易にしたのはミニンとテイラーとの結びつきだけでなく、タッミヴオリとテイラーの息子「チャッキー」あるいは「ジュニア」とのあいだに築かれた関係のおかげでもあった。一九九九年六月、タッミヴオリは正式にミニンの会社の「コンサルタント」になった。ふたりがリベリアの港湾施設と空港施設を民営化するのを手伝う機会を探っていたからである。一九九九年に九月十九日にタッミヴオリからミニンに送られたファックスは、タッミヴオリがアムステルダムの潜在的顧客に見せられるように「荷物の一〇品目（原文ママ）」を購入することを確認している。イタリアの検察官は、「荷物の一〇品目」とはおそらくリビアとシエラレオネから輸出された紛争《ブラッド》ダイヤモンドのことだったと考えている。

タッミヴオリがリベリアで自分の武器取引を手配したのは、ミニンの援助で、チャッキー・テイラーを通じてだといわれている。一九九九年三月二三日、タッミヴオリは「〃コンクルス〃・ミサイル取得の件」と題したファックスを送り、この機会を「特別のもの」と形容した。ファックスは有望な取引の内容を、「〃コンクルス〃・ミサイルは〃リアクティブ装甲用のタンデム弾頭〃の形態で（ミサイルのみ、発射機なし）調達する」と、くわしく説明していた。タッミヴオリは「買い手」がミサイル八〇発、もし価格が適当なら一〇〇発を必要としていると見積もっていた。興味深いことに、このフィンランド人は「最終使用者証明書ありでもなしでもできる」と主張して、これを合法的にするのに必要な書類はいっさいなくても取引を喜んで進めるつもりであることを示唆した。タッミヴォリはこの年それからもう一度ミニンに手紙を書いて、自分が「ジュニアのための特別な荷物」に取り組みはじめていて、「もし（ジュニアが）その代金を支払えるなら」喜んでとどけるつもりであるとつたえている。タッミヴォリは「万一必要になった場合の用心にジュニアとの対話ラインを」開くようミニンに求め、「荷物がそちらの知っている一〇〇ユニットにくわえて二〇から三〇のアイテムからなっている」ことを確認した。タッミヴォリは事情を聞かれて、この取引にはリベリアではなくべつの購入希望者が関係していたと主張したが、その名前をあかす用意はなかった。しかし、テイラーの右腕のひとり、サンジヴァン・ラプラーは国連の調査員たちに、二〇〇〇年五月の発送でリベリアへ運ばれた武器すべてのリストを見せた。そのなかには各種のミサイル兵器と、一握りの〝コンクルス〟・ミサイル発射機がふくまれていた。

　ミニンの最後に成功した取引は二〇〇〇年なかばに行なわれた。このとき武器はブルキナファソではなくコートジボワール経由でとどけられた。二〇〇四年七月十四日、巨大なアントノフ１２４輸送機がウクライナのゴストメルの空港から飛び立った。積み荷は一一三トンと大量で、「ＡＫ－47突撃銃一万五〇〇〇梃、狙撃銃一二〇梃、携帯式ロケット弾発射機（グローバル・ウィットネスによればＲＰＧ－26）一〇〇門、暗視ゴーグル、弾薬八〇〇万発」がふくまれていた。武器はまたしてもウクライナで調達されたもので、今回の出どころは国営の〈スペツェーノエクスポルト〉だった。短い途中寄航のあと、輸送機は七月十五日にコートジボワールに着陸した。着陸はコートジボワールの高官が署名した最終使用者証明書をもとに許可されたが、その署名は輸送機が着陸したらリベリアが積み荷の半分をコートジボワール政府に与えるという了解のもとで手に入れられたものだった。積み荷はテイラーの補佐役のサンジヴァン・ラプラーの指示でもっと小さな飛行機を使ってコートジボワールからリベリアに輸送された。

驚いたことに、一一三トンの軍需品はリベリアとコートジボワールにとってじゅうぶんでなかった。二〇〇〇年七月のミニンとの取引には、もう一回の武器の配送がふくまれていて、最初の配達が行なわれたら発送の用意がととのえられることになっていた。しかし、これはついに実現しなかった。

翌月の前半、最近のリベリアへの武器セールスを祝っていたレオニード・ミニンは、突然逮捕された。「われわれはホテル・エウローパを急襲して、ミニンの不意を討った。彼は裸でベッドに横たわり、やはり裸の売春婦四人がいっしょだった。そして、ちょうど麻薬が入ったガラス製のバイアルをまわしているところだった」とチニセッロ・バルサーモの警察署長は回想している。ミニンが料金を支払わなかった売春婦が腹を立てて警察に無作為にたれこんだということになっている。室内を家捜しした警察は、自分たちが逮捕したヤク中の締まりのない男が麻薬の問題をかかえたただの屑野郎どころではないことに気づいた。五〇万ドル分のダイヤモンドが見つかったが、ミニンは、ハンガリーとアメリカとイタリアとモーリタニアの通貨三万五〇〇〇ドル分が入ったカバンともども、それをまっとうな出どころから手に入れたことを証明できなかった。しかし、本当の金脈は、文書が入ったミニンの書類カバンだった。さまざまな言語で書かれた一五〇〇枚近い文書は、リベリアの主要な武器ディーラーのひとりとしての彼の暮らしぶりを生き生きと描きだした。

Présidence de la République

Le Président

République de Côte d'Ivoire
Union – Discipline – Travail

Abidjan, le 26 Mai 2000

N°22 /PR

CERTIFICAT D'ACHAT

Nous, son Excellence Général de Brigade, Robert GUEI, Ministre de la Défense de la République de Côte d'Ivoire autorisons la **Compagnie AVIA TREND** représentée par **Monsieur CHERNY VALERY** de conclure le contrat d'achat des articles ci-dessous désignés :

N° D'ORDRE	*LIBELLES*	*QUANTITES*
1 a	Ammunition 76 2x39 mm Ball	5 000 000
1 b	Grenade Launcher M93 30 mm	50
2	30 mm Bombs for M93 Launcher	10 000
3	Thermal Image Binoculars	20
4	Thermal Image Weapon Sights	20
5	RPG-26 Launcher or M80 launcher	50
6	Grenade for RPG – 26 or M80	5000
7	PG-OG7 Grenades	1000
8	Ammunition 9X19 mm Parabellum	1 000 000
9	AGS-17 Grenade Launcher	30
10	Grenades for AGS-17	1000
11	Night VisionMonocular	50
12	GP –Kastyor Launcher	80
13	45 Pistol or CZ 99 9mm Para Pistol	2000
14	RPG-7	200
C1)	Sniper Gun 12,7 mm	50
2	Ammunition =2=cal 12,7	5000
3	Sniper Gun cal 7,9 mm	50
4	Ammunition cal7,92 mm	5000
5	Sniper cal 7,62X51 (308)	70
6	Ammunition cal 7,62X51 mm	50 000
7	AK-47 Assualt Rifle	10 500
	End of list-Total 21 items (Twenty-one)	
8	PK/ms	200
9	Ammunition PK/Ms	2 000 000
10	Pallard	2 000
11	40 mm Grenade for Pallard	10 000
12	60 mm	50
13	Rounds for 60 mm	1000

Nous Ministre de la Défense de la République de Côte d'Ivoire certifions que ces présents articles sont exclusivement pour utilisation et emploi sur le territoire ivoirien et non pour exportation dans un pays tiers.

Vu pour la légalisation de la signature apposée ci-dessus de S.E.M. le Général Robert GUEI, Ministre de la Défense, Président de la République de Côte d'Ivoire
N° 012/2000
Moscou, le 02 Juin 2000
L'Ambassadeur

Président de la République
Général Robert GUEI

RÉPUBLIQUE DE CÔTE D'IVOIRE — LE PRÉSIDENT DE LA RÉPUBLIQUE

図2　レオニード・ミニンがコートジボワール経由でリベリアに武器を運ぶのに使用した偽の最終使用者証明書

一九九〇年代前半からずっとイタリア警察に追われていたにもかかわらず、ミニンは最初、本当はギャングだとは気づかれなかった。ミニンの本当の正体があきらかになったのはその数日後、文書が翻訳されたあとだった。彼は麻薬犯罪で訴追されたが、これは不法な武器取引での起訴の前奏曲だった。ミニンはかなりの期間、活動できないだろう。チャールズ・テイラーはひとりの武器ディーラーを失った。

ミニンの逮捕はリベリアにおける彼の活動への唯一の障害ではなかった。〈ETTE〉への関与もまた問題にぶちあたっていた。取り調べを受けたミニンは、フェルナンド・ロブレダが自分から金をだまし取って、多額を横領し、商売の口座に三〇万ドルの「穴」をあけていると主張した。ロブレダの主張によれば、ミニンは関与するとすぐにウクライナの「殺し屋」の一団を送りこんで会社を支配下に置いた。スペイン人はじょじょに追いだされ、自分の生命が心配になって、ついにリベリアから逃げだした。一九九九年の九月までに、ロブレダは新しいパートナーを見つけていた。それは〈フォーラム・リベリア〉という、その年に設立された会社だった。ミニンは新しいパートナーが自分の株をすべて買い占めるのなら〈ETTE〉の株を手放すことに同意した。〈フォーラム・リベリア〉は、工場と機械設備を買収する取り決めに見せかけて彼に五〇〇〇万ドルを支払うことに合意した。ミニンが最初に投資したのは九〇万ドルだから、これは四〇〇〇万ドル以上のかなりの儲けといえただろう。ロブレダはこれでミニンに商売から手を引かせるのにじゅうぶんだと考えた。ところがそのかわりに、ウクライナ人は一五〇〇万ドルの前払い金をポケットに入れ、ロブレダの主張によれば、森林の免許を返すことも、持ち株を手放すことも拒否した。ミニンがそうやってねばるのは簡単だった。〈フォーラム〉との取り決めで、所有権の移転の話し合いはとくに避けられたからである。リベリアの木材製品の禁輸が実施されていたために、〈フォーラム〉はリベリアの木材産業への関与をなんとしても隠したかったからだ。ミニンが逮捕されてから何カ月たっても、ロブレダは依然として彼を説得して〈ETTE〉から手を引かせようと必死に手紙を書いていた。ミニンが手を引けばロブレダは〈フォーラム・リベリア〉との協力をつづけられるだろう。

ロブレダにとって不幸なことに、二〇〇六年五月、〈フォーラム・リベリア〉のスペインの持ち株会社〈フォーラム・フィラテリコ〉が、大がかりな詐欺であることがあきらかになった。〈フォーラム・リベリア〉はいうまでもなくおしまいだった。

ミニンは、個人的な問題と法律上の問題、そして商売上の問題にくわえ、麻薬の乱用のせいで、最終的に逮捕されるまで何年も行動がとっぴであてにならなかった。ミニンのお抱えパイロットのひとりはボスのふるまいを真似てしたたか酔っ払い、リベリア人あての荷物を空輸することができなかった。チャールズ・テイラーは激怒した。彼の息子チャッキーは、所有機の一部をリベリア国籍で登録して、お望みの場所へなんでも運べると主張するロシア人を知っていた。彼はそのロシア人ヴィクトー・バウトに接触し、バウトはテイラー親子の役に立つためにすぐさまパイロットを手配した。

バウトは一九九〇年代後半から二〇〇〇年代前半にかけて、もっとも悪名高い武器ディーラーで、バウトフやバット、バッド、バウタなどいくつもの変名で知られていた。一九六三年にソ連のドゥシャンベの小さな街で生まれたバウトは、語学がひじょうに達者で、基礎軍事訓練のあとソ連の軍外国語研究所に配属され、少尉にまで昇進した。彼が上級職についたこの研究所は、有名なソ連最大の情報機関GRUと深いつながりがあった。バウトの義父はKGBの上級メンバーで、おそらくは一時期、この恐れられた国家保安機関の副議長もつとめていた。

六カ国語を自由にあやつり、各種の飛行機を操縦できたバウトは一九九一年、空輸業に乗りだすことを決意した。ベルリンの壁崩壊後の混沌とした時代には人気があった起業分野である。飛行機を手に入れるのは簡単だった。手っ取り早くひと儲けしたい軍高官たちが余剰の軍需品を好き放題に売っていて、バウトはわずか一二万ドルで巨大な輸送機を三機も購入することができた。バウトの物語を書いたダグラス・ファラーとスティーヴン・バウンは、このロシア人が輸送機を、旧ソ連製武器の顧客の長大で詳細なリストとともに、こんなに安値で手に入れられたのは、KGBの支援のおかげかもしれないと疑っている。ロシアの軍高官はしばしば飛行機を使用不能と申告し、スクラップとして売り払ったが、実際には完全に運用可能で、バウトはすぐさま自分の所有機を五〇機にまで増やすことができた。

一九九二年にはバウトは武器取引の野蛮な世界に足を踏み入れていた。最初の顧客は樹立されたばかりのアフガニスタンの北部同盟政府で、それまでは誕生したばかりのタリバン戦士たちと熾烈な戦いをくりひろげていた。バウトはこの油断のならない国にしばしば足を運び、アフマド・シャー・マスードと知り合いになった。「パンジシールの獅子」と呼ばれた軍閥でもあり詩人でもある傑出した地元政治家である。マスードと社交的なロシア人山師は、ぜいたくなディナーと共通の趣味の狩猟で絆を深めた。狩猟はしばしばマスードのヘリコプターの一機を使って狙撃銃で行なわれた。この関係のおかげで、バウトはいくつかの儲かる武器取引を手に入れ、ロシア製武器をマスードに空輸した。

北部同盟との取引はバウトにかなりの問題を引き起こした。一九九五年のお決まりの空輸では、バウトの輸送機の一機が迎撃され、タリバンに所属する旧式のミグ・ジェット戦闘機によって強制着陸させられた。その乗員は全員がバウトの従業員だったが、捕虜にされ、積み荷の軍需品は奪われた。一九九六年八月、捕虜になったパイロットたちは監禁していた者たちをねじ伏せて脱出したといわれている。たぶんこの脱走劇は、捕虜にした側の恐るべき評判を傷つけることなくパイロットたちの自由を確保するために仕組まれたものだろう。捕虜にした側もロシア人の顧客になっていたからである。つねにセールスマンのバウトは、捕虜になったジェット機と搭乗員の件でタリバンと交渉するあいだに、武器ディーラーとしての自分の技量を彼らに納得させた。それから数年間、彼はアラブ首長国連邦のシャルジャにある基地からタリバンに莫大な量の武器を送りとどけ、推定五〇〇〇万ドルもの利益をあげた。さらに一九九八年にはタリバンに輸送機をまとめて売却し、同組織が自前の航空輸送網を築くのを手伝っている。9・11同時多発テロ事件以降、バウトとタリバンとの関係は、彼を国際的なのけ者にすることになる。

しかし、タリバンとの商取引の前に、バウトはすでにボスニアで武器禁輸に違反していた。セルビア人民族主義者の掠奪に直面していたボスニアのイスラム系住民に、武器を供給したのである。この取引に資金を提供したのは、オサマ・ビン・ラーディンをふくむイスラム教過激派とつながった慈善団体サードワールド・リリーフ・エイジェンシーだった。一九九二年から一九九五年のあいだに、エイジェンシーは四億ドル以上を手渡している。一九九二年九月にはこの金の一部が、スーダンのハルツームからボスニアに近いスロヴェニアのマリボル空港にかなりの量の隠し武器を運ぶために、イリューシン76輸送機をチャーターするのに使われた。バウトはその輸送機の持ち主で、おそらく武器の調達にも関与していた。したがって、当時、〈メレックス〉ネットワークにつながる少なくとも三人——バウトとデル・ホヴセピアンとニコラス・オーマン——が、バルカン紛争のさまざまな当事者に武器を供給していたことになる。

戦いに明け暮れる資源豊かな大陸アフリカは、武器ディーラーの大半が当時もいまもそうであるように、ヴィクトー・バウトを磁石のように引きつけた。彼はルワンダの集団殺害を防ぐ手遅れの試みで、フランスの国連平和維持部隊の分遣隊を輸送した。最初のアフリカの大口の顧客はアンゴラ政府で、かつてはアメリカとアパルトヘイト時代の南アフリカの同盟者だったUNITAと何十年にもわたる紛争を繰り広げていた。バウトはアンゴラの軍部、とくに空軍との密接な仕事関係を築いた。その特定の目的のためにベルギーに会社を作って、さまざまな軍需品を供給した。一九九四年から一九九八年のあいだに、バウトはアンゴラ空軍と三億二五〇〇万ドル分の契約を結んだ。しかし、一九九八年、アンゴラ政府は、バウトが不倶戴天の敵であるUNITAにベルギーの武器製造メーカーから各種の武器を供給してきたことを発見した。バウトはUNITAに三七回の輸送飛行を行なって、紛争《ブラッド》ダイヤモンドで支払いを受けていた。貨物のなかには何百万発もの弾薬、ロケット弾発射機、火砲、対空砲、迫撃砲弾、対戦車ロケット弾がふくまれていた。アンゴラ政府がこの裏切り行為に気づくと、バウトの契約は破棄された。これはバウトが紛争の両陣営に武器を供給したことに顧客が腹を立てた数少ない例のひとつだった。

このロシア人は、テイラーの補佐役であるサンジヴァン・ラプラーからリベリアとそのゆるい航空機登録規則を紹介され、これを徹底的に利用した。ケニア国籍のラプラーは、ケニアに鉱山の権益を持っていて、シエラレオネでダイヤモンド採掘権を持っている会社〈ブランチ・エナジー〉と結びついていた。最初、ラプラーは、RUFの敵であるシエラレオネ政府を〈エクゼクティヴ・アウトカムズ〉に紹介した。これはアパルトヘイト時代の元特殊部隊員やそのほかのごろつきによって構成された傭兵グループである。〈エクゼクティヴ・アウトカムズ〉は一九九五年に戦争にくわわって以降、きわめて有能で、RUFの進撃を押し返して、いくつかの貴重なダイヤモンド採掘場の支配を取り戻した。この地域の力関係はじつに変わりやすかったので、その二年後には、ラプラーはRUFのシエラレオネ制圧を支援するチャールズ・テイラーのために働いていた。一九九九年十一月にはラプラーはテイラーの側近グループにすっかり組みこまれ、「リベリアの民間航空登録のためのグローバルでワールドワイドな民間航空代理人」に任命された。実質上はリベリアの航空機登録のボスで、バウトはすでにこれを自分の武器取引活動を隠すのに利用してかなりの成功をおさめていた。二〇〇〇年にはラプラーはバウトに直接かかわって、武器取引を行なうために、アビジャンにフロント会社を設立した。彼はバウトの「ビジネス・パートナー」になっていた。

このころには、バウトはテイラーのために大規模な空輸を実行していた。そのために驚くほど各種のフロント会社を利用し、世界中のさまざまな国に〈サン・エア〉や〈セントラフリカン航空〉、〈モルドトランスアヴィア〉といった航空代理店を登録した。〈セントラフリカン航空〉の場合、バウトは中央アフリカ共和国の腐敗した役人を利用して、政府に知られることなく飛行機を登録した。二〇〇〇年の七月と八月にはバウトの輸送機の一機がヨーロッパからリベリアに四回の空輸を実施している。そのイリューシン76輸送機は一九九六年に彼のべつの会社〈エアー・

セス〉の名前ではじめてリベリアで登録された。のちにリベリアで登録抹消され、スイスの航空当局の調査で書類に大きな不備が見つかるまで同国で再登録されていた。同機は中央アフリカ共和国でふたたび登録され、〈セントラフリカン航空〉の旗印のもとで運用された。尾翼に描かれた登録記号《コールサイン》は、腐敗した役人から政府に知られることなく不正に手に入れたものだった。さらに同機には二重の登録があり、コンゴ（ブラザヴィル）国籍で飛行することもあった。そして空輸に従事していないときは、バウトの主要なビジネス拠点であるシャルジャの空港に駐機されていた。積み荷が空輸されようとするときには、ラプラーが所有するフロント会社〈アビジャン・フレイト〉の名義に変更され、複数の登録を持つ輸送機で旅立った。

この驚くほど入り組んだシステムは、ロケット弾や弾薬といった通常の積み荷だけでなく、顧客の軍事力をいちじるしく強化する先進の武器システム全体をも隠すのに使われた。国連によれば、「積み荷には、攻撃能力を持つヘリコプターや予備の回転翼、対戦車および対空システム、装甲車輛、機関銃、一〇〇万発近い弾薬がふくまれていた」。バウトは二〇〇〇年の末までと二〇〇一年の前半、リベリアへの武器の空輸をつづけた。ほとんど合法的な防衛受注業者のような働きをして、ヘリコプターの交換部品や回転翼といった販売後のサポートさえ提供した。

バウトとミニンが供給する武器の多くは、ウクライナで調達された。ソ連崩壊後、ウクライナには最大規模の余剰武器が残された。国内が急激に経済危機に陥ると、影の武器ディーラーと共謀した軍人たちは、そうした在庫品を掠奪した。不法な武器取引の主張を調査するために設置された議会調査委員会は恐るべき結論に達した。ウクライナの軍事資源は一九九二年には八九〇億ドルの価値があったが、それから六年のあいだに、三二〇億ドル分の武器や装備、軍事資産が盗まれ、その大半が転売されたのである。この調査結果はあまりにも衝撃的だったため、調査は突然中止され、一七巻分のその報告書は消えてなくなり、そのメンバーは脅されて口をつぐんだ。調査委員会の長をつとめた国会議員で元国防副大臣のオレクサンドル・イグナテンコ中将は、軍法会議にかけられ、階級を剝奪された。たぶんバウトは過去の軍と政界とのコネのおかげでこの武器の宝の山に近づくことができただろうし、ミニンの入手ルートはおそらく組織犯罪の仲介者を経由していたのだろう。

しかし、二〇〇一年の後半になると、バウトはリベリアへの武器密輸で増加する国際的な障害に直面していた。国連の査察官はリビアとシエラレオネの紛争にかんする調査で彼とラプラーをくりかえし名指しして、バウトを国際旅行禁止リストに載せるよう勧告した。しかし、このロシア人の計画を本当に震撼させたのは9・11同時多発テロ事件だった。テロ攻撃後、アメリカはバウトがタリバンの武装に一役かったことをつきとめ、彼はテロとの戦いのいちばんの標的のひとりとなった。さらに悪いことに、ベルギーが二〇〇二年に彼の逮捕状を出して、三億ドル以上の資金移動を税務当局から不法に隠したと主張した。ラプラーは同年、ベルギーで逮捕されたが、のちに放免された。バウトはすばやく動かねばならなかった。そこでアフリカから足を洗うと、ロシアに移住した。そこで彼は国家の保護を受けた。ロシアは定期的に目撃されているにもかかわらず、彼が国内にいることを否定した。バウトが少なくとも一時的に法の裁きをまぬがれている一方で、チャールズ・テイラーはいまやお気にいりの東欧の武器ディーラーのうち、ふたりの便宜を失った。

テイラーとRUFは武器を求めてべつのもっと悪名高い供給源に目を向けた。アル・カーイダである。イスラム原理主義者の工作員は、一九九八年以来、リベリアとシエラレオネのダイヤモンド取引に手を出していた。この年、アメリカは、ケニアとタンザニアのアメリカ大使館爆破事件を受けて、同組織の収入の流れを抑えようとした。同年六月、アメリカの捜査官たちは約二億四〇〇〇万ドル分のアル・カーイダの資産を凍結した。その大部分はアメリカ連邦準備制度に預けられた黄金だった。ダイヤモンドは跡をたどるのがむずかしい完璧な収入源に思われた。小さくて、価値があり、持ち運びが便利で、発見がむずかしい。伝統的なイスラムの「ハワラ」というシステムは、書類を残さず、アラブ世界中に存在する、マネーロンダリング業者の非公式ネットワークで、資金の動かしやすさと秘密性の両方を探し求めるアル・カーイダをさらに助けた。

アメリカが組織の資産を差し押さえた三カ月後、アル・カーイダの上級工作員、アブドゥラー・アフメド・アブドゥラーがリビアに旅行した。アブドゥラーはアメリカ当局がアメリカ大使館爆破事件の首謀者の疑いをかけている人物で、FBIは「ビン・ラーディンの最高顧問」でアフガニスタンとパキスタンにおける組織の財務担当者といっていた。組織の最初の二二人のメンバーのひとりで、いまもFBIの〈最重要指名手配テロリスト〉のリストに載っている。アブドゥラーはリビアでRUFのイブラヒム・バー将軍と会ったことがあった。バーはアフガニスタンのムジャヒディンに協力したあとそこで訓練を受けていたのである。リベリアにつくと、アブドゥラーはRUFの指導者サム・〝モスキート〟・ボッカリに紹介され、ダイヤモンドの小さな包みと引き換えに一〇万ドル以上を手渡した。それからチャールズ・テイラーに会い、リベリアのヘリコプターに乗ってフォヤへおもむいた。ロジャー・ドノフリオが何年か前につれていかれたのと同じダイヤモンドの中心地である。

RUFとテイラーは、アル・カーイダがこの最初の会合につづいて武器を供給することを期待していた。一九九九年三月、アル・カーイダのふたりの工作員、アフメド・ハルファン・ガイラニとファズル・アブドゥラー・ムハンマドが、中央アフリカ共和国とコンゴ民主共和国、そしてアンゴラを縦断してダイヤモンド購入活動をつづけ、リベリアに到着してテイラーに会った。大いに困惑したことに、ふたりはリベリアの指導者のために武器を購入していなかった。テイラーとアル・カーイダとの関係は少なくとも当座は揺らいだ。ミニンの逮捕の数カ月後の二〇〇〇年十二月、アル・カーイダのふたりの工作員は同国に戻ってきた。モンロヴィアのホテル・ブールヴァールでふたりは、レバノンのダイヤモンド商アジズ・ナスールのために働いているアリ・ダルウィッシュとサミー・オサイリと会った。ナスールはアフリカで手広く活動して、ザイールの窃盗狂の独裁者モブツ・セセ・セコの「運び屋」をつとめていた。四人は国境を越えてシエラレオネに入り、少なくとも三日間、RUF側と会った。オサイリがそこに立ち会ったのは、ナスールにかわって交渉し、RUFがダイヤモンドを供給できるという証拠をカメラにおさめるためだった。彼はRUFの誠意を信用し、反政府勢力と合意に達した。RUFは武器の見返りにナスールに大量のダイヤモンドを売却することに同意した。

二〇〇一年三月には、この合意はフル回転で機能していた。ガイラニとムハンマドはリベリアに戻り、そこから少なくともつぎの九カ月間、ダイヤモンドの取引を行なった。最初ふたりはホテル・ブールヴァールに滞在していた。ここはサム・〝モスキート〟・ボッカリの第二の我が家で、サミー・オサイリの基地でもあった。ムハンマドはRUFとの関係を監督するため地方に派遣され、ガイラニはモンロヴィアに残った。彼はのちにアジズ・ナスールが借りていた隠れ家に引っ越した。事業はきわめて順調だったので、二〇〇一年七月にはナスール自身がリビアを訪問して、テイラーにシエラレオネのダイヤモンド産出を二倍にするため裏で手を回すようせがんだ。この要望には大統領への二五万ドルの「寄付」がついていた。ナスールはふたりの関係の過程ですでに一〇〇万ドルをテイラーに「寄付」していた。

ナスールはダイヤモンドの見返りにリベリアに約束された武器の調達にも個人的な責任をおっていた。彼の最初の試みは精力的だったがうまくいかなかった。二〇〇〇年十二月、彼は元イスラエル軍将校のシモン・イェレニクに近づいた。イェレニクは、コロンビアの準軍事組織への武器納入とつながっていて、ナスールのかつての雇い主モブツ・セセ・セコの警備責任者をつとめたことがあった。パナマの拠点からイェレニクはグアテマラのある軍需会社に問い合わせた。この会社の代理人はやはりイスラエル人で、かつてイスラエル特殊部隊に勤務したことがあるオリ・ゾラーだった。ゾラーはニカラグア軍の長に連絡を取り、提供できる武器とその価格のリストを受け取った。そこでナスールはRUFに状況を説明するよう手下のダルウィッシュとオサイリに指示した。しかし、取引は実現しなかった。オサイリの主張によれば、彼は突然、自分の関与について考えなおし、彼が頻繁におとずれていた世界のダイヤモンドの中心地アントワープに滞在中に、ベルギー当局に洗いざらい話すことにしたのだという。このときベルギー当局はなんの手も打たなかったが、武器取引は中止された。

ナスールの二度目の試みは二〇〇二年五月と七月に行なわれた。彼はパリの仲介者経由でブルガリアから調達し、ニース経由で最終的にリベリアのハーパーに到着した武器弾薬の積み荷二回分の代金を支払った。最初の積み荷はなんと三〇トン、二度目は一五トンの弾薬だった。弾薬はリベリアで荷降しされると、トラックに積みかえられ、ロファ郡に運ばれて、テイラー大統領の政権にとって最大の脅威であるリベリア和解民主連合（ＬＵＲＤ）の強力な軍勢にたいして使用された。

ナスールの二度目の成功した武器取引の前に、計画全体は《ワシントン・ポスト》の西アフリカ担当記者ダグ・ファラーの驚くべき調査によって暴露された。ファラーはリベリアとシエラレオネのネットワークの深部に送りこまれた上層部の情報源を利用して、複雑な事実関係を解明し、アメリカ当局に情報を提供した。アメリカ当局、とくにＣＩＡは、一介のジャーナリストが自分たちの伝統的な縄張りに足を踏み入れたことにいらだったが、ほかの国々はこの情報に好意的に反応した。二〇〇二年四月十二日、サミー・オサイリは紛争《ブラッド》ダイヤモンド取引の容疑でベルギーで逮捕され、三年の実刑判決を受けた。同じ裁判で、ナスールも本人不在のまま有罪となったが、彼の所在はこんにちにいたるも不明のままである。

この時期、テイラーのもうひとつの武器供給源はオランダ人のガス・クーウェンホヴェンだった。彼はレオニード・ミニンと同様、材木伐採搬出業の権益に武器取引を結びつけた。樽のような胸とぼさぼさの黒い髪をした大柄なクーウェンホヴェンは、金の宝飾品と、まぶしい光のなかでは暗くなる独特の金縁眼鏡を好んで身につけた。

ロッテルダムで生まれた彼は、自力でひとかどの国際的な企業家として名をあげた。一九七〇年代前半、兵役を終えると、NATOの将兵に免税の車を供給するビジネスに乗りだし、のちに南アジアの米を輸出入した。一九七〇年代はずっと、外交社会に近づき、人目を引くパーティでしばしば目撃され、アムステルダムの繁華街のバーやクラブに足しげくかよった。あるバーテンダーは彼のことを「おしゃべりと速い車と尻の軽い女にめぐまれた伊達男」とふりかえっている。軍隊にいるあいだにガソリンを盗んで捕まったといわれ、つねにフィクサーだった彼の国際的な遊び人としての経歴は、ロサンゼルスで終わりを迎えた。盗品のレンブラントを売却しようとするFBIの囮《おとり》捜査で捕まったのである。わずか一七日で釈放されたが、彼はアメリカから国外退去させられた。

クーウェンホヴェンはしばらく姿を消していたが、一九七〇年代後半にはシエラレオネにいて、一九八〇年代前半にはリベリアに姿を現わした。当時、サミュエル・ドーが統治していた同国にすぐさま腰をおちつけると、リベリア人女性と結婚し、何人かの子供をもうけた。同国での最初の仕事はぜいたく品の供給、とくに高級車の販売だった。しかし、彼の主要な投資先はモンロヴィアの中心部にある荒廃した三〇〇室のホテル、ホテル・アフリカだった。彼はホテルを一変させ、ディスコや〈バルカディ・クラブ〉、レストラン、プール、そしてカジノを開店させた。そこはホテルはクーウェンホヴェン自身の言葉によれば、「モンロヴィアのオアシス」になった。そこは主要な中枢、地元と外国両方のお偉がたが落ち合って、取引をしたり目撃されたりする場所だった。元守衛は「毎日、上院議員と大臣のパレードがあった」とふりかえっている。そしてホテルのおかげでクーウェンホヴェンはリベリアのエリートの中心に位置することができた。

一九九九年、クーウェンホヴェンは、いまや幅広くなった政府のコネを利用して、伊達男のホテル経営者としての人生から活動範囲を広げた。一九九九年七月、〈オリエンタル木材会社〈OTC〉〉はリベリアの材木の大規模な免許を得た。面積はおよそ一六〇万ヘクタール、同国の生産林全体の四二パーセントにあたる。〈OTC〉の過半数の株を所有するのは香港に拠点を置く会社〈グローバル・スター・ホールディングズ〉で、それ自体が〈ドジャン・ドジャジャンティ〉というインドネシアの企業グループの一部だった。クーウェンホヴェンは株の三〇パーセントを所有し、〈OTC〉と、かなりの免許を持つ姉妹会社〈ロイヤル・ティンバー・カンパニー〉の専務取締役になった。彼は会社の日々の経営に責任を持ち、〈OTC〉がチャールズ・テイラーのリベリアに投資した一億一〇〇〇万ドルの大半に目を配った。主としてブキャナンの港を拠点に活動する〈OTC〉は小さな政府になった。ブキャナンからリベリア内陸部にのびる全長一七〇キロの道路を補修し、港を改修して、二五〇〇名近い兵士を擁する警備員の私兵部隊まで運営した。〈OTC〉はテイラーの掌中の玉だった。彼は同社を公然と自分の「胡椒の茂み」、個人的にきわめて価値のあるものと呼んでいた。彼が〈OTC〉の安寧を気遣っていたのは、同社の活動からかなりの金を受け取っていたからだった。免許の見返りに、クーウェンホヴェンはテイラーにしばしば大金を渡していた。オランダ人はのちにそれを「広報活動」の費用として正当化することになる。クーウェンホヴェンがいくらテイラーに支払ったか正確にはわからないが、最初の「前払い税金」の五〇〇万ドルの支払いを上回るかなりの額だった。クーウェンホヴェンはかつてインタビューで、〈OTC〉からテイラーへの伐採権利用料のざっと五〇パーセントを、彼の戦争好きな政権に資金を提供するために支払ったことを認めている。テイラーは特別な支払いを受け取っただけでなく、同社の株主にもなったことはありうる話だ。

〈ＯＴＣ〉はテイラーにまずまずの収入をもたらした以外の理由でも重要だった。とくに、同社がブキャナンとその輸送中継地を改修して管理したことで、テイラーは武器を国内に移送するもうひとつのルートを手に入れた。ミニンとバウトは航空輸送を利用したが、〈ＯＴＣ〉とクーウェンホヴェンは船舶にたよった。幾人かの証人によれば、クーウェンホヴェンは〈ＯＴＣ〉所有の船アンタークティック・マリナー号に積んだ大量の武器の輸入を統括していたという。この船は材木の輸出によく使われていた。証人の回想によれば、船は二〇〇一年七月から二〇〇二年五月と、二〇〇二年九月から二〇〇三年五月のあいだに、何度か港に接岸して、大量の武器を埠頭に吐きだしたという。ＡＫ－47ライフルやＲＰＧ携帯式対戦車ロケット弾、弾薬は、荷揚げされると、トラックとジープ型車でテイラーの大統領施設に運ばれ、ＮＰＦＬの部隊に分配された。

船荷の多くはサンジヴァン・ラプラーが設立したダミー会社〈アビジャン・フレイト〉が手配した。国連の調査によって、〈アビジャン・フレイト〉はヴィクトー・バウトとクーウェンホヴェンの両者にとって便利な隠れ蓑だったことがあきらかになっている。ふたりとも同社を「モンロヴィアに軍需品をとどける輸送機の正確なルートと最終目的地を隠す」ために利用した。自分たちの活動を隠そうとする試みにもかかわらず、〈ＯＴＣ〉とクーウェンホヴェンはじきにスポットライトを浴びた。国連と国際ＮＧＯグローバル・ウィットネスによる調査が、早くも二〇〇〇年十二月に、クーウェンホヴェンの木材事業と武器密輸との結びつきを報じはじめたのである。それからすぐに、彼はバウトとミニンと同じように国連の公式の旅行禁止リストに載せられ、資産を凍結された。しかし、クーウェンホヴェンはこの禁止条項をしばしばやぶって、近隣諸国をおとずれているのを目撃されていた。ただしオランダへの旅行はやりすぎで、彼は結局、故郷のロッテルダムで逮捕された。

二〇〇三年のなかばになると、チャールズ・テイラーに与えられた時間がつきようとしていることはあきらかだった。リベリアの資源の大きな懐を支配しているにもかかわらず、彼はじょじょに敵に押されて後退しつつあった。ギニアに支援されたひとつのグループLURDは、一九九九年に最初にNPFLに反旗をひるがえして以来、テイラーの領土をゆっくりと前進していた。リベリア民主運動（MODEL）というべつのグループは、二〇〇三年にコートジボワールの支持で独自の反乱を起こしていた。リベリア国内での彼らの破竹の進撃は、かつてのテイラーの強固な国内支配体制をずたずたにし、いまでは彼はその三分の一を――モンロヴィアとその周辺を――支配しているにすぎなかった。ミニンやバウト、クーウェンホヴェン、ナスールといった連中からテイラーへの武器の流れを断つ国連と国際勢力の行動がテイラーの立場を弱体化させるうえで重要な役割を演じたのである。

二〇〇三年三月、シエラレオネ特別法廷――国連とシエラレオネ合同の調査裁判所――は、テイラーにたいして密封起訴状を出した。その内容は二〇〇三年六月にはあきらかになった。チャールズ・テイラーは逮捕され、戦争犯罪と人道にたいする犯罪の一一の罪に問われることになっていた。もし逮捕されて有罪になれば、死ぬまで刑務所ですごすことになるだろう。脅威にさらされているのは、リベリアにたいする彼の支配だけでなく、彼の自由もだった。

この息も詰まるような圧力を受けて、テイラーは敵との和平交渉を開始した。一カ月の緊迫した交渉の末、取引はまとまった。協定は二〇〇三年八月に批准されると、二〇〇五年に選挙が実施できるようになるまでリベリアは暫定政府によって統治されるとさだめた。全当事者は真実と和解のための委員会の創設に合意し、委員会はリベリアの野蛮な過去を調査し、情報の開示の見返りに政治犯に特赦を認めることになった。合意の条件のもとで、チャールズ・テイラーはシエラレオネ特別法廷が出した起訴状に関係なく自由を獲得した。おとなしく辞任する約束の見返りに、テイラーはオルシェグン・オバサンジョ大統領によってナイジェリアで政治的な庇護を認められた。彼はテレビに出演して辞任と急な移住を発表した。ぞっとすることに、彼はこう誓った。

「神の思召しがあれば、わたしは戻ってくる」

テイラーの新しい家はナイジェリアで名高いカラバル地方にあった。同国の南部に位置するカラバルは、熱帯の楽園そのもので、一方を海、もう一方を生い茂る熱帯の森林にかこまれている。テイラーとその側近は、一等地のダイヤモンド・ヒルにある、前面に細長い白い柱廊を配した大きなコロニアル様式の豪邸に引っ越した。ここは歴代の英国人総督がナイジェリアを統治した豪邸、旧総督代理公邸の事実上となりにあった。そして、オバサンジョ大統領が地方にきたときに滞在する公邸からは石を投げればとどく距離にあった。

テイラーのカラバルの逃亡場所は、厳重に警備されていることになっていた。彼の豪邸は政府専用地域にあり、ナイジェリアの治安当局が彼の地所の周囲をパトロールしていた。しかし、リベリア人たちは彼が自国の政治に影響力を持ちつづけていると確信していた。彼にはたしかにそうするための資源があった。大統領職にあるあいだに稼いだ推定六億八五〇〇万ドルのうち、テイラーは毎年七〇〇〇万ドルから八〇〇〇万ドルを軍事作戦についやし、亡命時には一億五〇〇〇万ドルから二億ドルを手元に残していた。さらにリベリアに継続中の投資があり、そこからの金はまだリベリア政府で活動している忠臣によってナイジェリアの彼のもとにとどけられていた。テイラーはこの莫大な富を使って、リベリアの脆弱な政権移行にひきつづき干渉していた。シエラレオネ特別法廷は二〇〇五年の選挙を争った一八の政党のうち半数近くがテイラーから資金を得ていたと主張している。そのため国連のコフィ・アナン事務総長は国連安全保障理事会に、テイラーの「元軍事指揮官や仕事仲間にくわえ、彼の政党のメンバーが、彼と定期的に接触をつづけ、平和プロセスをひそかにじゃましようと計画している」と報告した。

国際社会はテイラーがナイジェリアにずっととどまっていることにかなり困惑した。とくにアメリカは彼がリベリアに戻って、シエラレオネにおける告発に直面するよう強く要求した。この要求は一貫してナイジェリアに拒絶された。しかし、二〇〇六年、新たに就任したリベリアのエレン・ジョンソン＝サーリーフ大統領は、テイラーをナイジェリアからリベリアに送還するよう公式に要請した。ナイジェリアのオバサンジョ大統領は、テイラーの気前のよさの恩恵にあずかっていると噂されていたが、要請にしぶしぶ同意して、二〇〇六年末に「リベリア政府はテイラー元大統領を自由に拘束できる」と発表した。

テイラーはリベリア人が行動に出るのを待ってはいなかった。彼は白いローブをひるがえして、外交官ナンバーをつけたジープ・クルーザーでカラバルの施設から逃亡した。車内には各種の通貨で現金が隠してあった。彼はカメルーンを目指したが、カラバルから一〇〇〇キロ近く離れた国境の町ガンボロウで捕まった。テイラーは逃げるつもりなどなく、ただチャドへ旅行しようとしていただけで、そのことはナイジェリア当局につたえてあると頑なに言い張っている。にもかかわらず、国境で拘束され、飛行機でモンロヴィアにまっすぐ運ばれた。そこからヘリコプターでフリータウンにつれていかれ、そこで勾留された。

彼の暴力的な六年間の泥棒政治のあいだに、六万人から八万人のリベリア人が殺され、さらに数えきれない人々が残酷な仕打ちを受けた。なかでも心にもっとも深い傷を負ったのは、自分の親も普通の犠牲者も同じように殺すことを強いられた少年兵たちである。チャールズ・テイラーは間違いなく〈メレックス〉のあらゆる工作員のなかでもっとも残忍で腐敗していたが、そのネットワークは彼がのんびりとくつろげる場所だった。

7　バンダルに取り組む

ヘレン・ガーリックは五〇代の堂々とした女性だ。その優しげで魅力的な顔は、はっとするような白髪にかこまれている。彼女は見た目も声もイギリスの地主階級の人間である。しかし、その上流階級の魅力の奥には鋼のような決意が隠れている。彼女は三〇年以上の経験を持つ改革運動派の法廷弁護士で、高名な汚職詐欺事件の調査員である。彼女はナイジェリア政府が前国家元首のサニ・アバチャ将軍による大規模な窃盗を調査したり、イタリア当局がシルヴィオ・ベルルスコーニ首相の詐欺疑惑を捜査するさいに、協力してきた。イギリスの重大不正捜査局（SFO）では、政策部長をつとめたのち、海外不正課の初代課長となった。彼女はその立場で二〇〇四年七月にはじまった〈アル・ヤママ〉取引の捜査を指揮した。

SFOは、サウジ人パイロットのお楽しみの世話係を命じられたエドワード・カニンガムが二〇〇一年に〈BAE〉の裏金管理の不正の証拠を同局に持ちこんだとき、はじめて取引で買収があった可能性を耳にした。国防省は、〈BAE〉のリチャード・エヴァンズ会長の、不正などなにもないという言質にもとづいて、事務次官のサー・ケヴィン・テビットを介してこの懸念をしりぞけた。にもかかわらず、SFOとロンドン市警察経済犯罪課は裏金の捜査をはじめ、ピーター・ガーディナーをはじめとする者たちに事情を聞いて、二〇〇四年後半にハートフォードシャーの劇的な強制捜査にこぎつけたのである。

《ガーディアン》紙のデイヴィッド・リーとロブ・エヴァンズがSFOに会いにきて、世界中の代理人にひそかに支払いをする〈BAE〉のシステムを暴露すると、ガーリックのチームはただちに行動に出た。海外の司法機関に司法共助の要請を矢継ぎ早に出して、〈BAE〉の銀行記録を押収すると、それを手がかりにして、支払いとそれを隠蔽する複雑な金の動きの難解なネットワークの広がりつづける全体像を描きだした。彼らは二〇〇六年前半、〈BAE〉の代理人バリー・ジョージの逮捕で画期的な大成功をおさめた。ジョージはルーマニア人の妻を持つイギリス人で、二〇〇三年にイギリスの余剰のフリゲート二隻をルーマニアに委譲する大取引をまとめるために、七〇〇〇万ポンドをひそかに受け取っていた。フリゲートはわずか一四年前にイギリスの納税者に約二億五〇〇〇万ポンドの出費を強いて建造された。しかし、国防省はこれを一隻一〇万ポンドのスクラップ価格で〈BAE〉に引き渡した。同社はルーマニアから一億一六〇〇万ポンド受け取って艦を改修し、さらにこれを維持するぼろ儲けの契約も手にした。SFOはジョージが手数料を受け取った方法を知り、スイス当局からとりわけ有益な情報を得て、二〇〇六年九月には、手数料を迂回させるのに利用された鍵となる会社〈レッド・ダイヤモンド〉と〈ポセイドン〉と、バンダル王子をはじめとするサウジ人への金の流れをつかんでいた。

捜査の初期段階から、政府の態度はどっちつかずだった。これは一九八五年に議会で〈アル・ヤママ〉取引に関連する手数料支払いの可能性にかんする質問が出たときに確立されたパターンを踏襲していた。政府はこの問題を会計検査院（NAO）にまかせてかわし、会計検査院は一九八九年から一九九二年まで調査を行なった。その報告書はいまだに公表されていないため、会計検査院の最初でいまのところ唯一の報告書は秘密のままになっている。情報公開法にもとづく申請で報告書を手に入れようとする試みは、微妙な国際関係と議会の特権、そして商業的な権益を理由にはねつけられている。国防省のスポークスパーソンによれば、報告書はサウジとの秘密保持の合意に違反するのを避けるために公表されないとのことだ。「報告書は依然として慎重な取り扱いを必要とします。開示は国際関係とイギリスの商業的権益の両方をそこなうことになるでしょう」。ジョン・メジャー首相の議会での質疑応答のために用意された説明メモは、それを確認している。「会計検査院は適切な会計管理が守られるように、〈アル・ヤママ〉取引への国防省の関与を監視しています。とくに国防省は、たとえばサウジの秘密保持が厳守されるように、〈アル・ヤママ〉のために特別な会計管理を導入しています。通常の規則にしたがっていれば、サウジの取引は毎年、省の公表される歳出予算報告に記載され、議会に提出されるでしょう。そして、われわれはそれを避ける必要があるのです」。SFOと国防省警察は二〇〇三年と二〇〇六年に会計検査院の報告書を手に入れようとしたが、報告書はサウジ側を狼狽させるおそれがあるために公表されていないといわれた。SFOはそれを手に入れるために行政監視機関を強制捜査することさえ考えた。

政府の当時の会計検査院長だったサー・ジョン・ボーンは、独立した行政監視機関の清廉さを傷つけたと批判されただけでなく、利益相反と非難された。彼は一九八五年から国防省で国防調達担当次官として〈アル・ヤママ〉プロジェクトに取り組んでいたからである。ボーンの会計検査院報告書がずっと公表されなかったのは、歴代のイギリス政府が〈アル・ヤママ〉にかんする真実をぜったいにあかさない覚悟だったことを示唆している。

ＳＦＯの捜査中、内閣の閣僚である政府の最高法律顧問、ピーター・ゴールドスミス法務長官は、ＳＦＯの小柄で神経質そうな局長ロバート・ウォードルと国防省不正班の班長と何度か会って、事件の進展について話し合った。彼は捜査の最終的な運命を決定するのにひじょうに重要な役割を演じることになった。

〈ＢＡＥ〉は捜査が事実上はじまったときから、それをやめさせるために、計算されたキャンペーンを開始した。高名な法律事務所の〈アレン・アンド・オーヴェリー〉を雇い、同事務所はつぎに法務長官を個人的に知っている弁護士を雇った。弁護士はこの関係を利用して捜査の件でゴールドスミス卿を自宅にたずねた。ゴールドスミスはこの「私的で秘密の」働きかけを拒絶したと主張している。

〈ＢＡＥ〉のディック・エヴァンズ会長は内閣官房長のサー・ガス・オドネルに一方的に手紙を書き、オドネルはこれを受けて、はじまったばかりの捜査を中止する公益上の理由があるかどうかをはっきりさせるために、政府各省庁に意見を聞く可能性を提起した。同社の法務部長のマイクル・レスターは、二〇〇五年十一月に法務長官に手紙を書いて、「この捜査の最近の進展は、われわれが見るところ、深刻な公益上の問題を提起しておりますので、閣下に与えられた訴追裁量権を考慮して、この問題を閣下個人のお目に留めさせるべきだと考えます」とほのめかした。彼はこの問題を国防省のサー・ケヴィン・テビット事務次官と話し合ったことを認めた。手紙には四ページの覚書が添付され、公益のためには捜査を中止すべきだと主張していた。その根拠は、同社が二〇〇五年七月二十七日に「弊社のそれぞれ会計顧問と法律顧問である〈プライス・ウォーターハウス・クーパーズ〉と〈アレン・アンド・オーヴェリー〉が作成した［原文削除］の会計処理の分析報告書」を進んで公開し、「この分析では、諸経費は実質上サウジの顧客が顧客との契約条件にしたがって負担したという結論にいたった」からだった。覚書はさらにこうつづけている。「〈アレン・アンド・オーヴェリー〉はSFOに幾度か手紙を書き送って、捜査はいかなる犯罪行為の証拠もあきらかにしてはいないし、二〇〇五年七月二十七日にSFOに提供された分析で結論は出ているのに、捜査をつづける法的根拠がSFOにあるのか疑問を呈しています」。ようするに、〈BAE〉はこういっているのだ。自分たちで調べて、なにひとつ犯罪的なものは見つかっていないのに、なにゆえほかの誰かがわれわれを捜査すべきだというのか？

同社はSFOからの再三の要請にもかかわらず代理人の名をあかすのを拒否し、それからSFOが、

当時の内国税収入委員会が弊社に与えた文書による秘密保持の保証と、弊社が内国税収入委員会に提供する情報の高度に機密な性質を説明した国防省事務次官（サー・ケヴィン・テビット）と当時の内国税収入委員会の委員長（サー・ニコラス・モンタギュー）との会話にもかかわらず、弊社と契約したコンサルタントの名前と、彼らに支払った金額を

入手したと文句をつけた。この覚書は、トニー・ブレア首相の最近のサウジアラビア訪問と、「両国の関係を強化するために」将来予定されている訪問、そして「〈アル・ヤママ〉プログラムのもとでの次回の仕事」を確保するための首相と国防省の努力に言及している。〈BAE〉はこうつづけている。

第二項の通告（実質上の罰則つき召喚令状）で要求された〈アル・ヤママ〉にかんする情報をSFOに開示することは、弊社とイギリス政府による秘密保持の重大な違反とサウジアラビア政府に見なされるでしょう。弊社は、もしこの情報が提供されれば、情報の秘密性が守られる見込みはほとんどなく、その結果、イギリスとサウジアラビア両国政府間で合意されたトーネード戦闘機の維持とタイフーン戦闘機の売却にかんする〈アル・ヤママ〉プログラムの次回分を危険にさらすことになると確信しております。

ようするに、同社は、犯罪捜査に情報を提供することが「以下の理由で公益に大いに反する」と確信していたのである。

（1）イギリス政府と首相個人が中東におけるイギリスの戦略的目標を達成するために両国間の関係をはぐくもうと努めているときに、イギリスとサウジアラビアの両国政府間の関係に有害で深刻な影響をもたらし、さらに、

（2）ほぼ間違いなく、イギリスが約［原文削除］という過去一〇年で最大の輸出契約を獲得するのをさまたげ、その結果、イギリス経済全体と、とりわけイギリスと中央ヨーロッパ両方の雇用に有害な結果をまねくでしょう。

イギリスが発足時に加盟したOECD外国公務員贈賄防止条約は、国際関係への影響または通商上の配慮を、贈賄や買収にたいして行動を起こさない理由にしてはならないととくに定めているというのに。

覚書はこう結んでいる。「弊社は、過ちが犯されたと疑う理由があるというSFOの主張にもかかわらず、〈アル・ヤママ〉プログラムとその［原文削除、ただし最後の文字はn］関係にかんしていかなる過ちも犯していないと確信しております。SFOはその疑いの根拠をなんら示しておりません」

このコネが豊富で、保護を受けているという者もいる兵器会社の戦略は、買収の圧倒的な証拠があるにもかかわらず、なにも悪いことはしていないと主張し、有力政治家の名前をちらつかせ、いかなる捜査もサウジ人を当惑させて将来の契約の損失をまねくと際限なくくりかえすことだった。

〈BAE〉は、同社の秘密主義と物事の政治的な仕組みへの理解の一例として、ゴールドスミス卿に「親展で極秘の」手紙を書いた。法務長官の法律秘書は「こうした内密で秘密めいたやりかたで法務官に申し立てを行なうのは適切ではありません。こうした申し立ての適切な受け取り手は重大不正捜査局ですので、よって小職は貴殿の手紙と覚書をSFOの局長に転送しました」といった。〈ＢＡＥ〉のレスター法務部長はこう答えた。「十一月七日付けの法務長官への小生の手紙は、よき慣例に則り、親展で極秘と印されていました。しかしながら、よろこんで添え書きをはずしてこの覚書を再提出するつもりです」〈ＢＡＥ〉側はさらにつづけて、「小生の手紙で行なわれた申し立ては、本質的にはこの国の国際関係に影響をおよぼす公益上の問題にかんするものです。小生はこうした状況では、大臣レベルでこの申し立てを行なうのが適切ではないかという結論にいたりました。法務長官は重大不正捜査局を監督する大臣ですので、よって閣下に手紙を差し上げた次第です」

捜査に近い情報源によれば、ロバート・ウォードル局長とヘレン・ガーリック、そして担当管理官のマシュー・カウイーは、なんといっても犯罪行為で捜査中の同社が、法務長官に申し立てを行なおうとしていることに激怒したという。しかも、「第五通告」と呼ばれる実質上の情報提供の罰則つき召喚令状に応じることを拒否している最中に。彼らは、典型的なイギリスのやりかたで、〈ＢＡＥ〉の弁護士たちに、礼儀正しく簡潔で衝撃的な手紙を書いた。

昨日、午後三時に受け取った貴殿のファックスについて照会します。

貴殿はＳＦＯに覚書の内容を完全かつ適切に考慮するよう求めています。この覚書はあきらかに貴殿自身ではなく御社によって作成され、ＳＦＯではなく法務長官にあてられ、ＳＦＯに写しを提供することも、このような働きかけが行なわれたことを通知することもなく、長官に送られたものです。

第五通告を受けたハードコピー文書についての返答期限は昨日でした。通告は十月十四日付けで、その日付で貴殿に送付されました。覚書は応諾が求められるわずか一週間前の十一月七日付けで、第五通告に応じることに根本的に反対する内容のように思われます。覚書はまたSFOの捜査全体を中止する根拠として、同じ公益の主張を持ちだしています。しかし、昨日付けの最後の手紙で述べたように、御社は以前こちらと交わした詳細なやりとりのなかで、そうした懸念や反対を一度も提起しようとしていません。

第五通告の条件が、御社が応じることを拒む合理的な口実となりうる問題を提起すると考える理由はありません。

……さらに、強制的な法律上の義務に応じるのは御社の側の秘密保持の違反と見なされる可能性があるという主張や、SFOが独立した捜査の法的権限を行使することがなぜイギリス政府による秘密保持の義務違反と正当に見なされる可能性があるのかについて、いかなる説明も与えられていません……

［OECD外国公務員贈賄防止条約の第五項を］根拠に、小官は、覚書が提起している経済的配慮にもとづく公益への配慮を不適切なものとして自信を持って無視できます……

われわれには活動上の問題で政府のほかの省庁に意見を聞く義務はありません。しかし、いかなる方面からでも適切にもたらされる申し立てはなんなりと受け入れ、考慮するつもりです。厳密にいえば、SFOは捜査を完了するまで公益にかんする申し立てを受け入れる必要はないのですが、このような重大な問題では、この段階でSFOに提供されようとする直接の情報をじゃまだてするつもりはありません。〈BAE〉にはそうした情報をSFOに知らせるのに一カ月の期間がありましたが、いまだにそうしていません。

SFOチームと法務長官は十二月二日に会談して、〈ショウクロス〉手続きを実施することに合意した。これによってSFOは、事件の捜査続行に関連した考慮すべき問題を評価するために、政府の大臣たちの見解をくわしく調べることができた。今回の手続きには、首相府、外務連邦省（FCO）、国防省、貿易産業省、内務省、そして大蔵省との協議がふくまれていた。官房長は、捜査が「〈アル・ヤママ〉プログラムの通商上の重要性」に与える影響への懸念を確認する、首相と外相、国防相からのメモをSFOにまわした。メモはまた捜査によって対テロ協力が危険にさらされるかもしれないという可能性を提起していたが、ウォードル局長は「言及された危険は差し迫ったものだとは思えない」といった。

〈ショウクロス〉手続きへの返事を求める手紙は、OECD外国公務員贈賄防止条約の第五項で除外された問題は公益テストで考慮されないとくりかえしていた。官房長のメモは、それが無視されたことをはっきりと示していた。「もちろん、訴追されるべきかどうかを決定し、第五項が現在の状況にどう影響するかをきめるのは、法務長官と検察当局である。しかしながら、われわれは、捜査の可能性を早い段階で考えるために、第五項で言及されている種類の配慮を考慮に入れることも可能かもしれないと考えている」

そして、案の定、メモは「サウジアラビアとの関係の重要性と、トーネード戦闘機の近代化改修計画をふくむ〈アル・ヤママ〉防空プログラムがその関係の土台である」ことにも言及していた。とくにサウジが次世代の攻撃機ユーロファイター・タイフーンを購入することと、イスラム過激派のテロとの戦いにおけるサウジアラビアの重要性、捜査がつづいた場合のイギリスの安全保障上の利益への潜在的ダメージに触れている。メモはサウジアラビアを、穏健な外交政策を唱えているがゆえに、中東の鍵を握る国と表現し、サウジの安定はイギリスと西欧全体にとって戦略上きわめて重要であると結論付けていた。

手続きが行なわれている一方で、SFOの捜査チームは代理人にかんする〈BAE〉の文書を手に入れるための努力をつづけていた。二〇〇五年十二月七日、マシュー・カウイーとヘレン・ガーリックは、〈BAE〉の法務部長のマイクル・レスターに電話をかけて、「公益にかんする公式協議は行なわれていますが、われわれには公益への配慮がどうして御社がいま文書をこちらに提供することをさまたげるのか、その理由がわかりません」と明白な指摘を行なった。レスターと〈BAE〉は時間稼ぎをしようとした。「ミスター・レスターの話では、公益への配慮はたしかに存在し、それは秘密保持の義務にかんするもので、彼らはさらなる申し立てをしたいということでした」。カウイーとガーリックはこう答えた。「現段階では、〈BAE〉が疑惑の会社であることを考慮すれば、その申し立ては文書で述べるのがいちばんですし、気を悪くさせたくはありませんが〈BAE〉は犯罪捜査の容疑者であって、捜査を続行するうえで、公益にかんする容疑者の申し立てに置くことのできる重みは、政府機関のそれよりずっと小さくなりそうです」。にもかかわらず、SFOは〈BAE〉が代理人の身元をあきらかにする文書を引き渡せる時間を延長した。

翌日、〈BAE〉はSFOに第二の覚書を送り、〈アル・ヤママ〉が政府間の契約であることを強調した。同社はこう主張した。「第一に、一国から他国への防衛装備の提供は、より幅広い政治的関係および戦略的関係にとってきわめて重要です。これは二カ国間の相互信頼を象徴するものです。第二に、サウジアラビアには西洋諸国と著しく異なる文化があり、とりわけプライバシーがより高度に尊重されています」。〈BAE〉は情報の提供が秘密保持の違反にあたり、情報の「高度な秘密性」は文書がイギリス国防省からも機密扱いになっていることで裏付けられるとくりかえした。覚書はこうつづいている。「微妙で戦略的な政府間の関係においては、ある問題の秘密がたもたれるという政府間の取り決めは、その取り決めが厳密な法的義務にもとづくかどうかにかかわりなく、尊重されねばなりません」。そのあと原文の削除部分があり、それから覚書はこうつづいている。「違反と認められるものにたいして科せられる可能性のある制裁は、政治的および経済的なものです。厳密に法的に強制できる秘密保持の義務が存在しないかぎり、サウジアラビア政府は情報の開示を秘密保持の違反とは認めないだろうという根拠だけで進めるのは誤りでしょう。この情報は秘密と理解されているのですから」

〈BAE〉の主張は要するに、もし他国が共謀してイギリスの法律に違反し、しかし物事を内密にしておきたいと思ったら、イギリスは犯罪をあっさり見逃すべきだということだ。イギリスの司法制度と国際的な法の適用原則にあきらかにかかわるだけでなく、そこにはサウジの太鼓持ちたちがつねに避けている厳しい現実も存在する。それは、サウジの王族が自分たちの腐敗と堕落の度合いをサウジ国民からも隠したがっているということだ。

同社はさらにつづけて、政府内部の政界の友人たちがじきにサウジアラビアを訪問して、イギリスのためにさらに仕事を獲得することをSFOに思いださせた。

十二月十九日に国防大臣がサウジアラビアを訪問することが決まっています。この訪問のあいだに国防相は、〈アル・ヤママ〉プログラムの延長によるタイフーン七二機の売却の覚書に調印するために、国王とサウジの国防相との会談に出席することが予定されております。すでにサウジアラビア政府は二〇〇四年十一月に発表されたSFOの捜査にかんしてイギリス政府に苦情を申しでています。

マシュー・カウイーは〈BAE〉の主張に応えて激しく主張し、上司たちに回覧したメモのなかでこう述べている。

SFOは犯罪を捜査しなければなりません。犯罪が行なわれたという合理的な確信があります。あらゆる合理的な取り調べの線を捜査し、国内的な義務と国際的な義務の見地からそれを行なう必要があります。国際的な協定書は、経済的あるいは政治的な配慮の範囲を超えた、刑事法執行者の独立した役割を想定しています。有意義な影響を与えるためには、申し立てられた影響の重大さにかかわらず、それらを実地に適用せねばなりません。防衛契約への大がかりな取り調べの経済的および政治的影響はつねにあるでしょう。だからこそそうした配慮は、こうした取り調べの独立した遂行にとって最終的に無関係でなければならないのです。

もし彼ら［内閣］が法の原則において公益を完全に考慮したなら、SFOと国防省警察《MDP》の独立性と中央政府の役割は、SFOによる捜査が中止されたことがあきらかになった場合に、いっさいの評判を傷つけられる可能性があり、［原文削除——文章半分］。

これはSFOが二〇〇六年一月十一日に〈BAE〉と法務長官、そして国防省警察のロバート・アレン刑事部警視と会ったときに取った姿勢だった。このどことなく冷ややかな顔合わせで、ヘレン・ガーリックとロバート・ウォードル局長は自分たちが対立する主張に気づいていることを認めたが、海外の腐敗に取り組むことの重要性と、政府にはOECD外国公務員贈賄防止条約の見地からそうする義務があることを再確認した。ふたりはまた、捜査が中止された場合、SFOとイギリスの評判が傷つくことも指摘し、ぶっきらぼうなアレン刑事部警視もこの見解に賛同した。SFOは、訴追を妨害しようとする努力はイギリスの贈収賄防止法を逃れようとする試みと考えていることをはっきりさせた。ロバート・ウォードルは、捜査をつづけ、〈BAE〉に通告を守らせて、文書を引き渡させるほうが、公益にかなうと感じていた。会談のあと、法務長官は意見を変えて捜査の続行を許可し、捜査は数カ月間じゃまされずにつづけられた。

しかし、二〇〇六年四月と五月に、捜査への圧力はふたたび強まりはじめた。法務長官はイギリスの贈賄防止法制の見地から、支払いのどれかがサウジ政府によって許可されたかどうかがきわめて重要だと決定した。いいかえれば、賄賂をもらった者に収賄が許可されていたかとたずねることが。OECDは以前、イギリスにきわめて貧弱な法律のこの抜け穴をふさぐよう強く求めていた。法務長官は、賄賂を受け取る許可はなかったという証明が必要だと主張することで、イギリスのなけなしの貧弱な贈収賄防止法を実質上破棄したのである。ゴールドスミス卿は二〇〇六年九月と十月にもこの問題を執拗に持ちだしつづけ、ガーリックとカウイーを深く失望させた。ふたりはこの許可の証拠を、あるいは許可がなかったという証拠を、どうしたら見つけられるだろうかと首をひねった。

二〇〇六年九月二十九日、内閣府はＳＦＯにさらなる申し立てを行なって、テロ対策への協力の問題を提起し、タイフーンの契約を失った場合の経済的影響を強硬にくりかえした。翌日、法務長官はロバート・ウォードル局長に手紙を手渡した。ウォードルはまだゴールドスミス長官が捜査の続行に賛成していると信じていた。

九月三十日の白熱した内部の会合で〈ショウクロス〉手続きへの内閣府の回答が話し合われたあと、ヘレン・ガーリックは、捜査が秘密保持に違反しているという苦情が絶えることはないだろうと明言した。ガーリックはそれから捜査がまだ商業的な損害を引き起こしてはいないこと、そしてたとえ損害が出ても、腐敗行為の捜査をつづけることがＳＦＯの任務であることを指摘した。それから提起された複数の懸念と脅威――原油供給の停止、契約の損失、中東和平構想への影響、情報協力の取り消し――をくりかえし、サウジと〈ＢＡＥ〉は疑いをかけられた当事者として、捜査を中止させるためならどんなことでもいうだろうと同僚たちに警告した。彼女はこうした現実的な懸念が一年前には提起されていなかったことに驚きを表明し、サウジの脅しが信用できるか疑問を呈した。そして、要請された情報提供はいまや大幅に遅れていると挑戦的にいってしめくくった。彼女のいらだちと決意は会議に出席した全員の目にあきらかだった。

二〇〇六年十一月、新しい労働党《ニュー・レイバー》の上級相で、当時下院の院内総務だったジャック・ストローが、〈ＢＡＥ〉事件について話し合うために法務長官との会談を要請した。前内相で将来の法相であるストローは、地元ブラックバーンの選挙区に多くの社員が住んでいることから、〈ＢＡＥ〉の強力な支持者として知られている。その同じ月、サウジアラビア駐在イギリス大使のシェラード・カウパー＝コールズが、ロバート・ウォードル局長とＳＦＯ捜査チームのメンバーたち、法務長官府の事務総長、そして内閣府と外務省の高官たちと会談した。これは法務長官府と大使との三度にわたる会合の最初で、ゴールドスミス卿は十二月十二日の最後の会合に出席した。ニュー・レイバーのお偉方のあいだでかなりの陰謀が進行していたことはあきらかだ。

二〇〇六年の末ごろには、捜査を中止させるための〈BAE〉とサウジの大衆キャンペーンは激しさを増していた。十二月、SFOは〈BAE〉に働きかけて、同社と一部の重役が罪を認める司法取引を交渉することとさえ考えた。ディック・エヴァンズ会長は、比較的軽い裏金の容疑で有罪を認めるだろう。それと引き換えに、バンダル王子とムハンマド・サファディとワフィク・サイードが扱った莫大な額の支払いにかんするもっと当惑するような訴因は取り下げられる。しかし、圧力が高まっているにもかかわらず、SFO内部でもこの手法への支持はじゅうぶんではなかった。

十一月、《サンデー・タイムズ》紙は、ダウニング街が捜査を中止させないかぎり、サウジが外交関係を断絶すると脅していると報じた。その数日後、《デイリー・メール》紙はイギリスの五万人の雇用が危機にさらされていると主張する一面大見出しをかかげた。月末には、〈BAE〉はユーロファイタターの取引が宙に浮いていると公に述べ、《ファイナンシャル・タイムズ》紙はCEOのマイク・ターナーがこういったと引用した。「司法手続きを妨害したくはありません……が、解決はどうしても見たい。この状態はわれわれのビジネスに悪影響をおよぼしています」。十一月三十日、〈BAE〉の大工場があるファイルド選出の保守党下院議員マイクル・ジャックは下院で、SFOの捜査が交渉を「だめにしている」と発言した。彼は「院内総務はご自分の選挙区の航空宇宙産業従事者からお聞きになっているでしょうが、これはいまや大いなる懸念を引き起こしています。現在の取り調べが重大な交渉に有害な影響を与えているからです」と主張した。院内総務はジャックを称賛してこういった。「議員がイギリスの航空宇宙産業の利益を説いたやりかたに拍手を送ります……議員の発言は、わたしの尊敬すべき高潔な友人の法務長官につたえましょう」

十二月、《デイリー・テレグラフ》はサウジがイギリスに、SFOの捜査を中止するか、それとも〈アル・ヤママ〉契約の見込みを失うかで、一〇日間の猶予を与えたと報じた。《サンデー・タイムズ》は地元の議員たちがトニー・ブレア首相にロビー活動を行なおうと計画しているとたたみかけた。〈ロールスロイス〉のCEO、サー・ジョン・ローズが議長をつとめる国防産業評議会は貿易産業大臣のアリステア・ダーリングに書簡を送ると発表した。

このPRキャンペーンはティモシー・ベルが仕掛けたものだった。ベルは〈アル・ヤママ〉でマーガレット・サッチャーのコンサルタントをつとめ、マーク・サッチャーが母親のオマーン訪問後に契約を獲得したという主張をめぐる論議にどう対処するかを、彼女に助言した人物でもあった。保守党政権の敗北後、ベルはなかでも〈ゼネラル・エレクトリック・カンパニー（GEC）〉のマレーシア支社のために働いた。同社はペルガウ・ダム問題にかかわっていた。ダム建設へのイギリスの援助がマレーシアとの一三億ポンドの武器売却契約とリンクしていた問題である。〈アル・ヤママ〉について話を聞かれた彼は、こうコメントしている。

疑いは、それだけ多額の金が現金で動きまわる、そのような取引をするかどうかということです。もちろん疑いはあるし、もちろん人には疑う権利がありますが、疑いと事実にはちがいがある。わたしにかんするかぎり、イギリス政府とサウジ政府が武器の契約で国家間の合意に達し、その結果イギリスにとてつもない数の仕事がもたらされ、イギリスで大量の富が生みだされ、サウジアラビア人が自分の身を守れるようになったのなら、それはじつにすばらしい契約だと思いますよ。

彼はSFOの捜査を「まったくくだらない」と評し、明白な証拠はなにひとつないと示唆した。ベルのいつわりの展望は、PRキャンペーンで口にされる雇用の数に見合っていた。キャンペーンの主張によれば、SFOの捜査のせいでざっと一〇万人もの雇用が危険にさらされていた。この数字は完全なでっちあげだった。〈ショウクロス〉手続きで引用された国防省の見積もりでは、〈BAE〉と下請けで一万から一万五〇〇〇人のイギリス国内の雇用と、サウジアラビアで二〇〇〇人の海外居住者の雇用が〈アル・ヤママ〉取引で維持されるという数字が挙げられている。ヨーク大学はイギリス国内でわずか五〇〇〇人の雇用という数字をあきらかにした。しかし、水増しされた数字は、議員と労働組合に情報を与え、捜査で雇用が脅威にさらされているとダウニング街に訴えさせるとき、熱心に聞いてもらえることを保証した。

〈アル・サラム〉取引は、これらの雇用の数字と、捜査に反対する商業上の主張にとって、きわめて重要だった。アラビア語で「平和」を意味する——武器ディーラーは皮肉が得意ではないのだ——〈アル・サラム〉は、〈アル・ヤママ〉のあとにつづく取引で、ユーロファイター・タイフーン七二機を四四億三〇〇〇万ポンド以上で売却するというものだった。契約の正確な条件は秘密だが、取引の実際の金額はたぶんずっと高いだろう。四四億三〇〇〇万ポンドは機体の価格を表わしているだけで、訓練や装備、予備部品の価格はふくまれていないからだ。取引は潜在的に四〇〇億ポンドもの価値があるという見積もりもある。取引は二〇〇五年十二月二十一日にまとめられ、二〇〇七年九月に最終的に承認され、調印された。〈アル・ヤママ〉と同様、〈BAE〉が一時契約者を務める政府間の取引である。支払いは石油ではなくサウジ国防省の金庫からの現金でまかなわれることになる。最初の二四機の戦闘機はランカシャー州ウォートンの〈BAE〉の施設で製造され、残りの四八機は、ドイツとスペインの〈EADS〉とイタリアの〈アレーニア・アエロスパツィオ〉もふくむ共同企業体がサウジアラビアで製造する。

ユーロファイターはもともとヨーロッパ上空でソ連軍機と空中戦をするために設計され、その妥当性が急激に薄れると、価格は急上昇した。開発計画のイギリスが担当する部分の費用は、当初の計画より一三〇億ポンドも上昇して、少なくとも二〇〇億ポンドにはなるだろう。これはイギリス国民ひとりあたり三五〇ポンド、計画によって維持されると見積もられる雇用一人につき一一〇万ポンドに相当する。計画には三〇年を要し、予想より一〇年遅れて配備された。これはイギリスの財政への負担であると同時に、もはや存在しない状況のために設計されていた。派手好きなアラン・クラーク元国防相が彼らしい率直さでいったように、ユーロファイターは「基本的に欠陥があり、時代遅れだ……われわれは人に金を払って穴のあいたバケツを作らせるもっとぜいたくではない方法を見つけなければならない」。イギリスはユーロファイターを売るのに必死である。国は一定数の戦闘機を購入するよう義務づけられていて、もし注文をキャンセルすると、かなりの額の違約金を科されることになるからである。そして、イギリスは現在、武器調達計画で約三六〇億ポンドの予算不足をきたしている。

〈アル・サラム〉と〈アル・ヤママ〉取引は、イギリスの武器取引をほぼ単独でささえている。サウジアラビアへの軍事輸出は一九九七年から一九九九年までのイギリスの全軍事輸出の六二パーセントをしめていた。一九八七～九一年には七三パーセントだった。当時の〈BAE〉のCEO、マイク・ターナーが二〇〇五年のトニー・ブレアによるリヤド訪問前に簡潔にいったように、「目標はタイフーンをサウジアラビアに買わせることです。われわれは過去二〇年間に〈アル・ヤママ〉から四三〇億ポンドを得てきましたし、もう四〇〇億ポンドの可能性もあるのです」

この依存度にもかかわらず、〈アル・サラム〉取引は、イギリスの人権上の義務と武器輸出にかんするイギリスとEU（ヨーロッパ連合）の行動規範に相反すると批判された。ある調査はこう結論づけている。「サウジアラビアとのこれだけの規模の取引は、イギリス政府がEU規範内の一連の重要な基準を根本的に骨抜きにしているということを証拠は示唆している。この件は、政府が調印している行動規範の揺るぎない実行に本当に全力で取り組んでいるのかという重要な疑問を提起するものだ」

ニュー・レイバーは道徳的な外交政策を一時期受け入れていたが、それもとうの昔に放棄し、いまや政府は〈アル・サラム〉取引を守ることに献身していた。そのためにマーガレット・ベケット外相は上級外交官たちに、ロバート・ウォードル局長が捜査をつづけるのを断念させるよう指示した。「ウォードルは彼がサウジ人たちをかんかんに怒らせていて、この件には安全保障とテロ活動、中東の未来全体がかかわっているといわれた」

サウジ人たちは主として防衛輸出機構（DESO）とサウジアラビア駐在英国大使を通じてイギリス政府と捜査について定期的に連絡を取り合っていた。二〇〇六年九月、外務連邦省のピーター・リケッツ事務次官への手紙のなかで、大使はこういっている。

わたしはそれを、会談の余白と、たぶんそれ以外に一、二回（たとえば今年の三月の英国皇太子訪問中に）、おぼえています。わたしはSFOの取り調べについて［サウジアラビア政府の上級代表――バンダルだと思われる］と短く口頭でやりとりしました……わたしは［サウジの代表が］SFOの取り調べについて独自の情報を持っているという印象を与えたのを記憶しています（たとえば彼は取り調べが公益に反する場合には中止されることもありうると理解していると自分から口にしました――ただし彼はいま思いだせない奇妙な言い回しを使いましたが）。わたしは彼に数回、ロンドンの高官たちは取り調べがどれほど深刻なことになりうるかをちゃんと知っていて、われわれはそのことを司法当局にわからせようと取り組んでいるといったのをおぼえています。しかし、取り調べはわれわれの思いのままにはならず、保証はできないことはつねにはっきりさせました。［サウジ政府の上級代表］はSFOの取り調べにかんして、わたしが知っている事実から当然と思われるよりもずいぶん楽観的なので心配したことをおぼえています。正直なところ、わたしは実際に少なくとも一度、彼の誤解を解くためにもっとなにかすべきだったかどうか自問しました。しかし、彼はつねに独自の情報を持っているという印象を与えましたし、実際、わたしを使って、自分がどれほど心配しているかをロンドンに伝えたがっていました。

バンダル王子は捜査を終わらせようと、ずる賢く手を回した。二〇〇六年七月にブレアと彼の首席補佐官であるジョナサン・パウエルと面会して、情報協力を取り下げると脅したのは、バンダルだといわれている。「バンダルは首相官邸に入っていって、『あれをやめさせろ』といった。［原文削除］バンダルはSFOがスイスの口座を調べていることは知っているとパウエルに示唆した……もしあれをやめさせなければ、タイフーンの契約は中止されることになるし、情報および外交面での関係は断たれるだろう」。彼はまた、二〇〇六年十二月にロンドンでブレアに会って、情報協力を取り下げるという脅しをつたえたとされている。そして、その前の月にはこれ見よがしにパリを訪問して、イギリス政府に通商上の圧力をかけるためにラファール・ジェット機を購入する話し合いをしたが、サウジ政府はフランス製のジェット機を購入するつもりなどなかった。

十二月八日、トニー・ブレアは法務長官を通じてロバート・ウォードル局長に異例の個人的な覚書を送った。その内容は、「英サウジの安全保障、情報、および外交協力の崩壊の切迫した現実の危険」と「タイフーンの契約交渉にもたらされた危機的な難局」にかんするものだった。国家安全保障にかんするブレアの覚書の添付書類は、主としてサウジアラビア国内のテロ活動の問題を取り上げ、原油の供給を確保するためのイギリスの役割をふくんでいるが、イギリス国内の差し迫ったテロ攻撃の脅威にはまったく言及していない。もっとも文書は大幅に編集削除されているが。二通目の添付文書は中東の外交政策におけるサウジアラビアの役割と、イスラエル・パレスチナ和平プロセスへの同国の支持に集中しているが、またしてもイギリスへの脅威にはいっさい触れられていない。このブレアの脅し戦術の驚くべき誤りを示すものとして、MI6はのちにOECDとの話し合いのなかで、同情報部が「［この安全保障］評価に同意した」と述べることを拒否している。

その数日後、ゴールドスミス卿はブレアに、協力を取り下げるというサウジの主張によって捜査を中止すれば、「この地域における法の信頼性にかんして悪いメッセージを送り、脅迫に屈したように見えるでしょう」と告げた。首相の反応はこうだった。「彼はより重要な問題がかかわっていると感じていた。捜査をつづければ、サウジとイギリスの協力関係は終わりを迎えるだろう……首相は捜査の中止が軽々しく取っていい処置ではないことを理解していたが、この事件ではそれに付随する国益が危険にさらされていて、イギリス国民はそれらをより重要なものと考えるだろうということをはっきりと理解していた」

二〇〇六年十二月十三日、ロバート・ウォードル局長とヘレン・ガーリックは呼ばれて法務長官と会った。緊迫した感情的な会談のなかで、捜査官たちは、捜査を続行するに足る証拠がなく、公益の力によって捜査を終了せざるを得ないと告げられた。ウォードル局長は腹立たしげに証拠が不十分であることを否定し、時間稼ぎのために彼らの法廷弁護士であるティモシー・ラングデイル勅選弁護士から助言を得ようとした。法務長官の降伏にいきり立ったガーリックは、とくにイギリス人の人命への脅威との関連で彼女の見解をたずねられた。孤立した彼女は、国家安全保障の問題でほかの者たちと論じ合うことはできないと感じた。

法務長官はわたしの見解を求めました。わたしは、SFOが自分たちの捜査の重要性を国家安全保障ならびに国際安全保障の重要性の上に置こうとしたことはないといいました。法務長官とロバート・ウォードルは同じ意見であるようにわたしには思えました。われわれには法律と証拠について判断する資格がありましたが、安全保障の問題では他人の意見を求める必要がありました。SFOはイギリス大使から直接聞いていただけで、法務長官は国家保安部の助言をはじめとする、もっといい助言を得ているのだと思いました。JJが出席した外務省の会合では、「イギリスの街角でイギリス人の命が」危険にさらされていて、［原文削除］とも聞かされていました。もしこれがもうひとつの7・7ロンドン同時爆破テロ事件を引き起こしたら、この段階ではまだ起訴して有罪を勝ち取れるかどうかわからないわれわれの捜査のほうがより重要だとどうしていえるでしょう？

彼らは捜査を中止した場合に予想される影響について話し合った。もしアメリカとスイスが事件のべつの要素を捜査することにしたら、イギリス政府にとって困ったことになる可能性もある。法務長官はスイスとアメリカの立場を調べるようウォードルとガーリックに求めた。会談のあいだじゅう、ゴールドスミスはSFOの捜査を試してみたいし、もしそれが見込みのあるものなら支持するつもりだが、この段階で捜査を中止した場合に予想される影響には満足していないといっていた。彼はこう主張した。

SFO局長は、公益にかんしてつたえられる各種の見解を、大使の見解をふくめて考慮した結果、捜査の続行が、国家安全保障と国際安全保障への危険ゆえに、公益にかなわないという独自の結論に達した。彼はこの見解を二〇〇六年十二月十三日に法務長官につたえ、この問題をさらに一晩考えたうえで、二〇〇六年十一月十四日に法務長官府に自分の結論を確認した。

捜査に近い一部の者は、ウォードル局長には選択肢がなかったと主張している。彼は、人にたいして傲慢で冷たく、無礼になれるゴールドスミスにおどされたのだ。信頼できる情報源は、捜査官たちがある時点で、「内閣府は会合を開いて、捜査の運命を決定したが、そのあとすぐに、それが『いや、これは法務長官府の仕事だ』に変わった」といわれたと主張している。もしこれが正しければ、行政が検察官にどうするか指示していたことがあきらかになる。

同じ消息筋はこういっている。「ゴールドスミスはずっと自分がなにをやっているか正確に知っていた——自分の政界の主人たちの命令だ。彼が口でいうとおりに捜査を続行させたいと思ったことは一度もない。つねに捜査をどう終了させるかだけが問題だった」。この見解は捜査に近いほかの少なくとももうひとりの消息筋によって支持されている。ゴールドスミスは、国家安全保障を引き合いに出さなくてもすむように、捜査に欠陥があるように見せようと必死になっていた。しかし、SFOは彼が強固でよく整理された事件をお払い箱にすることを許さなかった。

翌朝、法務長官と法務次官、保安機関および情報機関の長、そして内閣府情報担当事務次官の会合が開かれ、サウジがイギリスとの協力を取り下げた場合に起こり得る影響について話し合った。法務長官は「意見を聞いた人間のなかで、サウジの脅迫が本物であるという全体評価に異議を唱えた者は誰もいませんでした。秘密情報部長官の見解によれば、SFOの捜査がつづけば、サウジは協力を取り下げるかもしれないし、いつでもそうすると決断できるということです」と主張した。彼はまた、「〈BAE〉が行なった支払いはサウジの長によって、あるいはそれに代わって承認されたという主張を反証する証拠を手に入れる」必要性を考えれば、〈BAE〉を訴追することは不可能だろうという結論にいたっていた。

十二月十四日の午後五時二十一分、法務長官は〈アル・ヤママ〉武器取引にかんする捜査を中止すると発表した。好都合なことに、この発表は、ダイアナ妃の死にかんする報告書が出される予定の日であり、トニー・ブレアが犯罪事件で警察に事情を聞かれたはじめての現職の首相になった日の前夜に行なわれた――彼のもっとも重要な資金調達者で側近でもある友人が貴族の地位と引き換えに融資を受けた疑いで逮捕された件の取り調べである。

発表のあと、捜査によって下落していた〈BAE〉の株価は目に見えて上昇した。ロバート・ウォードルは、SFO局長としての契約の更新の申請書を法務長官に提出していたが、一年間の延長というかたちで〝報いられた〟。

《ガーディアン》は当時、トニー・ブレアについてこういった。「かつて前任者を武器取引の『不名誉にどっぷりつかっている』となじり、在任中は『高潔よりさらに高潔』になると約束した首相にとって、昨日という日は、お粗末で恥ずかしい一日、彼が在任中にすごしたなかで屈指の不名誉な日だった」

ジョン・スカーレットは、イラク侵攻を正当化するのに利用された、潤色された調査書類を作成するのに一役買って、その褒美でイギリスの対外情報機関MI6の長となった人物だが、彼でさえこの決定の国家安全保障上の正当化におおやけに疑問を投げかけた。

トニー・ブレアは、捜査の中止にはたした自分の役割を控えめにいったことはなかったが、腐敗した非民主主義的な同盟国の圧力に屈し、その過程で世界におけるイギリスの評判と地位に泥を塗ったのである。

政府にとってやっかいなことに、経済協力開発機構（OECD）は、イギリスがOECD外国公務員贈賄防止条約に違反していないか調査を開始した。二〇〇七年三月、OECDは、捜査が中止された理由をつきとめ、さらにイギリスがOECDの外国公務員贈賄防止条約を国内法に組みこんで以来、まだ一度も公訴を提起していない理由をたしかめるために調査官を派遣した。それにたいしイギリス政府は、裏工作でOECDの贈賄防止委員会の長をその職から追いだそうと試みた。これは失敗だった。デイヴィッド・チッジー卿は上院で見るに見かねて、「イギリスはOECD内で笑いものになっている」と述べ、「イギリスの司法制度への信頼を回復するため緊急になにかすべきである」と提案した。

トニー・ブレアの首席補佐官ジョナサン・パウエルの兄が〈アル・ヤママ〉取引の捜査を終わらせるという言い分をごり押しするために〈BAE〉にロビイストとして雇われ、弟とそのことでおしゃべりしたかもしれないというニュースは、政治家たちがしゃにむに下した決定に国家安全保障以上の動機があったという印象をいっそう深めたにすぎなかった。兄チャールズ・パウエルは「政府の高官たち」と捜査について話し合ったし、そのなかに自分の弟がふくまれていたことは「完璧にありうる」と語った。ダウニング街の報道官はジョナサン・パウエルが兄と捜査について話し合ったことはないと主張した。「ふたりが兄弟だという事実は、ですからなんの関係もありません」。そしてジョナサン・パウエルは訴追するかどうかの決定にかかわっていないとつけくわえた。しかし、チャールズは、弟とこの問題について話し合ったことがあるかどうかを思いだそうとしたとき、こういった。「完璧にありえます。もしそう聞いたのなら、そう書きなさい。というのも、本当に思いだせないんですよ……あらゆる種類のことを話し合いましたから」。彼は家族同士の会話の内容は「不可侵」だとつけくわえた。

「イギリス国民はそれら［情報上の懸念］をより重要なものと考えるだろう」というブレアの主張は満場一致で支持された意見ではなかった。武器取引反対キャンペーン（CAAT）と、社会的正義のためのNGO、コーナー・ハウスは、発表のあとすぐに政府に書簡を送って、捜査の中止は不法であると主張し、再開を要求した。つづいて二〇〇七年の一月には三七カ国の一四〇のNGOからトニー・ブレアに書簡が送られ、決定に抗議し、買収が民主主義と持続可能な発展、人権、そして貧困におよぼす重大な影響をくりかえした。

実業界のグループさえもが決定に反対の声をあげた。イギリス最大の年金基金である〈ハーミーズ〉は、決定が主要な金融センターとしてのイギリスの評判を危機にさらし、その代償は商取引と市場にとって長期にわたり高くつくことになるだろうと、首相に書簡を送った。一〇〇〇億ポンド以上を管理する〈F&Cアセット・マネジメント〉はこの決定が商取引にとって有害だと考え、政府への書簡のなかでこう述べた。

長期の投資家にとって、贈収賄と腐敗行為は、市場をゆがめ、不安定にさせ、企業を法的な義務にさらし、腐敗していない企業を不利な立場に置き、投資の機会を探す投資家にたいする透明性を失わせるものであると、われわれは確信しています……政府の最近の決定は、O

ＥＣＤの贈賄防止条約のより広い受け入れが根付きはじめたまさにそのときに、腐敗行為を取り締まるイギリスの国内法の首尾一貫した適用を土台から揺るがすものとして受けとめられる危険があります。

二〇〇七年十一月、ＣＡＡＴとコーナー・ハウスは、高等法院で正式な司法審査を申し立てることを認められた。両ＮＧＯは、捜査を中止するという決定がサウジアラビアとイギリスとの関係に損害を、とくに英サウジの安全保障、情報、外交協力に損害を与える可能性があるという配慮にもとづいていて、よってＯＥＣＤ外国公務員贈賄防止条約の第五項に違反していると主張した。さらに、イギリスは実質上サウジアラビアと結託して、テロ活動にかんする情報を共有するために協力するというサウジの国際的な法的義務に違反していると主張した。また、首相をふくむ政府閣僚たちが、タイフーンをはじめとする商業的、経済的、外交的問題を売りこめなくなる危険を考慮するよう、よこしまな助言をＳＦＯに与えたと確信していた。贈賄防止条約はそうした配慮を禁じていると法務長官がいったにもかかわらず。ＮＧＯは、ＳＦＯ局長も政府閣僚も捜査の中止がイギリスの国家安全保障に与える損害を評価も考慮もしなかったと示唆した。

彼らのもっとも重大な主張は、ＳＦＯの局長が下すべき決断について政府閣僚が意見を表明したことだった。公益にかんする協議のルールでは、閣僚が公訴を提起すべきかどうかについて意見を述べることは禁じられていた。にもかかわらず、トニー・ブレアは捜査を中止することが公益にいちばんかなうと明言していた。そして最後にＮＧＯは、独立した検察官が脅迫あるいは恐喝に屈して、犯罪捜査あるいは公訴を断念する決定に影響をおよぼすことは違法であると主張した。

二〇〇八年四月、高等法院はCAATとコーナー・ハウスに決定的に有利な判決を下した。判事団の評決はイギリス政府を断罪し、政府が「イギリスの司法手続きをゆがめる外国政府の試み」である「脅迫に、哀れにも屈した」と評した。高等法院は〈ショウクロス〉手続きが考慮すべきでなかった申し立てに汚されていたことを認め、さらにSFOが捜査を中止させようとする試みに正しく勇敢に立ち向かったとも述べた。重要なのは、バンダルがダウニング街一〇番地に入っていって、捜査をやめなければタイフーンの取引と情報ならびに外交面の協力を両方とも中止すると脅したというNGOの主張に、政府が法廷で異議を唱えなかったことだった。法廷はまた首相が介入した影響力にも異を唱え、こう結論づけた。

彼［SFO局長］があまりにもやすやすと［脅迫に］服従したのは、彼が行政府同様、どうしたら脅迫に抵抗できるかではなく、脅迫が実行された場合に懸念される影響ばかりを考えていたからである。

この国の内外を問わず、誰ひとりとして、わが国の司法手続きをじゃまする資格は持っていない。当法廷の介入を正当化するこのもっとも重要な原則を心に留めていないのは、政府と被告側の怠慢である……われわれは局長とわが国の刑事司法制度の独立を脅迫から守る責務をはたすために介入する。首相は二〇〇六年十二月十一日、これが自分の見たなかでもっとも明白な公益への介入の例だと述べた。われわれもまったく同じ意見である。

法廷は事実上、捜査が中止されたのは、そうしなければサウジは情報を取り下げ、それが「ロンドンの街角の流血」につながるとバンダル王子が脅迫したからだと判断した。判決は「そうした脅迫が、この国の刑法が適用される者によってなされたのなら、その者は司法手続きをゆがめようとした罪に問われる危険を冒したことになる」と述べている。

判決は広く称賛された。コーナー・ハウスのスーザン・ハウリーは、これを「イギリスの司法にとって偉大な一日」と宣言し、CAATはこれが「イギリスを、もはや〈BAE〉が好き勝手にできない日に一歩近づけた」といった。高名な哲学者のA・C・グレイリングの言葉によれば、この判決は、

われわれの時代のジレンマの核心をつくものだ。われわれの民主主義とその制度が、部外者にさえ買収できるほど、操作と隠蔽と目的のごまかしにさらされている様子を。モーゼス［控訴院判事］は山頂から法律の石板をもたらしたとさえいえるかもしれない。下界では、私利追求という黄金の子牛の崇拝者たちが、それを叩き割ろうと手ぐすね引いている。イギリスの法律の名誉と高潔が大きな目先の利益と引き換えに売られた恥ずべき問題で、自分たちがあとから非難されないように手を打つためもあって。それによって、国を恥辱でつつむだけでなく、司法制度自体を傷つけようとして。

右派の《デイリー・メール》でさえ、イギリスが外国人からの脅迫に屈したという理由で、サウジにたいして卑屈な態度を取るのをやめるべきだと同意した。《ニューヨーク・タイムズ》は社

説でこう書いている。

イギリスのトニー・ブレア首相は、一〇年前に彼を権力の座に押し上げるのに役立ったクリーンな政府の誓いから自分がどれほど遠ざかってきたかを示すことに、首相としての最後の数週間を使おうと決意しているようだ……ミスター・ブレアは先週、徹底的な捜査はきわめて重要な戦略的関係の「完璧な破壊」以外のなにものをもたらさなかっただろうと述べた。この不誠実な決めつけは、決定的な点を無視している。贈収賄はけっして正当化されないし、洗練されたものでも、合法的でもない。

判決の重要な側面は、政府とSFOが圧力にただ屈する以外に、サウジの脅迫にどうやって対処できるかを考えなかったことである。彼らは、アル・カーイダの重要なターゲットであるサウジアラビアが情報の共有を取り下げることがいかにありえないかを考慮しなかった。サウジはイギリスが彼らにたよるよりももっとイギリスとアメリカにたよっているというのに。もしサウジが脅迫をつづけていたら、アメリカとの関係は深刻なダメージを受けていただろうし、ジョージ・W・ブッシュのテロとの戦いにおける自分たちの立場を悪くしていただろう。バンダルが脅す「街角の流血」と同じぐらいありえそうなのは、テロ集団が、彼らの敵であるサウジとの大規模な武器取引にかかわったという理由で、イギリスを攻撃しようと決意することだ。

もちろん脅迫が本物ではなく、面倒ことになる可能性がある捜査を終わらせるためのたんなる道具だったというのはかなりありそうなことだ。腐敗行為を暴露されたくないサウジ人が利用し、結局のところ政府間の経済活動である取引で政府が共謀していたことを隠したいイギリス人がそれに飛びついたのだと。これは〈BAE〉と同社の将来の商業的な見通しを守るのにも役立った。デイヴィッド・ハウアース下院議員は同様のことを示唆し、捜査を終わらせる動きを誘導しているのは〈BAE〉を保護するための策謀だと主張した。故ロビン・クック外相は同社を「〔ダウニング街〕一〇番地の庭のドアの鍵を持っている……わたしは一〇番地が〈BAE〉に迷惑をかけるような決定を提案した例を知らない」と評している。捜査に近いある高位の消息筋も同じ意見だった。「〈BAE〉は究極の企業で、実際には政府の一部なんだ」

高等法院の手厳しい判決のあと、〈BAE〉は、元首席裁判官のウルフ卿に作成を依頼した同社の倫理的な実践についての報告書を公表して、道徳的な優位を勝ち取ろうとした。〈BAE〉はウルフ報告書を独立した調査と呼んだが、同社がウルフ卿に一日につき六〇〇〇ポンドを九カ月間支払っていたというニュースがその独立性に疑問を投げかけ、卿は同社の過去のいかなる行動も考慮できず、先を見ることしかできないという非難を引き起こした。PR活動を運営するために彼に支払われた法外な額の金について《エコノミスト》誌に質問されると、ウルフ卿はこう答えた。「わたしが金額に影響されたというのですか？　わたしはそんな基準で話を持ちかけられるほどの人間ではありませんよ」

わたしはウルフ委員会で証言することにしぶしぶ同意し、その機会を利用して、これほど限定的な任務を引き受けたことでウルフ卿を批判した。それでは同社の本質と生来の傾向を理解できないと、わたしは彼にいった。非公式の会話で、わたしは〈BAE〉の道義性と倫理は腐敗した過去をすべて白状しないかぎりぜったいに向上することはありえないといった。彼は法律のせいでそうすることはむずかしいと答えた。つまりイギリスの元首席裁判官は、法律に違反した企業が、過去の犯罪行為への関与を忘れて、そのままふたたび歩みだすべきだといっていたのである。そして彼らがそうするのを彼は手伝っていた。

報告書全体は、〈ＢＡＥ〉が怪しげな代理人を利用していたことや、巨額の賄賂の支払い、世界中の政府の贈収賄行為、同社が武器取引反対キャンペーン（ＣＡＡＴ）にスパイを送りこんでいたことにすら、ほとんど言及していなかった。報告書は、便宜をはかってもらうための支払いを行なわないとか、イギリス国内の改正された贈収賄防止法の必要性を認めるとか、アドバイザーとの取引では詳細な事前調査の過程を踏むことといった、賢明だがあたりまえの勧告をいくつか行なった。しかし、ウルフ報告書は〈ＢＡＥ〉の問題を解決するためのものではなく、実際には問題に取り組んですらいなかった。デイヴィッド・リー記者がこの取り組み全体についていったように、「ウルフはおちつきはらって事実の存在しない領域を支配した」のだ。ウルフ報告書についやされた一七〇万ポンドは、事実上のおざなりな報告書で世間の目を欺こうとするＰＲ作戦で無駄になった支出だった。

過去への健忘症的な取り組みは、〈ＢＡＥ〉の新しい夜明けとなるはずのものを傷つけた。ディック・オルヴァー会長は同社の二〇〇八年の年次総会で、〈ＢＡＥ〉はもっとも倫理的な武器会社になるだけでなく、いかなる産業のいかなる企業の倫理にとっても最高水準を表わすものになるだろうと発言したが、この発言は妄想に近かった。わたしはディック・オルヴァーが、あるいはどこかの防衛産業の重役が、倫理的な武器会社になることがそもそも可能であるかという根本的な問題を解決するために努力するとは想像できない。

同社のPRイメージチェンジのひとつが、ディック・オルヴァーひきいる新経営陣が、裏金と秘密の金融取引のシステムを確立した張本人とされるディック・エヴァンズとマイク・ターナーの時代と決別するという主張だった。ところが、サウジアラビアとの関係のおかげで〈BAE〉内でキャリアを築き上げ、〈アル・ヤママ〉取引ではサウジで事業を取り仕切っていたディック・エヴァンズは、不名誉な引退後もオルヴァーの〈BAE〉に顧問として留まっていることが明るみに出た。ディック・オルヴァーはエヴァンズが二〇〇四年に会長職を退いたのち〈BAE〉から一五〇万ポンド近くを得たことを公表せざるを得なくなった。彼の仕事は？　とくにサウジアラビアとの関係について同社に助言することだった。彼との契約は対外的に大きなダメージを与えたあとで二〇一〇年前半にやっと終了した。

〈BAE〉は以前、倫理的な武器会社としてイメージチェンジを試みていて、ひきつづきそれをつづけるつもりだった。二〇〇六年、企業責任担当取締役デボラ・アレンはBBCに、〈BAE〉は「ジェット戦闘機の燃料効率を高めるよう考慮することから、弾薬が製造される材料と、それが環境に与える影響はどうかを考慮することまで、あらゆることを」やっていると語った。同社は、環境にさらされた場合に「いかなる追加の害も引き起こさない」ように、「環境にやさしい」無鉛の銃弾を製造する計画を持っていた。つまり、銃弾が負傷または死んだ標的に引き起こした害に追加して、ということだ。〈BAE〉はユーザーが煙によりさらされずにすむように、もっと静かな爆弾を製造することについても話していた。さらに同社は時間とともに肥料に変わる地雷を製造しようとしているとも報じられた。アレンがいったように、同社は「最初に破壊した環境を再生させる」つもりだった。彼女はこうつづけた。「じつに皮肉で、きわめて矛盾していますが、わたしは間違いなくすべての武器がこのやりかたで製造されたらそれはいいことだと本気で考えています」。この環境保護構想は、より思いやりのある武器と弾薬を製造する倫理的な武器会社という馬鹿げた概念がさんざんおもしろがられただけに終わった。環境にやさしい銃弾を製造する計画はその二年後、廃棄された。鉛のかわりにタングステンを銃弾の先にかぶせると製造コストが高くなり、この新しい試みは利益にならないことを〈BAE〉が発見したからである。

同社はまた、英国国旗に重ねた〈BAE〉のスローガンを使った大規模な宣伝キャンペーンを開始した。広告は左派系の《ガーディアン》紙と《ニュー・ステイツマン》誌をふくむ出版物――後者のある号では、わたしが同社について書いた批判的な記事とならんで――と多くのロンドン・タクシーとバスに打たれた。国旗につつまれた一連の広告はつづき、風刺的なパロディーにちょっとしたブームを生みだした。

このPRの猛攻撃のさなかに、ディック・オルヴァーはSFOの捜査に反対の声を上げ、捜査は「失敗を運命づけられている」と主張して、やめるべきだと示唆した。高等法院の判決から一年がすぎ、SFOは新しい指導者に指揮されていた。リチャード・オルダーマンは、以前内国歳入委員会で税務調査部門の長をつとめていたキャリア官僚で、法務長官のレディ・スコットランドから安全な選択肢と見なされた。ある消息通によれば「ファイルが好きな税額査定屋」である。これが贈収賄と腐敗行為と戦ったりっぱな実績を持つ政府外部からの候補者だったら、SFOの独立性と評判は高まったことだろうが、この選択肢は道徳的指針を失った疲弊した政府というイメージをいっそう強めた。

オルダーマン新局長は不正についての大衆の意識を高め、はっきりとした被害者のいる事件に焦点をあてることを狙っていた。彼は捜査が依然として重要であると主張したが、そのあとすぐに、注目の海外腐敗行為事件を訴追する承諾を求める法務長官への申請を取り下げた。この事件には、ロンドンに拠点を置く企業のボスニアにおける活動がかかわっていた。彼の着任と同時に、SFOの上級管理職の三分の一が大量脱出した。その多くは新しい方向性は間違いであり、有罪判決がいっそう減ることになるだろうと感じていた。

オルダーマンの着任とともに、高等法院の判決は、イギリス支配階級の最後の砦と期待される上院上訴委員会（イギリスの最高裁判所）に上訴された。政府は上訴委員会で方針を転換し、バンダルが捜査を止めようとしたことを否定した。政府の勅選弁護士であるジョナサン・サンプションは、バンダルが自分の私利私欲から捜査を終わらせようとしたというのは「根拠がない」と主張した。彼はその示唆が日曜紙の記事にもとづくもので、政府が認めたことはないといった。誰が閣僚を脅迫したかはいわなかったが、サウジの国家の最高レベルから「一定の期間、いくつかのチャンネルで」もたらされたことは「完全にあきらか」だと主張した。上訴委員会で政府があきらかにした文書は、SFOと法務長官が独立していて、自分たちには公訴にかんする権限がないとくりかえし告げることで、政府がサウジの申し立てに抵抗したことを示すためのものだった。

上訴委員会はすぐにSFOと政府に有利な評決を下した。五人の判事のうちひとりは、捜査の中止に不本意ながらしたがわねばならないことに遺憾の意を表明した。レディ・ヘイルは「独立した公職者がいかなる種類の脅迫にも屈せざるをえないと感じなければならないとは不快きわまる」と考えた。彼女は脅迫と危険を局長が考慮する資格のある問題だと主張したが、ほかの四人の法官貴族とちがって、彼女は「これが彼に下せた唯一の決断だったとは認め」なかった。彼女はこうつけくわえた。「この世界が、正直で誠実な公務員がこういう手におえない状況に置かれたりしないような、もっといい場所であればいいのですが」

上訴委員会は、SFO局長の決断がOECD贈賄防止条約の第五項に適合しているかどうかを判断するのは、イギリスの裁判所ではなく、OECDの贈賄作業部会が、条約で規定された紛争解決機関として、それを行なうのだと判決した。委員会はまた、SFO局長が自分は条約に関係なく同じ決定を下していただろうと認めたことに動揺した。この驚くべき発言は、イギリスがOECD外国公務員贈賄防止条約の第五項を国内法に組み入れるのをおこたっていて、政府とSFOにはそれにしたがう用意がなく、条項の規定はイギリスでは執行できないことを認めるものだった。コーナー・ハウスが指摘したように、「これはSFOが〈BAE〉＝サウジ捜査を中止することが不法であるかどうかに関係なく、イギリスが国際法の義務をはたしていないことを意味している」

決定は広く非難された。SFOが捜査に乗りだすのを助けた《ガーディアン》は、上訴委員会にこう反応した。

「愛国心は悪党の最後の避難所であるかどうかにかかわらず、国家安全保障は圧制者の最後の避難所となりうる」。ウォーカー卿は圧制的なテロ法の合法性にかんする画期的な訴訟事件で政府の側につく以前に、この鋭い警告を発した。乱用の範囲をじゅうぶん認識しているのに、裁判所は、国家安全保障にかんして行政をあとから批判することにつねに控えめである。結局のところ、閣僚はそこでは特別の責務があり、特権的な情報も持っている。昨日、上訴委員会は全会一致で伝統的な服従を示した。〈BAEシステムズ〉への警察の徹底的な捜査を打ち切るのは適法であると判決したのだ——公式には、公共の安全への懸念から取られた措置である。

スー・ハウリーはこう意見を述べた。「これはじつに失望すべき、きわめて保守的な判決だ……もし裁判所に政府の責任を問う準備がないとしたら、誰がその仕事をするのだろう？　モーゼズとサリヴァンの判決がじつに力強く述べたように、『法の支配は傲慢な権力を抑えられなければ無意味である』のだ」。腐敗防止を訴えるNGOのトランスペアレンシー・インターナショナル（TI）のイギリス理事長ローレンス・コッククロフトは、「わが国の裁判所が腐敗行為と戦う政府の責務の信頼性を救うかもしれないという希望は吹き飛ばされた」と嘆いた。

ロバート・ウォードル局長が認めたように、SFOは恐喝に屈し、上院上訴委員会は強力な友人を持つ大手武器会社を公訴することを事実上不可能にした。脅迫と、政府を脅して不都合な捜査を中止させることは、いまや許容された。

二〇〇九年四月一日、ヘレン・ガーリックは、SFOの友人たちと同僚に別れを告げた。場所はロンドン中心部のハイホルボーンにある〈バング・ホール・セラーズ〉の地下だった。隠れ家のような地下の薄暗がりはこの場に完璧に合っていた。高潔で信念を持ったヘレンのような勇敢な人々はもはや必要とされていなかった。彼女が威厳ある感動的な別れの言葉を告げたとき、人々は人目もはばからずに涙を流した。それは彼らが失っていく同僚たちのための涙であると同時に、イギリスで腐敗行為との戦いに立ち向かう暗い未来のための涙でもあった。

8　そして、誰も裁かれない？

二〇〇〇年代後半までに、ユーゴスラヴィアの両陣営に武器を売ったり、リベリアとシエラレオネに武器を密輸したりといった、〈メレックス〉拡大ネットワークの不法な活動の一部は、国連と、グローバル・ウィットネスやアムネスティ・インターナショナルのようなNGOによって暴かれていた。死の商人の代表格として知られたヴィクトー・バウトは、ニコラス・ケイジ主演のハリウッド超大作映画〈ロード・オブ・ウォー〉の題材として利用された。〝紛争《ブラッド》ダイヤモンド〟という言葉は、シエラレオネの惨劇をハリウッドで脚色して、レオナルド・ディカプリオが強面で訛りたっぷりに演じた映画のおかげで、大衆の意識に浸透した。ジョー・デル・ホヴセピアンの経歴や、ニコラス・オーマンの邪悪なたくらみのような、多くの活動が、依然として未調査のままだが、かつて秘密だった武器ディーラーと詐欺師たちの地下世界は、大衆の目の前にさらしだされた。

にもかかわらず、ネットワークのメンバーはひとりも武器取引の廉で有罪になっていなかった。なかにはほかの罪状で逮捕され、さらには有罪を宣告された者もいたが、世界中に大混乱と甚大な被害を引き起こした武器取引のせいで裁判にかけられた者は、いまだにひとりもいなかった。

それには法的な理由と政治的な理由があった。ネットワークのメンバーにたいして提起された数少ない公訴のいくつかは、裁判所の管轄権というやっかいな暗礁に乗り上げた。裁判所の管轄権自体が、国際的な規定と法律のごく弱い枠組みに左右されていた。武器ブローカーは世界中の多くの場所で活動し、複雑なチャンネルを使って資金や武器などの物資を複数の司法管轄権を越えて移動する。武器がとどいたときにその場に立ち会うことはめったにない。そのため、裁判所はその罪が自分たちの管轄外であると決定しがちである。たとえば、EUは武器密輸に共通して強い態度を取っているが、裁判所の管轄権を越えて武器ディーラーを訴追するための統合された法的仕組みを持っていないため、これらの死の運び屋にほとんど手を触れることができない。

同じぐらいやっかいな問題は、戦闘地域からの証拠の収集とその性質である。たとえば、オランダのある裁判所は、戦争地域の情報提供者からの「相反する」証拠を却下した。調査のこみいった状況や、事件にかんする現地の考えかたや説明が、西洋人の目には誤解される可能性があることは、まったく考慮されなかった。

こうしたやっかいな法的問題をしばしばいっそう困難にするのが、多くの国では武器ディーラーを訴追する政治的な意思があきらかに欠けていることだ。〈メレックス〉設立当初の経歴でもわかるように、武器ディーラーたちは、多くの場合、国家情報機関をはじめとする準国家組織とのつながりによって訴追から守られている。極端な場合では、武器ディーラーは政界関係者もかかわった組織犯罪ネットワークに組みこまれているし、武器取引を公然と、あるいは暗黙で容認する有力政治家や高官の役に立ってきた者たちもいる。彼らの逮捕と訴追は、彼らの賛助者たちに大きな当惑と政治的法律的問題を引き起こすことになりかねない。上層部に友人がいる一部の武器ディーラーたちは、不法な稼業に従事しているあいだもその先も、逮捕と訴追をずっとまぬがれることができた。

　ヴィクトー・バウトが法の網の目を長年かいくぐってきたことは、こうした問題が合わさって、武器ディーラーの訴追を困難にした好例である。

　二〇〇二年二月、ベルギー当局はインターポールの「レッド・ノーティス」[1]を出して、マネーロンダリングと武器取引の罪でバウトの逮捕を求めていることを知らせた。理論的には、もしバウトが加盟国の国内にいたら、地元警察当局は彼を逮捕して、ベルギーに引き渡す義務がある。9・11同時多発テロ事件の直後から、バウトのアフリカにおける同僚のサンジヴァン・ラプラーは、アメリカの情報機関の高官と接触して、長期にわたるやりとりをはじめていた。一度などはアメリカにも飛んで、情報臨取を受けている。このときは国連の旅行禁止リストで身元がわからないように、パスポートと入管の検査を迂回した。彼はアメリカ側の接触相手「ブラッド」に広範囲の情報を提供すると約束した。そのなかには、アフガニスタンのタリバンとアル・カーイダの動きもふくまれていた。彼とバウトはそれらの武装集団に武器を調達したおかげで内情に通じていたのである。この新たな知識と広範囲のネットワークのせいで、バウトとラプラーはテロとの戦いにおける有益な「汚れた」接触相手になることになる。

　そもそもアメリカの情報機関がバウトやラプラーと公式に情報を取引したかどうかははっきり

1　レッド・ノーティスは、逮捕令状または判決にもとづく逃亡犯罪人の引き渡しのために、指名手配犯の仮逮捕を求めるインターポールの通知である。これに類するものとしては、再犯の可能性がある潜在的犯罪者にかんする警告または犯罪情報を提供するグリーン・ノーティス、あるいは身元不明死体にかんする情報を求めるブラック・ノーティスなどが挙げられる。

しないが、何年もバウトを逮捕できなかったのはアメリカの情報機関が介入したせいではないかとはいわれている。この疑念は根が深かったので、ベルギー当局は逮捕状をアメリカの漏洩の多い情報機関ネットワークには秘密にしておこうとした。ベルギーとヨーロッパ各国の当局は、〈ブラッドストーン作戦〉という新しい対策チームの傘のもとで、イギリス情報機関と力を合わせて、旅行禁止に違反するバウトの頻繁な旅行を監視した。二〇〇二年二月後半、確実な情報によって、バウトが所有機に乗ってモルドヴァからアテネへ飛ぶつもりであることが判明した。彼がアテネに着陸したところで逮捕して、ベルギーで裁判にかける計画が立案された。

バウトの乗機が離陸するとすぐに、イギリスの現場工作員が暗号メッセージをロンドンに送って、〝資産〟が飛び立ったことをつたえた。その数分後、飛行機は飛行計画を放棄して、針路を変えると、現地のレーダーが捕捉できない山地へと姿を消した。飛行機はその九〇分後、ふたたび姿を現わして、アテネに着陸した。警察が飛行機に乗りこむと、機内はパイロット以外もぬけの殻だった。それから二四時間後、バウトは四五〇〇キロ離れたコンゴ民主共和国で目撃された。バウトの所有機の搭乗員はアテネで彼を逮捕する計画を知らされていて、彼をどこか安全な場所で降ろすよう手配したのである。あるヨーロッパの捜査員にとって、あらゆる兆候はアメリカの共謀を指し示していた。「これほどの短時間でイギリスの通信を解読できる情報機関はふたつしかない」と彼は説明している。「ロシアとアメリカだ。そしてわれわれはそれがロシアではないことを間違いなく知っている」

バウトは間一髪の脱出劇のすぐあと、安全なロシア国内の「縄張り」に戻った。バウトにはロシアの体制内に密接な接触相手がいるので、ロシアの役人たちは彼を訴追させるのに乗り気でなかった。彼はその接触相手を通じて長年、余剰物資を調達することができたのである。二〇〇二年、彼の所在をあきらかにする要請に応えて、ロシア当局はバウトが間違いなくロシア国内にはいないと断言した。彼らがこの決定的な否定を発表しているとき、バウトは同国有数の大ラジオ局のモスクワ・スタジオで二時間のインタビューに応じていた。そのあとすぐに、ロシア当局は状況をはっきりさせる声明をふたたび発表した。それはジョージ・オーウェル風のわざとあいまいな表現を使って、もはやバウトに手出しはできないことを遠回しにつたえていた。このロシアの庇護──現地では「クリシャ」と呼ばれる──のもとで、バウトは、いっそう用心深くではあるが活動を再開することができた。その結果、最近の二〇〇六年にもバウトはソマリアのイスラム主義過激派とレバノンのヒズボラに武器を送っていた。この時期、彼はイラクとアフガニスタンでアメリカに空輸サービスも提供していた。

二〇〇七年までに、バウトはアメリカの麻薬取締局(DEA)の関心を引いていた。国内の「麻薬戦争」に従事するDEAは、9・11同時多発テロ事件以降、権限を強めて、「テロリスト」を支援する一連の活動にかかわる者たちに積極的なおとり捜査作戦を仕掛けられるようになった。麻薬密輸はテロ支援活動の一部にすぎないかもしれなかった。DEAは巨大な組織を持ち、CIAよりも外国部局が多い。その組織は、武器ディーラーが利益を得る複雑な国際犯罪を追う場合に、とくに威力を発揮する。なかば引退した武器ディーラーのモンゼル・アル=カサールにたいして二〇〇六年に仕掛けられたおとり捜査では、それが実証された。

アル=カサールがこの稼業をはじめたのは、イエメン政府が彼にポーランドからライフルと拳銃を購入するよう依頼したときだった。彼は一九八〇年代にポーランドでイエメンの商務官を務めていた。彼は二〇〇二年まで非合法の武器取引でポーランド軍部を手伝っていた。イラン・コントラ取引にかかわった以外にも、一九八五年のクルーズ客船アキレラウロ号ハイジャック事件の首謀者である友人のアブ・アッバスに武器を提供している。アブ・アッバスは事件で、車椅子に乗っていたアメリカ人乗客レオン・クリングホファーを殺害した人物だ。アル＝カサールはまた、クロアチアとボスニア、ソマリアで国連の武器禁輸に違反した。《ワシントン・ポスト》が引用した記録によれば、イランのために中国製対艦ミサイルの部品を入手するのにも関与していたかもしれない。議会図書館におさめられた報告書では、ブラジルで既知のテロリストがひきいる集団に爆薬をとどけたほか、それ以前にはキプロスでイラン人過激派に武器を売ったことがあると告発されている。

彼は父親が外交官を務めたことがあるシリアの最上層部に豊富なコネを持っていた。しかし、もっとも重要なのは、彼がイラクのスンニー派反政府勢力を支援していると非難されていることだった。

DEAは、〈黒い九月〉グループ（彼が以前協力していたパレスチナの準軍事集団）の寝返った元メンバーを利用し、武器を必要としている顧客がいるといってアル＝カサールと関係を築いた。その顧客の代理をつとめたのは、コロンビア革命軍（FARC）の代表のふりをしたDEAのグアテマラ人情報提供者ふたりだった。FARCはアメリカから長いことテロ組織としてリストアップされていた。つまり、彼らに武器を供給しようとするのは、法的に見ると、アメリカ国民を殺害する陰謀に加担することを意味する。アル＝カサールとの一連の録音された会話と会議で、代理人たちは、数千梃の機関銃とRPG携帯式対戦車ロケット弾、地対空ミサイルをふくむ一万二〇〇〇近い武器を供給する取引に合意した。彼らは武器ディーラーを説得して、「FARCの上級指導者」に面会するためにマドリードまで足を運ばせ、そこで彼はアメリカから指示を受けたスペイン警察に逮捕された。スペインをはじめとする各国の情報機関は、武器ディーラーをしばしば情報のために利用していて、アル＝カサールの場合も例外ではなかったが、彼とそれらの情報機関とのつながりも、彼を守ることはできなかった。二〇〇八年六月、彼は手錠をかけられてスペインからアメリカに空路送られ、そこで裁判に直面した。

ヴィクトー・バウトは以前、一九九八年と一九九九年にFARCのためにコロンビアのジャングルに武器を空中投下したことがあった。そのため、このロシア人を安全な「庇護《クリシャ》」からおびき出そうとするのに、同じ手口を使うのは理にかなっていた。DEAのマイクル・ブラウン捜査官は同じ計略を二度使うのは可能だと感じた。それは彼が長年、世界の「くず野郎どもの寄せ集め」を追ってきて得た心理学的洞察にもとづいていた。「連中が傲慢であればあるほど好都合だ。ああいう連中は、心のなかでこう考えている。『やつらがあれをもう一度やるわけがない』」

バウトの過去の行動分析にもとづいて何カ月も徹底的に計画を練ったすえ、おとり捜査は二〇〇七年十一月、本格的に開始された。最初の第一歩は、バウトに近い人間に接触することだった。この場合それは、四〇代なかばの謎めいた南アフリカ国民、アンドルー・スムリアンで、以前は軍のパイロットとして勤務していた。DEAの重要な情報提供者のひとり、暗号名CS－1（秘密情報源《コンフィデンシャル・ソース》1号）によれば、スムリアンは依然としてバウトと密接に協力していて、接近の手段をつとめられるということだった。CS－1は以前、スムリアンといっしょに働いていて、バウトと関係したことがあった。一九九〇年代、バウトはブルガリアから飛行機でチェチェンに補給品の木箱を空中投下するため、CS－1とスムリアンに接近した。彼らはことわった。「木箱になにが入っているかははっきりといわなかったが、CS－1は武器の積み荷が入っていることを理解していた」からである。CS－1の正体は依然秘密だが、以後もバウトと断続的に接触をつづけ、ドバイからアフリカへの飛行で同じ飛行機を利用したことも一度あった。

二〇〇七年十一月、CS－1はDEAの指示でアンドルー・スムリアンにEメールを送り、バウトに仕事の話があると持ちかけた。スムリアンはロシア人が興味を持っていると返信し、取引について話し合うためにスムリアンがCS－1と落ち合うことを提案した。十二月のEメールで、スムリアンは自分が「ボリスと話をして、農業機械［武器の婉曲語だと思われる］についてはどうとでもなる……彼がブツを動かせるとは思えないが、たぶんそちらが必要としている品物は手に入れられるだろう」と認めた。スムリアンはCS－1に厳重な警戒を要することを忠告し、こう認めた。「われわれの相手は、国連から世界中で好ましからざる人物に指定されている。アメリカ、ヨーロッパ、そしてスイスからは、それを後押しする制裁。現金やその種の資産はすべて凍結、その総額は六〇億USドルに近く、もちろん祖国の縄張り以外のどこにも旅行は不可……われわれはいかなる形の接触も利用すべきではないし、現存または過去のあらゆる連絡は電子的に取り調べられ、コピーされている」

スムリアンとCS－1、そして彼の同僚のふりをしたふたりの男CS－2とCS－3は、二〇〇八年一月、ベネズエラ沖の心地よい島キュラソーではじめて面会した。CS－2とCS－3はFARCの代表をよそおっていたが、スムリアンはこの計略をすんなりと信じこんだ。偽の代表はスムリアンにFARCが買いたがっている武器のリストを渡した。リストには通常の機関銃のほかに、地対空ミサイルもふくまれていた。もしスムリアンがこれらを入手することに同意したら、この取引は重大な結果を招くことになる。地対空ミサイルをアメリカと直接契約していないいかなる関係者にも売却することは、アメリカの法律に反するからである。DEAの捜査官たちは、取引をさらに確実なものにするために、スムリアンに善意の印として、旅費をまかなうための五〇〇〇ドルを現金で提供した。

ショッピング・リストの話がまとまると、取引の条件を話し合うために、さらに一連の会談が予定された。一月にコペンハーゲンで行なわれたそうした会談のひとつで、スムリアンは彼らがじきにバウトと会談することになると認め、CS－2に向かってロシア人の名前を隠さずに口にして、彼が「死の商人」として知られていることを確認した。スムリアンは、おそらくミサイルのことを指して、「一〇〇個」がすぐに入手できることを認めた。さらに、取引のためにFARCの金をマネーロンダリングするというバウトからの提案をつたえ、全資金の四〇パーセントの報酬をマネーロンダリングすることを持ちかけた。

その数日後のルーマニアでの会談で、バウトは取引の規模を拡大しようとした。会談の候補地についてCS－2と電話で話したあとで、バウトは自分の仕事仲間と話させてくれといった。スムリアンは興奮状態で受話器を置くと、一〇〇発の〈イグラ〉携帯式地対空ミサイルを確保したことを確認し、それから「敵のヘリコプターを一掃できる特別なヘリコプター」と、ヘリコプターの使い方の訓練、そして三発のミサイルを同時に発射できるもっと近代的なロケット発射機を新たに提案した。武器はブルガリアの武器メーカーによって提供され、二〇〇個のパラシュートをつけて、ニカラグアからガイアナへの飛行中にコロンビア上空で空中投下されることになる。もしFARCがマネーロンダリングを求めないのなら、バウトは彼らの支配地の近くにいつでも空《から》の飛行機を用意しているので、直接現金を回収することも可能だと提案した。

それからさらに一カ月間、やきもきしながら待ったすえ、ついにバウトは隠れ家からおびき出された。偽の代表たちはバウトとじかに会えなければ取引は行なわないと主張したのである。ルーマニアのブカレストで会合が計画されたが、これはうまくいかなかった。ルーマニアにいるバウトの接触相手が彼のためにビザを手配しようとしたとき、同国内のバウトの取引関係をあきらかにしたドキュメンタリーがルーマニアのテレビで放送されたのである。接触相手はいまバウトがルーマニアを訪問するのは危険すぎると警告した。しかし、ついに会合の手配がまとまった。新しく取得した〈ヤフー〉のEメール・アドレスを使ってバウトと接触したDEAの捜査官は、二月の末に商用でタイをおとずれるつもりだと彼につたえた。バウトは、取引をどうしても進めたいようで、監視を恐れていたにもかかわらずCS－2に直接電話をよこして、バンコクで捜査官と会うことに同意した。骨身を惜しまぬ数カ月間の活動のすえ、DEAはついに死の商人を隠れ家の「庇護《クリシャ》」からいぶり出したのである。二月後半、彼らはいそいでニューヨークの裁判所に逮捕令状を請求し、作戦のお膳立てのためにタイへ向かった。

バウトは二〇〇八年三月六日にバンコクに到着し、正午少し前に市中心部のビジネス地区にある五つ星のソフィテル・ホテルにチェックインした。午前五時からあたり一帯を監視していたDEAの捜査官たちは、バウトがフロントに歩いていって、ホテルの二七階の会議室を午後三時に予約するのを見守った。ロシア人はシャワーを浴びてさっぱりすると、ホテルのバーでCS－2とCS－3と落ち合った。飲み物のグラスごしに、「バウトは、アメリカとの戦いは自分の戦いでもあり、アメリカ製のヘリコプターを撃墜するために武器をFARCに供給するつもりだという趣旨の発言をした」そしてセールスマンの立て板に水の売りこみ口調になると、擲弾発射機とミサイルを搭載できて、ヘリコプターを撃墜するのに最適の、「超軽量」複座戦闘機を褒めちぎった。彼らは上の会議室に移動した。バウトは取引に片を付けるために、「一五〇〇万」で「七〇〇から八〇〇発の地対空ミサイル、AK-47ライフル五〇〇〇挺、弾薬数百万発、ロシア製の各種ライフル用予備部品、対人地雷とC-4爆薬、暗視装置、超軽量航空機、そして無人機」を供給すると簡潔にいった。バウトはそれぞれの仕様をくわしく説明するパンフレットを取りだすと、さらにFARCが将来自分たちの武器を輸送できるように、輸送機を二機、アントノフとイリューシンを一機ずつ購入するようにすすめた。

セールスの口上が終わると同時に、タイ警察とDEAの捜査官の群れが会議室になだれこんだ。バウトは抵抗を見せなかった。手錠をかけられると、こうつぶやいた。「試合終了か」。彼は無造作にロビーを抜けて引ったてられていった。ロビーにはDEAの捜査官がつめかけ、同僚やCS-2、CS-3によくやったと祝福の言葉をかけあった。その翌日、ニューヨークではアンドルー・スムリアンが警察官に連行されて地方裁判所につれていかれ、逮捕が認められた。スムリアンは減刑と証人保護を条件にアメリカの当局と司法取引に応じて、計画におけるバウトの役割をすべてぶちまけたとされる。

鍵を握る証人がいて、明白な証拠がこれほどたくさんある以上、アメリカ当局がバウトを起訴して有罪に持ちこむのにほとんど障害はなかったはずだ。彼らはモンゼル・アル=カサールの迅速な裁判と有罪判決で勢いづいていたことだろう。アル=カサールの場合と同様に、ヴィクトー・

バウトをすぐに引き渡すよう手配して、アメリカの裁判所で裁判にかけることがきわめて重要だった。最初の犯罪人引き渡しの要請は、タイ当局がバウトを起訴しないと決定すると同時に、二〇〇八年四月に出された。犯罪人引き渡しには、その罪がホスト国と引き渡しを求める国の両方で処罰の対象になるだけではなく、その罪がホスト国で起訴されていない必要がある。アメリカの犯罪人引き渡し要請書には、FARCにかんする記事や南米の地図、会議にかんする自筆のメモなど、逮捕のさいにバウトから押収した一連の「有罪の証拠となる」文書が添付されていた。

二〇〇九年八月、タイの裁判所はやっと決定を下し、犯罪人の引き渡しを却下した。この件でもっとも重要だったのは、犯罪とされるものが、政治的行為ではなく犯罪行為と明白に見なされるかどうかということだった。アメリカとタイの犯罪人引き渡し条約では、「犯罪人引き渡しが政治目的で要請される」か、あるいはその罪が「完全に軍事的な犯罪あるいは政治的な犯罪のみ」である場合には、犯罪人引き渡しは行なわないとされている。タイの裁判官たちは、FARCに支援を提供することが、ただの犯罪計画ではなく、政治的行為と見なすべきだと判断したのである。彼らの考え方には、タイ政府がFARCをテロ組織と同一視していないこと、そして裁判所が法律ではなく外交政策に指図されるわけにはいかないことが、反映されていた。決定の裏には偏狭な法律上の懸念以上のものがあったのかもしれない。現実的な政策もまた一役買っていた可能性がある。審理が進むにつれ、ロシアがアメリカの要請に対抗しようとして、タイ当局にかなりの圧力をかけたからである。

ロシアでは、バウトの引き渡しに強い反対があった。政界の重要人物たちはいっせいにバウトを擁護し、彼にかけられた容疑はアメリカの卑劣な政治的陰謀だと発言した。「冷戦が終わったからといって、軍事産業関係者のあいだの競争が終わったことにはならない」。ロシア連邦議会下院の親クレムリン派議員であるセルゲイ・マルコフは語った。「イデオロギーの問題ではなく、競合する関係者の問題なのだ。ロシアがバウトに公的な支援の手をさしのべるのは、彼が一国民であるからではなく、ロシアの大衆が彼をいかなる種類の犯罪者とも見ていないからである。大衆は彼が支援されることを期待しているのだ」。バウトは大向こう受けを狙って、しばしば自分の拘禁をアメリカの政策の不人気な側面に結びつけ、あるときには、アメリカに引き渡されたらグアンタナモ湾の収容所に勾留されることになると恐怖を口にした。ひときわ声が大きくて、人目を引きたがる支援者が、超国家主義者のウラジーミル・ジリノフスキーだった。彼は核兵器を入手しようとして〈メレックス〉ネットワークのニコラス・オーマンを利用したことがあり、バウトとは仕事上の関係があった。連邦議会下院の副議長であるジリノフスキーは、タイの首相に何本かの電報を送り、バウトの釈放を要請し、この問題を話し合うためにモスクワでの会談を提案した。下院も声明を出して、バウトがずっと勾留されていることを強く非難した。ロシアがバウトを釈放させるために、低価格の石油ともっと低価格の軍事装備をはじめとする見返りをタイに差しだしているという噂が、さかんに飛び交った。

タイの裁判所の決定からざっと六カ月前の二〇〇九年二月、アメリカ議会の幾人かの下院議員たちが新任のヒラリー・クリントン国務長官とエリック・ホルダー司法長官に公開書簡をしたためた。書簡は「この国際的な武器ディーラーの引き渡しが両省と合衆国政府にとってひきつづき最優先事項である」よう訴えた。裁判所決定の二カ月後、バラク・オバマ大統領はアジア訪問を利用してバウトのすみやかな引き渡しを訴え、アメリカのデイヴィッド・オグデン司法副長官はアメリカでバウトが罪を問われることが「依然としてアメリカにとってひじょうに重要な問題」であると語った。

こうした政治的な駆け引きを見ると、決定自体と裁判官たちにかけられた圧力の両方について の疑問が生じてくる。裁判所の審理中、タイの裁判官は「ロシアとアメリカとの相互的な関係があやうくなる可能性のある厳しい立場に」自分が立たされているとこぼしている。《ワシントン・ポスト》のダグ・ファラーにとって、この決定は法的原則の客観的な適用ではなく、裁判官が「アメリカ人よりロシア人のほうがこわかった」と認めたことにほかならなかった。アメリカの議員エド・ロイスは、この決定についてもっと率直な見方をした。「タイの外務省はこの犯罪人引き渡しがタイ・アメリカ犯罪人引き渡し条約の条件を満たしているといっているのに、ロシア政府はバウトの釈放をごり押ししてきた。どうやら政治が法律を打ち負かしたようだ。バンコクではなにかが腐っている」

この決定は、犯罪人引き渡し要請を審査するという裁判所の核となる権限を逸脱した追加発表の数々のせいで、さらにその正しさに疑いを投げかけられた。その一例が、裁判所はバウトにたいする嫌疑を信じることができないという発表である。「被疑者は大量の戦争兵器や戦闘機を売却した疑いをかけられているが、その価格はあまりにも高額で、不法に取引できるとは信じがたい。それほど大量の不法な入手先がどこにあるのか疑わしい」と裁判官は述べて、不法な武器取引に驚くほど無知であることを露呈した。

タイの検察当局はすぐに犯罪人引き渡しを却下する決定に上訴申し立てを行なったが、アメリカ当局の反応はそれがうまくいくとはほとんど思っていないことを示唆していた。アメリカはそのかわりに、二〇一〇年三月、べつの嫌疑でもう一通の逮捕状を出した。これで、もし上訴審がバウトに有利な判決を下したら、べつな犯罪人引き渡し要請を提出するという選択肢が手に入った。武器取引で起訴するのはむずかしいことを考慮して、新しく固められた容疑は、バウトと彼の仲間とされるリチャード・チチャクリがアメリカ国内の両者の資産を凍結するアメリカ大統領命令に違反した疑いに焦点を合わせていた。この資産の凍結命令はバウトに科せられた国連の制裁に応じて宣告されたものだった。新たな容疑では、バウトが新設の会社〈サマール航空〉を利用して、フロリダにある会社から一七〇〇万ドル少々の費用で二機の航空機――ボーイング727とボーイング737――を購入したと主張していた。さらに〈サマール〉はフロリダのある会社を使って、アメリカからタジキスタンまで飛行機を飛ばすための搭乗員を用意した。アメリカの検察官によれば、バウトの名前は〈サマール〉の登記書類には載っていないが、同社の「本当の」持ち主は彼だった。

二〇一〇年八月二十日、タイの上訴裁判所は下級審の決定をくつがえし、FARCは指定テロ組織であり、タイはアメリカとの条約にしたがってバウトを引き渡す義務があるとのべた。バウトの弁護士はすぐさま引き渡しを阻止するためにタイ政府に嘆願書を提出するつもりだと発表した。「弁護側はバウトがアメリカでは安全でなく、公正な裁判を受けることはないと確信しています」と弁護士はいった。ロシアのセルゲイ・ラヴロフ外相はロシアが「この不法な政治的決定を遺憾とする」と非難し、この決定は「きわめて強力な外圧を受けて」行なわれたと主張した。そして、これまでに何度もいってきたように、ロシアはバウトを祖国に帰すための活動をつづけるとくりかえした。

バウトの反応は挑戦的で、「われわれはアメリカの裁判所にいって、勝利をおさめるだろう」と叫んだ。しかし、この話には最後の法律的などんでん返しがあった。アメリカ政府の飛行機がバンコク空港の駐機場でバウトをアメリカに輸送するために待機しているとき、タイの法務大臣がロシア人を移送することはできないと警告したのである。問題点は、アメリカが最初の容疑を認められなかった場合の保険として提出したバウトにたいする二番目の容疑だった。法務大臣はバウトにたいする法的手続きがすべて完了しなければ彼を引き渡すことはできないと主張した。しかし、犯罪人引き渡しの条項は、もし彼が裁判所命令の三カ月後にも依然としてタイ国内にいた場合、彼を釈放しなければならないと規定していた。

バウトの弁護士たちは彼のタイ滞在を長引かせるために、思いつくあらゆる法的手段を試みた。しかし、十一月二十日が迫り、ロシアのメディアがバウトはじきに自由になるとさかんに報じだすと、タイの内閣が乗りだした。期限の四日前、内閣は引き渡しを承認し、この決定から数時間以内にバウトは拘置所の監房から出され、防弾ベストを着せられて、目出し帽と戦闘装備姿の警察特殊部隊によってチャーター機まで護送された。そして、DEAの捜査官に引き渡され、飛行機に乗せられて、ニューヨークとアメリカの裁判へと旅立った。

バウトの妻アラは弁護士とともに拘置所に駆けつけたが、彼に会えなかった。「作戦は秘密でした」と彼女はテレビ局の〈ロシア・トゥデイ〉に語った。「内閣がヴィクトー・バウトの引き渡しを命じたのです。タイの首相は裁判所の手続きがつづいているあいだは引き渡されることはないといっていたのに……彼は書類もなしに、ロシア大使館にも知らせることなく、まるで物みたいにアメリカに運ばれていきました。作戦がこんなに迅速だったのは、それがタイの法律では違法だからです。わたしは上訴するつもりです」。ロシア外務省も同じ意見で、「不法な引き渡しであり、アメリカの未曾有の政治的圧力の結果」だと表現した。

アメリカ司法省はバウトを引き渡させるために間違いなくあらゆる手をつくしたが、彼が逮捕されて以降の数年で、アメリカが彼を本気で起訴したがっているのか、そしてバウトがどの程度政治的に保護されているのかについて、疑問が生じた。わたしがアメリカ政府のべつべつの省のふたつの異なる情報源から聞いたところによれば、とくにブッシュ政権下の二〇〇八年中は、最初にバウトを罠にかける件と、彼を引き渡させる努力にかんして、司法省内部ならびに同省と国防総省とのあいだに大きな意見の相違があったという。おそらく国防総省と各情報機関は、バウトが過去に自分たちとどの程度かかわっていたかを暴露するのではないかと恐れていたのだろうが、DEAをはじめとする司法省の面々は、バウトの武器取引がアメリカ本土の安全保障にとって本物の脅威となっていると信じていた。犯罪人引き渡しの決定が無事下されたのを受けて《ワシントン・ポスト》はこう書いた。「ああ、このロシア人が話せる物語は」

二〇〇五年三月十七日、オランダの武器ディーラー、ガス・クーウェンホヴェンは、ロッテルダム駅で車を待っているとき劇的に逮捕された。クーウェンホヴェンはリベリアとシエラレオネの人々の窮状を調査している組織の関心を長いこと引いてきた。早くも二〇〇〇年には国連の調査報告書で、チャールズ・テイラーが手がけた「武器取引の多くの兵站面を受け持っている」と名指しされている。さらなる調査によって、材木の伐採搬出の権益で得た金を使ってＮＰＦＬの支配を財政的にささえている、チャールズ・テイラー体制の「側近グループ」のひとりの肖像が描きだされた。クーウェンホヴェンはリベリアのブキャナン港経由で中国から国内に武器を運ぶのに手を貸しているとも報告されたが、この主張は、彼の会社〈オリエンタル木材会社（OTC）〉が少なくとも二隻の船を所有し、港を事実上運営していたため、信憑性があった。

NGOと国連によるすっぱ抜きを受けて、オランダ当局は捜査に着手し、リベリアに足を運んで証人に事情聴取のうえ、クーウェンホヴェンを一連の重罪で起訴した。起訴状はこの物議をかもすオランダ人をジュネーヴ条約違反の戦争犯罪に問うものだった。その罪状のなかには、〈OTC〉の警備要員を使って二〇〇〇年から二〇〇二年の末までにいくつかの小規模戦闘を行なったこともふくまれていた。そうした出来事のひとつで、クーウェンホヴェンはギニアのゲケドゥの町にたいする残忍な襲撃の当事者だったと非難されていた。主張によれば、攻撃中、町には銃弾が民間人と兵士の見境なく「無作為に」撃ちこまれた。捕虜でいっぱいの一軒の家には火が放たれ、投降した地元民でいっぱいのべつの建物は手榴弾で吹き飛ばされた。複数の赤ん坊が壁に叩きつけられて殺され、少なくとも三人の人々が投降後に首をはねられた。クーウェンホヴェンは戦いに積極的にくわわったと考えられた。〈OTC〉に雇われた兵士たちに戦闘参加を直接命じたか、あるいはチャールズ・テイラーがそう命じるのを許し、攻撃に必要な武器を売却して供給し、ヘリコプターをテイラーと彼の側近グループに自由に使わせ、金とタバコとマリファナという形で、テイラーの兵士と協力者に物質的な支援を提供した。

三件の戦争犯罪の公訴事実にくわえ、クーウェンホヴェンはさらに二件の武器取引でも罪に問われていた。主張によれば、彼は国連の制裁と自国オランダの経済犯罪法に違反して、武器などの装備や軍事テクノロジーの供給に実質的にかかわっていた。武器取引の罪がおそらく一〇年かそこらの禁固刑で罰せられるのにたいして、戦争犯罪の罪は終身刑に近い刑に処せられる可能性があった。したがって、検察官たちの最終的な目標は、クーウェンホヴェンが戦争犯罪で有罪であると証明することだった。

二〇〇六年三月、ハーグ地方裁判所の刑事部の三人の裁判官は、恐ろしい残虐行為が行なわれたことはあきらかだが、クーウェンホヴェンを有罪にするには明白な証拠が不十分だと判決した。「証拠は、被告人が起訴された事実に実際に関与していたことについても、それを知っていたことについても、法廷を納得させていない。多くのことなる証言、矛盾すらしている証言が記録され、記録文書はその関与を証明するに足る証拠を与えることができないからである」

しかし、裁判官は、オランダ人と独裁者との関係の性質と、クーウェンホヴェンがテイラーのために武器取引をしていたことは、いずれも受け入れた。クーウェンホヴェンは宣誓証言で、自分が材木伐採運搬会社の日常の経営を担当していたことと、〈ＯＴＣ〉のために五〇〇万ドル以上を同社がＮＰＦＬに納める「前払い税」としてテイラーと彼の側近に頻繁に支払っていたことを認めた。さらに、テイラーが地方をすばやく動きまわれるように〈ＯＴＣ〉の青と白のヘリコプターを使わせていたことも認めた。裁判官たちはクーウェンホヴェンとテイラーと〈ＯＴＣ〉の関係が一時的なものを超えていると信じた。文書はチャールズ・テイラーが実際には同社の実質的な所有者であることを強く示唆していた。この説明では、クーウェンホヴェンはチャールズ・テイラーのビジネス・パートナーだった。

クーウェンホヴェンは〈ＯＴＣ〉がブキャナン港の日常の運営を受け持っていて、港湾の職員の顔触れはほとんどすべてが〈ＯＴＣ〉の従業員で構成されていることを認めた。五〇人以上の証人の証言は、〈OTC〉に所属する一隻以上の船がブキャナンに頻繁に横付けしていることを確認した。なかでもいちばん目についたのがアンタークティック・マリナー号である。このことは運送記録と船荷証券によって確認された。船はすくなくとも一度、ひょっとするともっとたびたび、武器の入った大量の木箱を運んでいた。その大半はAK-47ライフルとRPG携帯式対戦車ロケット弾だった。木箱は荷揚げされると、点検のためにチャールズ・テイラーの「ホワイトフラワー」邸を経由して運ばれていった。武器の一部は〈OTC〉の警備要員用に残されたが、彼らの多くがこの積み荷について証言した。ある警備要員は、いったん発送されると木箱の中身を隠す努力はほとんど行なわれなかったとふりかえった。「アンタークティック・マリナー号が到着するたびに武器が船積みされていた。武器は木箱とコンテナで梱包されていた。木箱に武器が入っていると書いてあるのを見たことがある。たとえば、『AK-47ライフル』と木箱に書いてあった」

クーウェンホヴェンは、チャールズ・テイラーと〈OTC〉の唯一のもっとも重要な接点だったので、裁判官たちは彼が武器取引に直接関与したと確信した。「被告人は疑いなく最初から継続的にこの組織的な武器輸入で重要な役割を演じてきた。よって、裁判所は被告人が複数の人間とともにチャールズ・テイラーとリベリアに武器を供給してきたことは立証されたと考える」。二〇〇六年六月七日、クーウェンホヴェンは違法な武器取引の罪で八年の刑を言い渡された。

判決が出るとすぐに、オランダの検察局とクーウェンホヴェンはともに上訴した。検察官は戦争犯罪の罪が不当にも忘れられていると考え、一方クーウェンホヴェンの弁護士は武器取引の罪の事実認定にいくつかの異議を唱えた。クーウェンホヴェンの上訴内容の中心は、法廷に提出された自分に不利な証拠は信憑性にとぼしいという主張だった。この証拠の大半は必然的に証人の宣誓供述書の形をとっていたが、弁護団はそれらが重要な事実について一致していないと嚙みついた。上訴審で、クーウェンホヴェンの弁護士たちは、〈パワーポイント〉のスライドを使って、それらの供述の不正確さを法廷に労を惜しまず説明した。

クーウェンホヴェンの仕事ぶりを追ってきた誰もが驚いたことに、オランダの控訴裁判所は二〇〇八年三月に下した判決で、彼の弁護団に賛同した。裁判官は捜査のやりかた、とくに秘密情報提供者の利用を強く非難したあとで、証人の証言を自己矛盾しているといって完全に骨抜きにした。裁判官の主張によれば、証人はいくつかの例では完全に真実ではありえない証言をしていた。裁判所が示した、その「もっとも衝撃的な」例が、アンタークティック・マリナー号の名称である。

証人たちは一九九九年十月前半か十二月にアンタークティック・マリナー号が最初の武器の積み荷を運んでくるのを見たとはっきりと証言した（さらに被告人がそのころブキャナン港で船に乗っているのを見かけたと）。ところが、船がこの船名で運航をはじめたのは〈OTC〉が同船を取得して以降の二〇〇〇年五月からであり、したがってその船名をつけて一九九九年にブキャナン港にいたはずはないことが確認された。さらに、控訴裁判所は、同船が当時、以前の船名「シネラ」をつけて同港にいたことを指し示す証拠をなにひとつ得ていない。

控訴裁判所がつきとめたこの矛盾の一例は、ほかの矛盾と同様、証人の宣誓証言の全体が信頼できないと証明するには説得力に欠けていた。ライデン大学のラリッサ・ファン・デン・ヘリック法学准教授はこの一例についてこう述べている。

おそらく、のちにアンタークティック・マリナー号と命名される船は一九九九年十二月にブキャナン港にいて、そのときこの船を目撃した証人たちはいま、それについて証言するとき、同船がべつの船名をつけている時期のことを話をしているにもかかわらず、現在の船名で呼んだのだろう。そうだとしたら、証人の宣誓証言はつまるところたしかに同じ船のことをいっているのである。

彼女は控訴裁判所が、戦時中のリベリアの情況も、戦争に引き裂かれた外国から先進国の心地よい法廷に証拠を提出するためにはいろいろと障害があることも、理解できなかったのだと考えている。そして、裁判所が問題ありとレッテルを貼った証拠のべつの例を取り上げている。ある証人は、アンタークティック・マリナー号からどうやって武器を荷揚げしたかを説明するさいに、武器の積み荷は大半がタラップを使って手作業で降ろされたと主張した。これは信じがたい想定だと裁判所は確信した。「たしかに、オランダのような先進国では、そうした箱が人力だけで荷揚げされることはほとんどありえない」とファン・デン・ヘリックは認めた。「しかし、リベリアの地位が最貧国に属することを思えば、それは本当にそれほど信じがたいことだろうか？」

判決の結果、クーウェンホヴェンは有罪判決を受けてから二年後に、ついに自由の身となった。彼はあらゆる公訴事実について無罪となった。彼の熱心な無実の主張は、額面どおりに受け取らねばならなかった。それは、彼が宣誓証言で、金銭的な利益の見返りに世界屈指の獰猛な軍閥を物質的にささえていたことを認めた事実とは食い違っていたのであるが。オランダの武器取引反対キャンペーン（CAAT）はこう嘆いた。

海外で武器仲介の罪を犯したオランダの武器ディーラーたちが、オランダ当局を恐れることはほとんどない……国際的な取り組みや、よりしっかりとした法制度を求める議会の要望は、この政府によって足止めされている。しっかりとした法制度があっても、武器ブローカーを法律で裁くのは今後もきわめて困難だろう。たとえば、最初に武器が売却された国々の協力が必要だからである。

しかし、クーウェンホヴェンの自由は長続きしないかもしれなかった。二〇〇八年の判決後、検察官は再度、上訴したからである。この上訴の争点は、シエラレオネ特別法廷の二〇〇六年の判決後に聴取された、有罪を証明する証言を、控訴裁判所の裁判官が認めなかったことだった。二〇一〇年、最高裁判所は裁判官の判断が合理的ではないという評決を下し、控訴裁判所はこの証拠を検討することを認めるべきだったと主張した。控訴裁判所の判決はくつがえされ、ガス・クーウェンホヴェンの再審が命じられた。

バウトとクーウェンホヴェンの例が、武器ディーラーを訴追するさいの大きな問題のふたつを——政治的な意思の欠如と、戦争に引き裂かれ混沌とした地域から証拠を集めることの困難さを

——典型的に表わしているとすれば、レオニード・ミニンの事件は裁判の顕著な障害である司法管轄権の問題の好例である。

ミニンは二〇〇〇年八月四日、現行犯で逮捕された。警察は彼の軽率な行動にひとつずつ取り組んだ。最初に訴追された罪は麻薬の不法所持だった。大量のコカインを所持し、以前にも麻薬関係の容疑で逮捕されていたことから考えて、ミニンは即座に有罪を宣告され、二年の懲役刑を言い渡された。事件を担当するイタリア人検察官ワルテル・マペッリはつぎに武器取引の罪での起訴に関心を向けた。二〇〇一年六月、マペッリはミニンが所持していた文書とリベリア国内で活動する彼の飛行機の写真、そして何人かの参考人の証言を根拠に、彼の公判前拘置を主張して認められた。この公判前の証拠だけでも有罪を証明するにはじゅうぶんに思われた。たとえば一枚の写真では、リベリア国内でミニンの飛行機のかたわらに袋がずらりと写っていた。袋のなかにはっきりと見える武器は、ミニンが所持していたパンフレットとカタログでくわしく説明されている武器と同型だった。検察官はまた、ミニンがリベリアに武器を運ぶために使った最終使用者証明書も提出した。この証明書にはコートジボワールのロベール・ゲイ大統領が署名していた。イタリアの捜査官たちがコートジボワール当局に連絡を取ると、証明書が発行されたことはなく、偽造であることが確認された。ミニンが不法に武器を密輸しているあきらかな証拠だった。最後にマペッリはミニンが取引を容易にするために手配した各種の金融取引の詳細な要約を提出した。

辣腕で抜かりのない検察官は、このミニンの自白にくわえて、彼のかつてのパートナーであるフェルナンド・ロブレダとミニンのお抱えパイロットのひとりの証拠と、国連のヨハン・ペレマン調査官の徹底した調査結果が手に入ったとき、当然のことながら、起訴して有罪にもっていけると自信を持った。この事件はクーウェンホヴェンの事件と同じ問題をかかえてはいなかった。ミニンの事件では、検察官には完璧な文書と金の流れという「しっかりとした」証拠があり、ときとしてあいまいな証人の供述にたよる必要はなかった。

さらにミニンは自分で自分の弁護を不利にしようと心に決めているようだった。二〇〇二年までに四人の弁護士を馘にしたからである。そのひとり、ピエール・トライニは、ミニンを「じつに気むずかしい依頼人だ。わたしが彼の代理人をつとめたのは三カ月だけだが、へとへとに疲れた」と評している。警察の取り調べ中のミニンの供述は、たびたび矛盾し、押収した文書としばしば一致しない、ずうずうしい主張がふくまれていた。ワルテル・マペッリはミニンが取り調べ中、「気分や態度をころころと変えて、協力的で話に応じる姿勢から、好戦的で一方的にまくしたてるような口調に変わった。わたしはミニンの言葉があまり誠実［原文ママ］ではないと感じた」と表現している。この一貫性のない態度と過去の犯罪歴から考えて、ミニンが信用できる証人になる見込みはなかった。彼の未来は絶望的に思えた。

しかし、二〇〇二年九月、ミニンは公判前拘置に不服を申し立てた。裁判官たちは彼に有利な評決を下し、ミニンの有罪あるいは無罪については触れずに、かわりに裁判所には犯罪にたいする管轄権がないと判決した。ミニンは最初の逮捕から二年たって自由の身になった。マペッリは判決をくつがえさせようとして、この問題をイタリアの最高裁判所である破棄院まで上訴した。二〇〇四年、破棄院は司法管轄上の懸念がミニンの公訴のさまたげになったことを認めた。裁判所は犯罪が外国の国民によって海外の国で行なわれたと指摘した。さらに、武器がウクライナの供給源からイタリア領内に入った、あるいはイタリア領内上空を飛行したという証拠も、ミニンがイタリアで重要な仲介の会合を行なったという証拠もない。彼に有罪判決を下せる罪は、未登録のダイヤモンドの所持だけだった。彼はこの罪で四万ユーロの罰金刑となった。

判決は腹立たしいものだったが、驚きではなかった。ミニンは長年イタリアに居住していて、イタリア人女性と結婚していた。彼の犯罪の収益の一部は間違いなくイタリアで利用されていた。しかし、わたしが聞いたところでは、不服申し立てが認められるまでの日々に、ミニンの法律チームはイタリアの主要な武器会社のひとつから派遣されたやり手弁護士の一団によって増強されていた。

イタリアは国連加盟国であるから、イタリアの裁判所は地元の居住者が国連の武器禁輸に違反するのを好ましい目で見ないと思うだろう。しかし、ミニンの事件は国際的な法執行の努力の弱点を浮き彫りにした。国連の制裁や武器禁輸は、国内の法制の枠組みが、ある種の世界共通の司法管轄権を認めなければ無意味なのだ。法律とその執行者たちは多くの場合、多国籍犯罪を時代遅れの法的手段で取り締まらねばならない。「司法管轄権は現代の犯罪行為に一歩遅れている。犯罪行為は世界規模で活動しているし、これからもますます活動の場を広げるだろう」とマペッリは裁判手続き中にこぼした。「各国は国境内での主権と特権を守ることに固執しているが、そのせいで、事件全体の小さな一断片しか見ていない」

マペッリはイタリアの刑法の第一〇条を起訴の根拠としていた。第一〇条には、物理的にイタリアにいる非市民は法相の要請によって、他国で犯した罪で訴追されることがあり、最低で禁固三年の刑に処すことができるとある。最初の裁判官は同じ意見だったが、破棄院は逮捕令状を無効とし、不法な武器取引は第一〇条の規定の適用外であると主張した。マペッリはあきらかにこの解釈に納得していないし、イタリアでは重大な武器密輸事件で有罪判決が出ることはないのではないかと心配している。わたしが捜査に近い消息筋から聞いた話では、司法省は裁判を開く許可を与えるのに乗り気ではなく、裁判所に非公式の政治的圧力がかけられたという。しかし、この話をべつの消息筋で確認することはできなかった。

本章で解説した例と、その受け入れがたい法的結果を考えたとき、大小の武器会社や武器ディーラーや代理人は、大がかりな腐敗行為や贈収賄も、人道にたいする犯罪の共謀も、はては殺人すらも、おとがめなしですむのが悲しい現実なのだという結論にいたらざるをえない。彼らは影の世界で活動し、国際的な法制度の穴を利用して、有力な政治家や情報機関の保護を隠れ蓑にしながら、ひきつづき独裁政権などの説明責任をはたさない政府の潤滑油となり、紛争や集団的人権侵害の激化を許している。その結果、われわれの世界は、大半の人間にとっては住むのがいっそう危険な場所になる一方で、他人を貧困に陥れることで途方もなく裕福になった犯罪者とその保護者たちの小さなグループにとっては、よりいっそうの利益をもたらす場所となっている。

第三部　平常どおり営業

〈ＢＡＥ〉の〈アル・ヤママ〉取引は、史上最大の腐敗した武器取引だったが、これは単独の事件ではなかった。同社が、南アフリカの首都プレトリアからチェコの首都プラハ経由でチリの首都サンティアゴのプエンテ・アルトまで利用していた、商売の手口の一環だったのである。〈ＢＡＥ〉は英国政府の暗黙の支持を受けて、高官や政治家を買収し、腐敗行為を隠そうとすることで、民主主義と法の支配を傷つけ、サウジアラビアよりずっと貧しい購入国の社会経済の発展をさまたげていた。一九九〇年代後半の彼らの態度からして、〈ＢＡＥ〉が〈アル・ヤママ〉取引の経験から学んだ唯一の教訓は、体制の操縦法だった。必要におうじて買収し、不正工作をして、それから政界の友人たちの庇護にたよるのである。

9　なにもかもばらばらに――〈BAE〉の力で

◉虹の国の夢はこわれた

わたしは〈BAE〉が発展途上国に与えた破壊的な影響をじかに経験している。一九九四年、わたしは南アフリカが三〇〇年以上の人種差別と不平等のあとで民主主義国家となったとき、アフリカ民族会議（ANC）所属の国会議員に選出された。わたしがはじめてANCと接触したのは一九八〇年代なかば、ケープタウンの不法居住者のキャンプで、学生福祉援助機関の責任者として働いていたときのことだった。

新生南アフリカは当初、ネルソン・マンデラ大統領の精神的指導力のもと、和解と意思統一、進歩的人権、そしてすぐれた統治の砦となるべく、世界の大半の国々の恥ずべき政策を公然と拒絶していた。

しかし、タボ・ムベキがマンデラのあとを継いで大統領になると、非人種差別は、もっと限定的なアフリカ主義に取って代わられ、国益という感覚は、党利にその座を奪われた。開かれた説明責任は、陣営固めに道を譲り、所属政党とその指導者への忠誠心が政界ではもっとも重要な信用状となった。

当時、わたしは国会の公会計委員会のANC上級委員だった。政府の支出を精力的かつ超党派の立場で見直し、公的資金の不正流用にたいして措置を取る機関である。委員会は国民への説明責任の連鎖の頂点にあり、わたしはその仕事を大いに楽しんでいた。

さらに、この仕事のおかげでわたしは、はじめて武器取引にじかに触れることになった。アパルトヘイトが終わると、政権与党ANCは国内の切実な社会経済上の必要を満たすために、軍事費を削減した。そのために、政府が一九九九年に軍事装備の大規模な購入を発表したのは、ちょっとした驚きだった。当時三〇億ドルの費用と見積もられたこの調達は、実際の取引の費用を少なくとも二五〇パーセントごまかしていたが、南アフリカに各種の軍事ハードウェアをもたらした。そのなかには、〈BAE〉と〈サーブ〉製のホークおよびグリペン・ジェット機、ドイツからはフリゲート艦、そしてイタリアからはヘリコプターがふくまれていた。費用の面からいくと、群を抜いて最大の部分を占めていたのは、ジェット機の購入で、全体の五〇パーセントを超えていた。

まとめて「武器取引」と呼ばれたこの調達は、はじめから腐敗行為の主張に悩まされた。南アの会計検査院長官がこの取引にかんする腐敗行為の主張だらけの手厳しい報告書を公会計委員会に提出すると、われわれは一連の公聴会と調査を開始した。

わたしは各種の情報源から接触を受けた。あきらかに信頼できる善意の者もあれば、明白な政治目標を持った者や、一部には心を病む一歩手前の者もいた。数知れない人々と公然とあるいは密かに会合し、会計検査院長官と勇敢なジャーナリストたちから何千ページ分もの証拠を受け取った結果、わたしと親しい同僚たちは腐敗行為と欺瞞の恐るべき話をまとめあげた。その話の中心的な悪玉は〈BAE〉である。

われわれは、タボ・ムベキ大統領が政府にはエイズと暮らす何百万という南アフリカ国民の命を救う薬剤を提供するのにじゅうぶんな資源がないと主張していたとき、すでに武器調達の契約を結んでいたことをつきとめた。この契約は二〇一八年の契約終了までに六〇億ポンド以上を国庫から支出させることになる。実際には南アフリカは国外からの脅威に直面していなかったにもかかわらず。

約三億ドルは、仲介者や大物政治家、高官、彼らの仲間、そしてANC自体への手数料と賄賂に支払われた。取引を結ばせたもっとも重要な動機は贈収賄、とくに党と、近づく選挙に、運動資金を提供する必要性だった。

南アの憲法改正をめぐる交渉は一九九一年後半にはじまり、わたしはそのまとめ役をつとめたが、そのときから世界の防衛企業は、ムベキやANCの軍事部門の元司令官ジョー・モディセなどのANCの要人と情報を交換しあうようになった。一九九三年十二月、モディセと国営兵器企業〈アームスコー〉のトップがイギリスの防衛輸出機構（DESO）のゲストとしてイギリスに招かれた。厚かましい動きである――モディセはまだ国防大臣の地位についていなかったからだ。公式訪問中、歴代のイギリス首相が英国製の武器を新政権に売りこんだ。一九九四年、ジョン・メジャー首相は新しい民主主義の南アフリカへのはじめての訪問で、マンデラにイギリスからの武器購入を検討するよう求める親書を手渡した。イギリスの政府高官は大きな武器取引がアパルトヘイト派の将軍たちのご機嫌を取るいい方法であるだけではなく、党と個人の資金を調達するのにも有益であると南アフリカ人を説き伏せはじめた。このように見ないかぎり、決定の多くは筋が通らない。とくに、練習機とジェット戦闘機を納入するために〈BAE〉と〈サーブ〉に与えられた最大の契約にかんしては。

意思決定プロセスは、三つの大きな段階で構成されていた。技術委員会。武器購入審議会（AA

C)。この審議会では当時の国防相のジョー・モディセ（とその補佐役の政治アドバイザー、ファナ・ロングワネ）と、国防軍の調達部門の長、〝チッピー〟・シャイクが重要な関係者だった。そして当時のタボ・ムベキ副大統領が議長をつとめる閣僚委員会。

ジェット機の契約についていえば、イギリスとスウェーデンの合同入札は、イギリスのトニー・ブレア首相の南ア訪問と、スウェーデン首相の特別訪問にくわえ、さらにはイギリスの王族からも強力に推進されていたが、当該の技術委員会がAACに送った最初の最終候補リストには載っていなかった。技術的な基準の一部を満たしていなかったうえに、ほかの面では仕様が過大だったからだ。そのうえホーク・ジェット練習機とグリペン戦闘機は、それまでおもにチーター戦闘機を飛ばしてきた南アフリカ軍のパイロットにとってなじみがなかった。さらに、多くの社会経済的難題に直面する国にとって無視できないことだが、〈BAE〉／〈サーブ〉案は、技術委員会が支持するイタリアの〈アエルマッキ〉社製ジェット機より、二・五倍も高価だった。

費用のほかにも、〈BAE〉にはもうひとつ大きな障害があった。南アフリカ空軍（SAAF）は一九九〇年代なかばに自分たちの要求を見なおして、身の丈にあった暮らしをすべきだと決心した。空軍は南アフリカが国防費を削減する必要があると知って、一種類の飛行機だけを購入することを提案した。この飛行機はふたつの用途に使われる。ジェット練習機の役目をはたし、紛争でも使用することができるのだ。しかし、この決定で〈BAE〉／〈サーブ〉は即座に参加資格を失った。両社はジェット練習機（ホーク）とジェット戦闘機（グリペン）をべつべつに提案していたからである。〈BAE〉は操縦の訓練と戦闘の両方をこなせる飛行機を提案できなかった。ほかの納入者、とくにイタリアの航空機メーカー〈アエルマッキ〉は、兼用戦闘機をずっと安価で提案していた。

しかし、一九九七年、ジョー・モディセの断固たる指示で、空軍はこの姿勢を放棄せざるをえなくなった。かわりに、南アフリカ空軍はモディセの命令で、新米パイロットの訓練用と戦闘用の二種類の飛行機を必要としていると発表した。〈BAE〉はこれで受注を争うことができるようになった。いずれの種類のジェット機も検討に供する、もっとも有利な立場にいたからである。これは〈BAE〉のためになっただけでなく、信じがたいほど奇妙な決定だった。空軍は実質的に、戦闘能力を強化することなくジェット機を追加購入することに同意していたのだから。さらに、一連の会計検査官がのちに発見したように、声をかけられた納入業者は一社残らず、すでに南アが保有する練習機から本格的なジェット戦闘機へとパイロットが転換できることを確認していた——つまり、〈BAE〉が最終的にホークを押しつける手がかりとなる、パイロットの追加操縦訓練の過程は、まったく不要だったのである。

こうした自社に有利な変更があっても、〈BAE〉はもうひとつの障害に直面した。入札を受けたあとで技術委員会が作成した最終候補リストは、ホークとグリペンをそれぞれの機種でもっとも望ましくない機体に挙げていた。空軍は練習機としては〈アエルマッキ〉社のMB339FDを、ジェット戦闘機としては〈ダイムラー・ベンツ〉社のAT2000のほうを選んだ。いずれの場合でも、ホークとグリペンが群を抜いてもっとも高価な選択肢であることは、ほとんど両機のためにならなかった。

しかし、グリペンは専門的な事柄ですべりこむことができた。入札の主要な部分は、この取引に資金を提供するための提案で、これが各入札者に与えられる最終評価点の三三パーセントを占めていた。これを再検討したとき、選定委員会の委員たちは、ほかの入札者にも同様の提案を出すよう何度も呼びかけたにもかかわらず、〈ＢＡＥ〉だけが完全な資金提供の提案を出してきたと主張した。これがほかの入札者を決定的に排除し、グリペンは、いちばん高価でもっとも技術的に適していない選択肢だったにもかかわらず、自動的に首位に立った。〈ＢＡＥ〉の競争相手がそんな重要な情報を求められたのに提出しないとはとても信じがたい。しかも、会計検査官たちが取引を調査したとき、〈ＢＡＥ〉の競争相手たちが資金提供のための提案を出す必要性を知らされていたという証拠はひとつも見つからなかった。相手を選んだ沈黙が、ここでは〈ＢＡＥ〉に有利に働いていた。

ホークの選定では、もっと乱暴な手法が取られた。ホークを最下位にランクづけした最終候補リストがＡＡＣに提出されると、ジョー・モディセ大臣は激怒した。そこで、モディセは、のちに内閣の同僚たちと怖気づいた調査員たちが評したように、「非現実的な決定」を下した。民主南アフリカ史上最大の契約における調達の基準として、費用を除外すると決めたのである。いまやふたつの並行する最終候補リストがあった。ひとつは費用を要因として考慮し、ホークを最下位に置くもの。もうひとつは費用を除外して、ホークに一位ではないにしろ、かなりの額のオフセット付き入札をすれば勝てるだけの評価点を与えたリストである。コスト無視の選択肢は、検討された唯一の最終候補リストで、南アフリカ空軍はまったく逆のことを求めていたにもかかわらず、ホークをリストに残すことになった。

〈ＢＡＥ〉／〈サーブ〉は、勝ち目をさらに増やすため、つぎにもっと好条件の経済的オフセット提案を行なうよう求められた。このチャンスはほかの会社には与えられなかった。両社はどの競争相手の提案よりおよそ一〇倍高額の一括取引を提案した。しかし、南アフリカ貿易産業省が検討してみると、その額は評価委員会によって二億四五〇〇万ドルから一六億ドルへと「大幅に水増しされ」ていることがわかった。

オフセットは、見返り貿易とも呼ばれるが、納入企業が購入国の産業に投資して、取引の経済的影響を相殺することに同意する取り決めである。事例研究や、こうしたいわゆる利益にかんする調査報告書は、これが経済的な詭弁にほかならないことを示唆している。政治家が兵器に何十億と支出するのを正当化するのには役立つが、とりわけ発展途上国に約束された利益をもたらすことはごくまれである。これは賄賂と利益を主要な意思決定者に贈る賢いやりかたでもある。オフセット取引はあまりにも問題が多いので、世界貿易機関（WTO）は武器取引以外のあらゆる市場でオフセットを契約の評価基準にすることを禁じているほどだ。

南アフリカのオフセット取引の経験は、世界のほかの国々の経験とほとんどいっしょだった。武器取引が発表されたときには、オフセットで国内に六万五〇〇〇人分の雇用が創出され、経済活動で一〇四〇億ランド（およそ一〇〇億ポンド）がもたらされると約束された。実際には六万五〇〇〇人分の雇用というのは、これほど巨額の投資の見返りとしては信じられないほどお粗末で、雇用ひとり分あたりの費用が法外なほど高いことを示唆していたにもかかわらず、この見込みですら根拠のないものだったのである。二〇一〇年、オフセット取引を監督する政府官庁――貿易産業省――は二万八〇〇〇人分の雇用しか創出されなかったことを認めた。実際より少なく見積もられた取引の費用では、ひとり分の雇用につきざっと一〇万七〇〇〇ポンド、実際に二〇一八年までに武器取引にかかるであろう六〇億ポンド（現在の為替レートで）近い費用では、ひとり分の雇用につき二一万四〇〇〇ポンドかかる計算だ。それにくらべて、南アフリカでは教師をひとり雇うのにかかる費用は、二〇一〇年八月時点で、年間で平均三八七〇ポンド。つまり、オフセット契約によって創出される直接雇用ひとり分と同じ費用で、五五人という驚異的な数の教師を一年間雇うことができたのである。

オフセット取引で創出される雇用のお粗末な数でさえ、大いに割り引いて見る必要がある。貿易産業省はオフセット方式で各企業に与えられたクレジットの額をくわしく調べることをこばんだ。同省の主張では、武器取引企業の活動は「商業上の秘密」で公表できないという。議会の賛同を得た調査チームは、行政の妨害を受けて、オフセット契約の細部をくわしく調べることを許されなかった。あきらかに貿易産業省はオフセット契約の実態が失望するような読み物になるのではないかと心配していた。

オフセット・クレジット方式の適用のやりかたでは、武器取引企業が、ちっぽけな投資とごくわずかな経済活動への関わりをもとに、何億ドル分ものクレジットを認められることもありうる。〈マッカーサー・レジャーセンター〉はその如実な例だ。二〇〇一年、〈サーブ〉は一五〇〇万ランド（約三〇〇万ドル）かけて、海岸の街ポートエリザベスの温水プール群を改修し、この南アの街に観光客を呼ぶためにスウェーデンでマーケティング活動を行なった。この些細な投資の見返りに、〈サーブ〉は二〇〇五年だけで二億一八〇〇万ドルものオフセット・クレジットを請求している。どうしてそんなことができるかというと、同社はポートエリザベスだけでなく南ア全体を訪れるスカンジナヴィア人ひとりにつき三八三〇ドルを請求するからである。〈サーブ〉は二〇一一年までスカンジナヴィア人旅行者全員についてこのクレジットを受け取っていた——つまり、同社は事実上、二〇一〇年のサッカー・ワールドカップを観戦するために南アを訪れたスウェーデン人旅行者ひとりひとりにオフセット・クレジットを認められたことになる。二〇〇五年以降、どれだけのオフセット・クレジットが与えられたのかは、いまだに公表されていないが、もし取り決めが同じように運営されていたとしたら、〈サーブ〉はたった三〇〇万ドルの投資で何億ドルものオフセット・クレジットを得る立場にあったことになる。

オフセット取引の本質的な疑わしい性質にもかかわらず、〈BAE〉／〈サーブ〉の入札は、大幅に好条件になったオフセット提案を折り込むことで、コスト度外視の最終候補リストで一位にすべりこんだ。

あきらかに自分たちの足元がしっかりしているかどうか自信が持てなかったモディセと共犯者たちは、閣僚委員会の数人の委員と非公式の会合を手配した。会合に出席した国防軍の代表ふたりは翌朝、〝チッピー〟・シャイクが彼らに会合の議事録に署名して、ホークとグリペンの購入が公式に決定されたことを確認するよう求めたとき仰天した。軍高官たちは会合が非公式に開かれたもので、〈BAE〉／〈サーブ〉の提案の代案はまだ話し合われてもいないし、まだ決定は下されていないと主張した。しかし、こうした手続き違反と、南アフリカ空軍は政治家に無理強いされないかぎりホーク／グリペンを採用しないと明言していたにもかかわらず、イギリスとスウェーデンの合弁事業は念願の契約を与えられた。

公会計委員会のわれわれの調査は、南アフリカがまんまとだまされたことをはっきりさせた。武器会社はもともと構想していたよりはるかに多くの装備が必要であると政治指導者や軍高官を説き伏せた。彼らは、ある場合には同じ装備にほかの国が払ったより三五パーセントも高い割増価格を請求し、この契約からは実現が不可能な経済的利益を約束したのである。

利益相反と腐敗行為の疑いの動かぬ証拠があった。たとえば、われわれは国防相が複雑な取引で一九九七年に〈コンログ〉という会社の株式を取得したことに気づかされた。この取引のおかげで、国防相は一文も払わずに株式を手に入れた。〈BAE〉は入札の過程で〈コンログ〉がかなりの額のオフセット契約を受注する可能性があることをあきらかにした。モディセはインサイダー情報を利用して、〈BAE〉のオフセット契約受注の結果、武器取引のあとで株価が上昇することを予想し、〈コンログ〉の株を買い付けたのである。この取引のせいでモディセには〈BAE〉が確実に選ばれるようにするかなりの動機があった。モディセは一九九九年前半に政府を退くと〈コンログ〉の会長に任命された。

この情報に力を得たわたしと委員会の委員長である対立政党の議員は、取引の真相をきわめるための各省庁合同チームによる大がかりな調査に公会計委員会の支持を取りつけた。われわれは議会でこの提案を承認する決議を通過させた。ANCの指導部はわれわれがやったことに気づくと、怒りの反応を示した。われわれは党の上級指導者の会議に呼びだされ、閣僚内でムベキ大統領のもっとも親しい盟友が会議室のテーブルごしにわたしを怒鳴りつけた。「大統領と閣僚と政府の高潔さを疑うとは、いったい何様のつもりだ」

彼らはこれ以上の有意義な調査を妨害するための戦略を立てた。その戦略には、公会計委員会のANC委員が党の優勢を利用して決議の効力を弱め、ANCに好意的ではない調査員を排除し、それ以外の者たちには調査できる相手と内容、調査できない相手と内容を憲法に違反して指示することもふくまれていた。これらの省庁は国際的な調査員と協力する試みの面でも手枷足枷をはめられた。

わたしは隠蔽工作に加担することを拒否して、さらなる情報を探しつづけた。何人かの党上級メンバーはでしゃばった真似をしないようにわたしを説得しようとした。ひとりは、そんなことをしても勝ち目はないといった。党はこの取引をめぐって結束を固めるだろう。というのも、わが党は一九九九年の選挙戦の資金となった金を、入札の落札者たちから受け取ったからだ。財務大臣はわたしに内々にこう示唆した。「われわれはみんな、ジョー・モディセのことを知っている［彼はANCの亡命時代でさえ腐敗行為の前科を持っていた］。もちろんあの取引には、いかさまがあった。しかし、連中はそれほど馬鹿じゃない。誰もそれを暴くことはないだろう。取引の技術的な側面だけに専念するんだ。そこはまともだったからな」

タボ・ムベキとその側近たちは、党の権益を保護し、上級指導者の一部を守るために、議会と司法制度の重要な構成要素をふくむ、新しく獲得した民主主義のきわめて重要な制度をよろこんで骨抜きにした。

わたしは公会計委員会から排除された。取引の調査をつづけようとするわたしの努力は党指導部からのたえまない締めつけにあい、ついには南アフリカの比例代表制の規定で、わたしは議員を辞職せざるをえなくなった。

わたしは二〇〇一年十一月にイギリスに到着すると、南アフリカの武器取引を追っていた世界中の人々に取り囲まれた。わたしはこの出来事が武器会社による組織的な贈収賄と腐敗行為の長い歴史の一環にすぎないことを理解しはじめた。当時、重大不正捜査局（ＳＦＯ）は複数の線で〈ＢＡＥ〉の捜査に着手していた。〈アル・ヤママ〉取引と南アフリカへのもっと控えめな捜査にくわえて、タンザニアとチェコ共和国、ハンガリーでの同様な取引も調べていた。

南アフリカについて知っていることを捜査官に全部話した結果、〈BAE〉が南アフリカ人に他国と同じ買収のルートと手口を使ったことがあきらかになった。

SFOは、のちに政府によって解散させられる南アフリカの腐敗防止班「スコーピオンズ」とともに、賄賂の支払いに使われた企業のネットワークをあきらかにした。捜索令状を申請するために南アフリカの裁判所に提出された宣誓供述書のなかで、捜査当局は「〈BAE〉が……契約を勝ち取り……入札の過程で競合相手より不当に優位に立とうとする賄賂として考案された……支払いの組織網を作りだしたという合理的な疑い」があると主張した。これは「公然非公然の」アドバイザーたちの組織網によって行なわれた。SFOは〈レッド・ダイヤモンド・トレーディング・リミテッド〉が「不正な支払いを確実に行なえ、法執行機関が［非公然の支払いの］組織網を見抜くことをいっそう困難にするために」設立されたと主張した。

SFOの捜査は一億一五〇〇万ポンドの手数料が〈BAE〉から南アフリカの代理人や大物政治指導者、政府高官に支払われたことを暴露した。二〇〇二年から二〇〇七年までモディセの政治アドバイザーをつとめたファナ・ロングワネは、〈BAE〉からかなりの支払いを受けていた。そのなかには、〈BAE〉のダミー会社から二〇〇三年九月と二〇〇七年一月のあいだに分割で支払われた総額一〇〇〇万ポンドにくわえ、それ以外の〈BAE〉のダミー会社によって、あるいはボーナスの形で支払われた九一五万ポンドがふくまれている。これらの支払いは〈サニップ〉――〈BAE〉と〈サーブ〉がオフセット取引の義務を処理するために南アフリカに設立した会社――と非公然の法人二社、英領ヴァージン諸島で登記された〈アーストウ・コマーシャル・コーポレーション〉とジャージー島で登記された〈コマーシャル・インターナショナル・コーポレーション（CIC）〉を経由して、〈BAE〉自体によって行なわれた。〈CIC〉は「ファナ・ロングワネが利用するための手段として」金融コンサルタントが買収したようだ。〈BAE〉は「［ロングワネにたいする］そうした報酬を合理的に正当化できる仕事内容の……ちゃんとした文書を提出できなかった」

同社は契約を勝ち取ったあとではじめてロングワネとかかわるようになったと示唆しようとしたが、するとSFOは契約交渉段階で同社が彼と協力していたことを示す文書を入手した。

宣誓供述書は、一九九九年十二月の南アフリカ政府との最終契約調印前に取引を確実にするために、〈BAE〉が急遽、極秘の手数料支払いを行なったこともあきらかにした。契約調印前日の十二月二日、〈BAE〉は〈ハダーフィールド・エンタープライズ株式会社〉への四〇〇万ドルの支払いを承認した。これは〈BAE〉の代理人であるリチャード・チャーターが自分の表向きのコンサルタント会社といっしょに設立した非公然の会社である。南アフリカ政府がホークとグリペンの購入を発表したあとの一九九九年十月五日には、一〇万ポンドが〈アーストウ〉に特別に支払われた。この二件の支払いは、〈BAE〉の一握りのトップクラスの重役だけが出席する異例の「委員会外」手続きで承認された。これらの支払いは、あるいはその一部は、ロングワネをはじめとする者たちにあてられたものと考えられている。

イギリス人のリチャード・チャーター以外では、ジンバブエ人のジョン・ブレデンカンプが、この取引における〈BAE〉の非公然代理人のひとりであることが特定された。元ローデシアの国際ラグビー・チームのキャプテンだったブレデンカンプは、ローデシアの人種差別的なイアン・

スミス政権に科せられた武器制裁に違反したことを認めている人物だが、ＥＵとアメリカ当局からロバート・ムガベあるいは彼の側近と親しかったと主張されている。ブレデンカンプはそれを否定し、かわりに一九八一年以降、ムガベには会っていないと主張している。体制によって不当に逮捕されて投獄され、釈放後はパスポートを取り上げられているし、自分の農場は二度、没収と認定されたことがあると。[1]

ＳＦＯが提出した法廷文書では、ブレデンカンプの商売の手段のひとつである〈ケイズウェル・サーヴィシズ・リミテッド〉が南アフリカの取引で〈ＢＡＥ〉から三七〇〇万ポンド以上の支払いを受けたと主張されていた。〈ＢＡＥ〉の元重役アラン・マクドナルドの主張によれば、〈ＢＡＥ〉が好ましい入札者に選ばれるためにブレデンカンプと彼のチームが貢献したのは、「資金面で意欲を高めて」ホーク／グリペンの契約にかんして正しい決断を下させるために、同社が認識しておく必要がある「重要な意思決定者」は誰かを助言することだけだった。彼はブレデンカンプのチームが「チッピー・シャイクにうまく渡りをつけられる」し、実際に彼にホークのことを話してあると豪語したと聞いていた。ブレデンカンプのイギリスにおける活動の責任者は、南アフリカの入札に勝つために必要な「第三世界の手順」について話していた――むろん賄賂のことをいっていたのだろう。

1　本書執筆の時点では、ブレデンカンプはジンバブエに住んでいて、あきらかな法的あるいは政治的問題に直面してはいなかった。さらに、以下の19章で述べるように、ブレデンカンプは現在アメリカの外国資産管理局（ＯＦＡＣ）の制裁リストに載っていて、ＥＵの金融制裁リストにも過去に載っていたし、いずれのリストでもムガベの取り巻きとされていた。ブレデンカンプの詳細な自己弁護は www.johnbredenkamp.co.za で見ることができる。

導きだされた明白な結論はこうだ。この巨額の疑わしい支払いの少なくとも一部は、ほかの人間に賄賂を贈るためにロングワネとブレデンカンプによって使われた。「スコーピオンズ」は令状を支持する申し立てをこう結んだ。

関係する巨額の金から見て少なくとも、ブレデンカンプもしくは〈BAE〉の南アフリカ駐在代理人リチャード・チャーターが、受け取った金の一部を使って、ファナ・ロングワネあるいは各種の入札評価にかかわったほかの高官を誘導したか、もしくは彼らに報酬を支払ったという合理的な疑いが存在する……さもなくば、少なくとも、ファナ・ロングワネが、受け取った巨額の金の一部を直接的にか、もしくは彼が動かしているさまざまな法人経由で使って、それらの高官がそのような助力をするよう仕向けたか、あるいはその報酬を支払ったという、合理的な疑いが存在する。

ジョー・モディィセと手下たちの強要で、調達基準が完全に骨抜きにされ、〈アエルマッキ〉のジェット機をやぶってホークを納入する契約が〈BAE〉に与えられることになった理由が、これでわかるだろう。

ブレデンカンプは賄賂を支払ったことも、〈BAE〉に陰ながら協力したことも否定した。筆者との書面のやりとりで、彼は自分が〈BAE〉の入札に協力した企業に投資しているにすぎないと述べた。

二〇一〇年後半、ロングワネが取引当時に南アフリカ国防軍（SANDF）の長だったシフィウェ・ニャンダにかなりの住宅ローンの貸し付けを認めていたと報じられた。ニャンダはローンのごく一部だけを返済したところで、二〇〇九年に通信大臣に任命されてローンは帳消しとなった。これはローンが最低限の文書の痕跡だけでニャンダに資金を移転する取引だったことを示唆している。ニャンダは二〇〇五年に南アフリカ国防軍を退いたのち、ロングワネの企業グループ〈ングワネ・ディフェンス〉の最高経営責任者となった。ニャンダは選択と交渉の過程と、さらに重要なことには二〇〇四年の購入見直しのさいにも、南アフリカ国防軍の長だった。この見直しの結果、〈BAE〉／〈サーブ〉取引の追加区分を購入することが決定された。二〇〇四年のロングワネにたいするボーナス支払いは南アフリカが追加区分に同意するのが条件だった。同じころ、ロングワネとブレデンカンプの自宅と仕事場を強制捜査した捜査官たちは、ロングワネ名義のスイスとリヒテンシュタインの銀行口座五口を凍結して、一億六〇〇〇万ランド以上の資金を差し押さえた。スイスは独自のマネーロンダリングの調査に乗りだした。

そのほかの武器取引で大盤振る舞いを受けたとされる者たちは最初、さまざまなひどい目にあった。南アフリカの当時のジェイコブ・ズマ副大統領——現大統領——は、彼の金融アドバイザーのシャビル・シャイク——国防軍調達部門の長〝チッピー〟・シャイクの兄弟——が事業の利益を促進するためにズマに賄賂を払った腐敗行為と汚職で一五年の刑を宣告されたあと、取引に関係して汚職で解任された。

ANCの議会院内幹事長は、わたしが取引を調査するのをやめさせようとした人物だったが、やはり契約に入札した仏独武器会社〈EADS〉からの贈り物に関連する罪で短い刑期をつとめた。彼はANCの上級指導者たちによって担ぎ上げられて刑務所に運ばれ、早すぎる釈放のさいには、英雄として歓迎された。こんにち彼は党の最高意思決定機関に勤め、ANCの影響力ある政治学校を運営している。〝チッピー〟・シャイクは〈ティッセンクルップ〉から三〇〇万ドル受け取った証拠が浮上したために国外逃亡を余儀なくされた。同社はフリゲート艦を建造する契約を――きわめて問題の多い状況で――獲得した共同企業体にくわわっていた。この仕事は事実上、スペインのある企業に受注が決まっていたが、そこで当時の副大統領タボ・ムベキがドイツを訪問した。その後、入札がふたたび開始された。シャイク兄弟の三人目で、〝モー〟という情報工作員が、総領事として短期間、ドイツのフリゲート艦共同企業体が本部を置くハンブルクに派遣された。共同企業体は契約を勝ち取り、二五〇〇万ドルの賄賂を支払ったとされる。〈フェロシュタール〉がひきいる共同企業体に潜水艦の契約が与えられたこともまた、激しい議論を巻きおこした。

ジェイコブ・ズマは、シャビル・シャイクを通じた取引に関連して支払いを受けたことについて、恐喝と腐敗行為、汚職の七八三の訴因で起訴された。その見返りに、南アフリカの現大統領は、この企業家がフランスの会社〈トムソン＝CSF〉、現在の〈タレス〉社を通じて旨味のある下請け契約を確実に勝ち取れるように仲介した。〈トムソン＝CSF〉が一九九八年にシャイクをパートナーとしてお払い箱にすることを検討すると、この企業家はズマを同社との会合のためにロンドンへ飛ばせ、ズマはそこでシャイクがマンデラとムベキをふくむANC内で評判がいいことを請け合った――まったくの嘘っぱちだったが。その後、同社は暗号化されたファックスで、ズマ社の利益を促進し、武器取引における同社の役割に調査が入る可能性から身を守るために、ズマに年五〇万ランドを支払うことに同意した。南アフリカの憲法裁判所は、シャビル・シャイクの有罪判決にたいする上訴審でこう述べた。

上訴人（シャイクと彼の会社）の弁護人はいみじくも主張のなかで、ミスター・シャイクの有罪判決を考慮すれば、この上訴審においては、ミスター・シャイクがたしかにミスター・ズマに賄賂を払ったことを受け入れなければならないと認めた……

支払いは、ミスター・ズマがミスター・シャイクの事業の利益を促進するよう影響をおよぼすために、ミスター・シャイクによって行なわれ、ミスター・ズマは一九九八年七月にロンドンで「〈トムソン＝CSF〉との」会議に出席することで、実際のところ、たしかにミスター・シャイクの利益を促進した。

タボ・ムベキをANC総裁の座から引きずり下ろしたあと、自分が南アフリカ大統領に選出されるわずか一〇日前、ジェイコブ・ズマにたいする公訴は、選挙後に高裁判事代理となった検察官によって取り下げられ、物議を醸した。この決定を発表する声明は、コンラッド・シーグロート裁判官が香港の商事事件で下した判決を大部分下敷きにしたもので、なかにはほとんど一字一句同じ箇所もあった。シーグロートはのちに、自分の判決はちがう法制度のもとで、刑事事件ではなく商事事件で下されたものであり、もっとも重要なことは、上訴で破棄されて、判例としては無効になっていると指摘している。そしてさらに、ズマの裁判は進められるべきだったと公に意見を述べている。シャビル・シャイクは一五年の刑期を二年も務めないうちに、末期疾患の最終段階にある受刑者のための法的措置を使って、温情的な理由から釈放された。彼は高血圧と鬱病をわずらっていた。釈放以降、彼はナイトクラブにいるところやゴルフをしているところを目撃され、べつべつの二件の暴行で起訴されている。

南アフリカはこの取引の代償を命で払いつづけている。ハーヴァード大学の研究によれば、内輪に見積もっても、取引後の五年間に三六万五〇〇〇人の南アフリカ人が避けられたはずの死で亡くなっている。タボ・ムベキのエイズ否定主義と、不要な武器を買う以外のあらゆることに向けられる財政規律に支配されて、彼らが生きるために必要としていた抗レトロウイルス薬を国が提供しようとしなかったからである。

武器取引は二〇一一年までに最大七一〇億ランドの支出を国に強いると見積もられている。この数字とくらべると、過去も現在もはるかに差し迫った優先事項についやされてきた金額は、微々たるものだ。二〇〇八年までに南アフリカはＨＩＶ／エイズと性感染症対策の事業にわずか八七億ランドしか使ってこなかった。エイズにかかった南アフリカ人ひとりを生かすために使われた一ランドにつき、七・六三ランドに相当する金額が武器取引についやされたことになる。同じ時期、アパルトヘイトでホームレス暮らしを余儀なくされた何百万人という南アフリカ人に家を提供するために四一〇億ランドがついやされたが、武器取引に支出された金額はそれより三〇〇億ランドも多かった。南アフリカは武器に支出された金額で二〇〇万軒近い家を建設するか、あるいは一一〇万人の用務員と清掃係を雇用することができただろう——公式失業率が三〇パーセント近い国で、年間一〇万人の雇用の一〇年分に相当する数だ。

南アフリカの検察機関と捜査機関は武器取引によって混乱状態に陥り、急激に衰退しつづけている。議会はろくに質問もせずに重要な行政府の決定を片っ端から承認するゴム印に成り果て、いまだに立ち直れない。取引とその隠蔽工作は、かつて誇り高かったＡＮＣがその道徳的指針を失った瞬間だった。ＡＮＣと大物指導者の一部に利益をもたらしつづける一方で、基本的な社会福祉事業の提供を危うくする一連の同様の取引が、ここからはじまったのである。南アフリカの副大統領でさえ、ＡＮＣと政府のあらゆるレベルをだめにした腐敗の蔓延を嘆いている。同国の高級政治紙が考えるように、「［南アフリカで］おかしくなっていることの大半は、武器取引に端を発している」のである。

兵器類についていえば、二四機のホークのうち作戦可能状態になったことがあるのは一一機だけである。空軍は、現在のところ納入された一一機のグリペンからなる飛行隊を年間にわずか二五〇時間しか飛行させることができない。つまり、作戦可能状態の機体一機につき年間二〇時間ちょっとである――実戦パイロットが認定を得るために飛ばねばならない最低飛行時間は二五〇時間だ。ホークは飛行にかかる費用がもっと安いが、経費のせいで年間二五〇〇時間の飛行しか認められていない。空軍が同機を最大限活用するために必要だと考えている量のおよそ半分である。驚くべきことに、空軍はホークの飛行時間が足りないため、一部のパイロットは訓練課程を卒業してグリペンを飛ばすのに必要な飛行時間に達していないことを認めている。もし一種類のジェット機しか買わないという最初の決定を守っていたら避けられたであろう問題である。

さらに、南アフリカは飛行機の維持に大金を払いつづけている。ホークだけで南アフリカは二〇〇六年以降、〈ＢＡＥ〉に二億六八〇〇万ランドの維持費用を支払っている。ほかの装備も派手な売り込みに中身を釣りあわせるのに苦労していた。もっとも注目を集めた例では、ドイツの納入業者から購入した三隻の潜水艦のうち一隻は「数々の問題」に悩まされている。その結果、南アフリカ暮らしの大半を乾ドックで修理を待ってすごしている。

二〇〇九年十月一日、イギリスの重大不正捜査局（SFO）はアフリカと東ヨーロッパにおける海外腐敗行為の容疑で〈BAE〉を送検する許可を求めていると発表した。〈BAE〉には司法取引が提案されたが、その条件では、同社が有罪を認め、約五億ポンドの制裁金を支払う必要があった。驚いた同社は取引を拒絶し、株価は急落した。

●貧困は障害ではない

SFOの事件簿《チャージ・シート》が示すように、南アフリカは〈BAE〉に苦しめられた唯一のアフリカ国家ではなかった。トニー・ブレア英首相のアフリカ委員会は、アフリカ大陸における統治の改善を勧告した。しかし、その勧告を吹聴する一方で、ブレアは世界の最貧国のひとつであるタンザニアの大統領を説得して四〇〇〇万ドル以上もする軍用機用の対空レーダー・システムを購入させたのである。当時、タンザニアには八機の飛行機を擁する空軍があり、その大半はどこかが傷んだ状態だった。この取引では一〇〇〇万ドル近い賄賂が支払われたといわれている。

一九九七年、〈BAE〉は〈シーメンス・プレッシー・システムズ（SPS）〉を買収した。同社は一九九二年以来、タンザニア政府とレーダー装置を売却する取引の交渉をつづけていた。この取引の一環として、〈BAE〉は〈SPS〉の代理人サイレシュ（あるいはシャイレシュ）・ヴィトラニを雇い入れた。当時、ヴィトラニはタンザニア政府高官に与えた「言質」と「約束」を理由にコンサルタント関係の改善を求めていた。もともとの取引は一億一〇〇〇万ポンドという、とうてい払えない金額で、世界銀行とイギリスの海外開発局から止められていた。二〇〇〇年、

〈BAE〉がこのプロジェクトを安く見せるために二段階に分けて、取引が再浮上した。当時の国際開発大臣クレア・ショートはこうふりかえる。「半分のプロジェクトになって戻ってきた。あの案件ははじめから終わりまでじつに卑劣だったし、もちろん古すぎて技術は時代遅れだった。タンザニアは軍用機を持っていなかった。あの国に必要だったのは観光産業を改善するための民間航空交通管制の整備だった」

ショートとロビン・クック外務大臣の大反対にもかかわらず、取引は二〇〇一年にまとまり、〈BAE〉はタンザニアに二八〇〇万ポンドのウォッチマン航空交通管制システムを売却した。レーダーは移動式で、妨害防止装置を完備していた。売却は〈BAE〉が対南アフリカ取引のさいに利用した銀行である〈バークレイズ銀行〉からのローンでまかなわれた。二〇〇一年十月、国連の国際民間航空機関（ICAO）はこの取引の不合理さをあきらかにした。

契約されたシステムは基本的に軍用のシステムで、民間航空交通管制用には限定的な支援しか提供できない。民間航空交通管制に役立つようにするためには追加装備の購入が必要であろう。しかし、主として民間航空交通管制用に使用するのであれば、提案されたシステムは不十分で、高価すぎる。

〈BAE〉はICAOが不正確なコスト比較をしたと非難したが、世界銀行のスポークスマンは愚行を認めた。「これほど巨額の支出が、われわれには正当性がはっきりしない目的にあてられることを懸念している。状況を説明すれば、四〇〇〇万ドルはタンザニアの基本的な国家教育支出の約三分の一にあたる。したがって、実際にかなりの大きな金額で、教育と健康といった優先的な事業と競合している」

　自由民主党の議員で、当時、国際開発にかんする党のスポークスマンだったノーマン・ラムは、そのコストの一〇パーセントで近代的なシステムが納入できたはずだと語った。彼の主張によれば、「貿易産業省は、首相のあきらかな支持を受けて、〈ブリティッシュ・エアロスペース〉と〈バークレイズ銀行〉と結託し、タンザニアの絶望的に貧しい国民に高価で不必要な武器取引を押しつけたのである」。ラムの怒りは弱まらなかった。二〇〇九年、彼は取引を「道義的に弁明の余地がない」と表現し、こうつけくわえた。「こうしたことがこれほどの長い年月つづいてきたとは言語道断だ。ウルフ卿の名において〈BAEシステムズ〉がやらせた調査があったが、まったくおざなりな調査だった。われわれが必要としているのは、SFOによる断固たる措置で、そうした文化はもはや受け入れられないことをはっきりさせることである。この輸出許可がどうして認められたのか公式に調査する必要もあるとわたしは確信している」

　クレア・ショートは自分が閣内で反対していた取引についてとくに腹を立てていた。タンザニアの教育発展のための三五〇〇万ポンドの援助一括政策が航空交通管制システムの支出によって実質上、吹き飛ばされてしまったからである。彼女はその責任をはっきりとトニー・ブレア首相に負わせた。「トニーはあらゆる武器売却の提案に心底入れこんでいた」と彼女はいった。「彼は〈ブリティッシュ・エアロスペース〉がなにかをほしがるたびに、一〇〇パーセント彼らを支持した。主義の問題があることを理解していないようだった。彼はまた、だまされて、つねにイギリス経済のためになるという主張を受け入れていたが、その主張は完全に間違っている」

取引にかんする内閣の話し合いは、とくに国防省が、取引の合法性にもとづいて輸出許可の手続きが決定されるより前に、〈BAE〉にゴーサインを出していたことがあきらかになって以降、白熱した。内閣の論争があまりにも激しくなったので、二〇〇一年後半に取引を分析して、輸出許可を認めるべきかどうかを判定する特別委員会が設置された。当時副首相だったジョン・プレスコットが委員長をつとめた。クレア・ショートは蔵相のゴードン・ブラウンからの支持を期待していた。「わたしは全員と個別に話をして、彼［ゴードン・ブラウン］はわたしを支持しようといってくれた。しかし、ジョン・プレスコットが会議を招集する段になると、彼は副大臣をよこし、自分は立ち向かわなかった。報道機関はゴードンがわたしを支持していると聞かされていたが、正念場になると、彼はトニーの意見に異を唱えなかった」。ブレアは、ワイト島で危機にさらされている二八〇人のイギリス人の雇用は政府の国際的な貧困撲滅目標より重要であると主張した。彼は貿易産業相のパトリシア・ヒューイットと国防相のジェフ・フーン、そして外相のジャック・ストローの支持を受けた。全員が〈BAE〉を無批判に支持していることで知られる人物である。

ロンドンのタンザニア大使館の駐在武官であるガビー・コンバ大佐は、議論の激しさに驚いたが、取引を弁護した。「基本的に軍用のシステムであるというのは間違っている。そうではないからだ。（軍民）両方の用途に使われることになるだろう」。さらに言葉をついで、「もっと安価なシステムも手に入るが、われわれが求める用途にはこれがいちばんよかっただろう」。彼は装備に「軍用的な要素」があることは認めたが、システム全体は「タンザニアの領空の保全を維持するために」使われることになる。取引はタンザニアの観光産業を助け、航空交通管制の利用料を年が旧式でじゅうぶんに活用されていない軍用機を八機しか持っていないことには触れなかった。
間三〇〇万から五〇〇万ドル集められると期待されていた。取引を擁護する者たちはタンザニア

取引は商業銀行〈バークレイズ〉からの三九五〇万ドルのローンでまかなわれた。タンザニアは少し前に二〇億ドルの債務免除を認められたばかりだったので、これは妙な話だった。債務免除の条件では、多国間開発銀行からの融資のような譲許的融資以外に金を借りることはできなかったからだ。〈バークレイズ〉は融資が譲許的なレートであると主張し、融資は一九九九年以来行なわれていて、売却にまつわる議論には「かかわっておらず」、いかなる融資も輸出許可の法規にしたがって実行されていると説明した。しかし、クレア・ショートは銀行が取引のもともとの金額をただ水増しして、それから譲許的といえるように少し減額したのだと考えている。弁解の余地がないことに、欧州投資銀行からは、タンザニアと隣国二カ国に〈BAE〉のシステムの半分以下の価格で最新のレーダー・システムを設置するためのローンが提供された。二〇〇二年、ショートはタンザニアへの援助金一〇〇〇万ポンドの支払いを先延ばしにして、同国が貧困を軽減するという約束に違反したと主張した。

ノーマン・ラムもまた融資を批判し、下院でこう述べた。「[融資の]もっと邪悪な説明は、契約金額が改竄されていたというものです――人為的に水増しされ、外の世界にはあたかも〈バークレイズ〉が譲許的な融資を提供しているように見えた。もしそのとおりなら、わたしには不正があったように思えます。腐敗行為を指摘する国務大臣がいるとしたら、間違いなくいまこそこの取引の融資を徹底的に調査すべきときです。わたしはさらに事を円滑に運ぶために袖の下が支払われたとも聞いています」

当時、貿易担当副大臣だったアラン・ジョンソンは、貿易省には「不正があった、あるいは袖の下が支払われたという証拠などいっさいない」と応じた。タンザニアのベンジャミン・ムカパ大統領はきっぱりといった。「誰もわたしに腐敗行為の証拠などこれっぽっちも与えてはいない」。彼の否定の信憑性には、二〇〇二年に不適切にも新品のガルフストリーム・ジェット機を四〇〇〇万ドルで購入したことから、当然ながら疑問が投げかけられた。国民のもっとも貧しい三分の一の層は一日一ドル以下で暮らしている国で。

ジェット機の取引の代理人はタニル・ソマイヤというビジネス界の巨頭で、〈シヴァコム企業グループ〉を所有し、電気通信、建設、広告、販売促進、不動産、そしてどんな場合でも使える万能の言葉「セキュリティ」に権益を持っていた。彼の仲間で〈BAE〉の代理人のサイレシュ・ヴィトラニは、インド系の太った四二歳だった。イギリスのパスポートを持ち、母親と兄弟はロンドン南部に住んでいたが、タンザニアでは「彼は地元の権力者である」。ソマイヤとヴィトラニはヴィクトリア湖の南岸にあるムワンザでともに少年時代をすごし、それからダルエスサラームに移った。そこで一九八六年に〈マーリン・インターナショナル・リミテッド〉という会社を登記した。

〈BAE〉の大敵のデイヴィッド・リー記者は、レーダー取引の調査をしたとき、手がかりを追ってこのふたりの男にたどりついた。彼は、ダルエスサラームのザンジバル行きフェリー乗り場からサモラ大通りを渡ってすぐ先にある、古い〈アヴァロン〉映画館の薄暗いオフィスでふたりを見つけた。彼はまずソマイヤにインタビューし、ソマイヤは〈BAE〉と同時にふたつの取り決めをしたことを認めた。最初に通常の代理人契約が結ばれた。この表の契約では取引がうまくいったら、一パーセントの手数料が〈マーリン・インターナショナル〉に支払われることになっていた。しかし、第二の裏取り決めでは、〈BAE〉の〈レッド・ダイヤモンド・トレーディング・リミテッド〉が契約価格の三〇パーセントにあたる六二〇万ポンドをスイスで入金していた。この金は〈BAE〉のもうひとりの代理人ヴィトラニが管理した。仲介役たちはこのスイスの現金がタンザニアの公務員に渡っていないと主張している。彼らは金がタンザニア国外の第三者にいったかとたずねられるとコメントを拒否した。しかし、タンザニアの調査に近い役人は、政府の高官と支払いを交渉して、スイスの銀行口座から口利き料の送金を手配したのはヴィトラニだと確認した。秘密のコンサルタント契約は、この取引で〈BAE〉の「コンサルタント」をつとめるように〈エンヴァーズ・トレーディング・コーポレーション〉という、パナマで登記された会社で結ばれた。合法的な代理委任状によって、ヴィトラニとソマイヤは〈エンヴァーズ〉の代理人をつとめるようになったが、同社は実質上、ふたりの秘密の「裏仕事用の」会社だった。

ヴィトラニは最終的に〈BAE〉が六二〇万ポンドをスイスの銀行口座にひそかに支払うよう手配したことを認めた。しかし、同社はいつものように潔白だといい張った。「われわれは公開競争で契約を勝ち取ったし、これは完全に公明正大なものだった。われわれはきわめて公明正大なやりかたでグローバル企業を運営しているし、こんにちわれわれはそのように活動しなければならない。あらゆる面で透明性はよりいっそう高まっている」

二〇〇七年、国際逮捕状がサイレシュ・ヴィトラニに出され、彼を偽証と宣誓の上での虚偽の証言の罪に問う刑事訴訟がタンザニアで起こされた。SFOは二〇〇四年なかばからこの事件を調べていて、二〇〇九年七月には彼を事情聴取していた。彼を逮捕しなかった理由ははっきりしないが、検察側の証人になることに同意したのかもしれないと推測されている。ヴィトラニはスイスで快適な暮らしを満喫していると報じられている。ソマイヤは腐敗行為の主張がはじめて大きく報じられたのち、二〇〇七年に〈マーリン〉社から遅ればせながら手を引き、それ以来、取引への関与をいっさい否定している。

ソマイヤとヴィトラニはレーダーの購入以前にも長年、武器取引でかなりの金を稼いでいた。二〇〇四〜〇五年、ふたりは国防省からタンザニア人民防衛軍（TPDF）にトラックとバス六五〇台を納入する数百万ドル規模の入札を勝ち取った。政府は二〇〇六年に納入業者に購入価格を全額支払ったが、二〇〇九年までに三五〇台の車輛しか同国に到着していなかった。入札に応じるために、ソマイヤとヴィトラニは嘘をついて、イタリアの〈IVECO〉トラックの正規ディーラーである〈INCARタンザニア・リミテッド〉のオーナーだと主張した。ふたりが実際に同社を買収したのは二〇〇六年になってからだった。〈INCAR〉社の書類はそのあいだにダルエスサラームの事業登録許可局のオフィスからなぜか消えている。軍関係者のあいだでは、高い車輛価格と非経済的な燃料消費率、高い維持費用などを挙げて、〈IVECO〉のトラックは軍の年代物の車輛を更新するには向いていないかもしれないという懸念が持ち上がった。

ソマイヤとヴィトラニは国防省にヘリコプターを納入するのにもかかわったとされている。ふたりはメーカーの〈アグスタ・ベル〉が選んだ代理人ではなかったにもかかわらず、ヘリコプターを納入した。四機のヘリコプターのうち二機はすでに墜落し、数人の命が失われている。ヘリコプターは価格を吊り上げられていただけでなく、実際には民間用に設計されたものだった。当然ながら、ソマイヤとヴィトラニは、ムカパ大統領が使うために二〇〇二年にアメリカから最上位機種のガルフストリーム・ビジネスジェットを四〇〇〇万ドルで購入した件にもかかわっていた。
二〇〇八年四月、レーダーの取引当時、司法長官だったタンザニアのインフラストラクチャー大臣アンドルー・チェンゲが、ジャージー島の銀行口座にある五〇万ポンドは彼のものだという疑惑を受けて辞任した。チェンゲは金の存在に異論を唱えなかったが、それが〈BAE〉からきたことは否定した。司法長官として、彼は取引の重要な側面について助言を与え、それが最終的にタンザニアの内閣が取引を承認する結果を招いた。とくに彼は、購入の商業融資がタンザニアの債務免除の適用と両立できると助言した。サイレシュ・ヴィトラニはチェンゲの法的見解のコピーを〈バークレイズ〉に送ったとさえいわれている。チェンゲの口座への支払いは、取引に好意的な彼の意見がつたえられるのとまさに同時だった
SFOの報告書の草稿によれば、チェンゲは一九九七年六月から一九九八年四月までのあいだに〈バークレイズ銀行〉のフランクフルト支店から合計一五〇万ドルの銀行口座振替を六回受け取った。この金は〈フラントン・インヴェストメント・リミテッド〉が所有するジャージー島の〈バークレイズ〉の口座に振り込まれた。同社はチェンゲが送金のためだけに所有する会社だった。一九九八年五月、彼は〈ラングリー・インヴェストメンツ・リミテッド〉が所有する口座に六〇万ドルの送金を許可した。同社はタンザニアの元中央銀行総裁のイドリッサ・ラシディ博士によって運営されていた。ラシディはレーダーの取引で融資の手配を承認する責任者だった。取引の条件のもとで、タンザニア銀行は〈バークレイズ〉の融資の担保に金準備を差しだす約束をした。ラシディは、債務不履行の可能性から訴訟が起きた場合にはタンザニアの法律ではなくイギリスの法律が優先されることにタンザニアが同意した責任者でもあった。一九九九年九月二十日、

図3　タンザニアにおける〈BAE〉の支払いルート

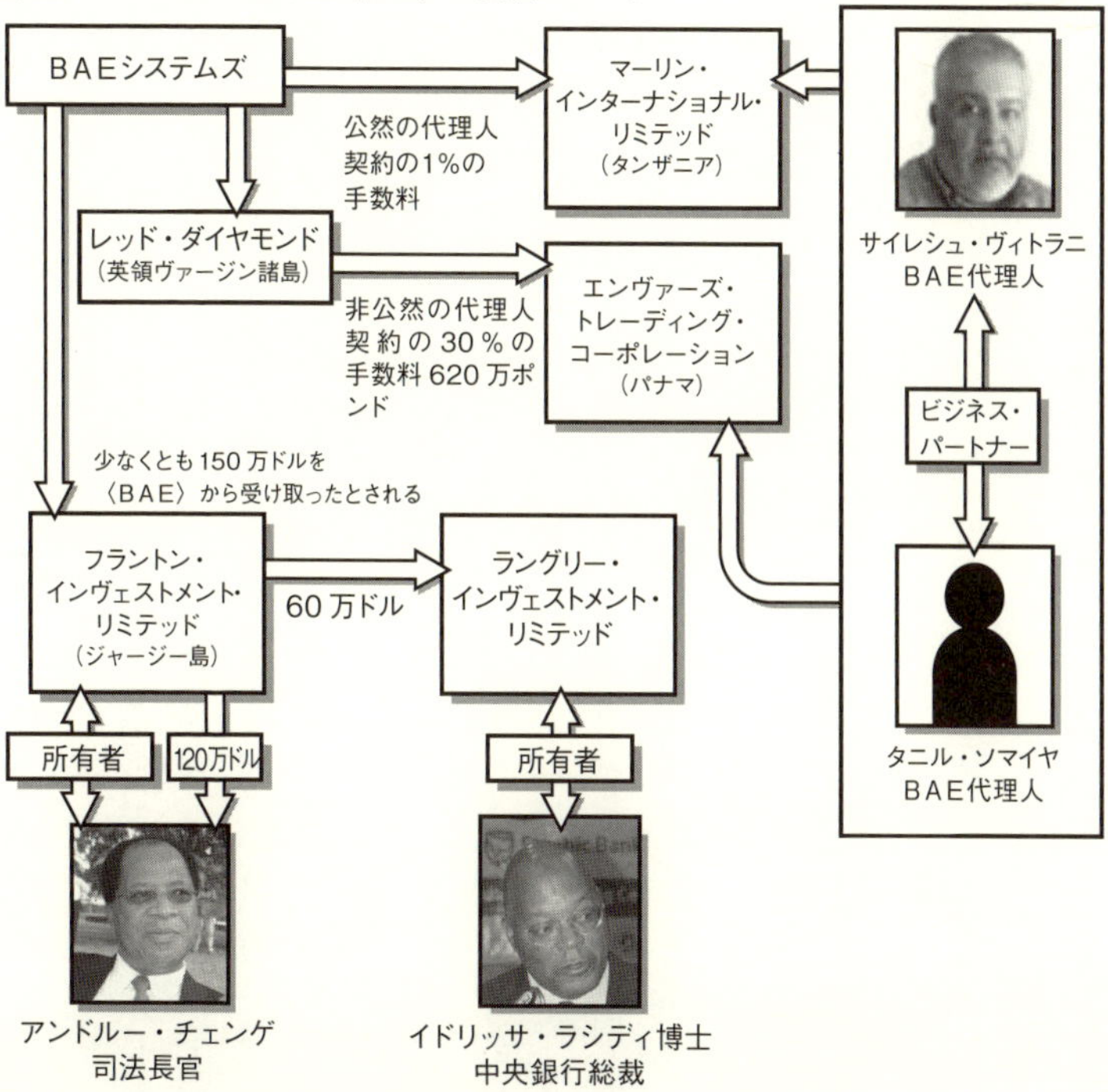

チェンゲはみずから、〈フラントン〉の口座から一二〇万ドルをジャージー島の〈ロイヤル・バンク・オブ・スコットランド・インターナショナル〉に送金することを許可した。

　チェンゲは驚くべき無神経さを発揮して、自分の口座の預金を「ポケットの小銭」と表現した。アメリカとイギリスの彼の外国人顧問弁護士は、彼が取引のいくつかの側面について政府に法律的な助言を与えたと認めたが、〈BAE〉からの購入はぜったいに勧めていないと主張した。彼が高額の報酬をとるイギリスとアメリカの法律事務所のサービスを手に入れられたこと自体が、彼の個人的な富の規模と出どころにかんするメディアの憶測に油を注いだ。

チェンゲとイギリスでの取引にたいする調査は、二〇〇六年秋にノーマン・ラム議員がポートカリス・ハウスでSFOと国防省の調査員に面会したとき驚くべき展開を迎えた。ポートカリス・ハウスには何人かの議員が事務所をかまえている。SFOの捜査官はラムの事務所が盗聴されているかもしれないので、吹き抜けの広間で面談したほうがいいとラムに提案した。激怒した議員はSFOのカール・ブラウンに二〇〇八年六月五日、こう書き送った。「諸君の説明によれば、捜査の過程で……〈BAEシステムズ〉は諸君が証人に事情聴取した結果入手した重要な発見や重要な情報を知っているようだという。彼らが証人候補者との事情聴取の内容を聞くことができるという印象を受けたと諸君は指摘した」。SFOはこう答えた。「当時、われわれは厳重に用心して活動していました……そうした予防措置を講じたほうが賢明だと思われたのです」。議員はその主張に「ひどく懐疑的」だった。「わたしはそれが事実ではなく、わたしの事務所は盗聴されていないことを願っていた。盗聴されていることを知っていると〈BAE〉に気づかせるといけないと思って、わたしは［盗聴器探しを］しなかった。しかし、それが事実ではないことを願っていた。驚くべきことに、SFOは自分たちの捜査が監視されていて、会話は盗聴されていると考えているという懸念を表明したのだ」

〈BAE〉はその主張を「途方もない」と呼び、それを受けてラムはこうつけくわえた。「SFOがある会社に盗聴されていると懸念していたことは、きわめて深刻な示唆であり、公式調査の一部となるべきである」。武器取引反対キャンペーン（CAAT）のような敵にたいする〈BAE〉

の汚い手口の歴史を考え合わせると、これはそれほど突拍子もないこととは思われない。

ラムの自由民主党だけでなく、贈収賄と腐敗行為との戦いに積極的に関与してきたとはいいがたい保守党でさえ、二〇〇七年の論戦で贈賄の疑惑とタンザニアの持続可能な発展への脅威について政府を責め立てた。同党が二〇一〇年に政権を取り戻したとき、〈BAE〉のディック・オルヴァー会長に貿易担当大臣の席を差しだしたことを考えると、これはとりわけ皮肉な話である。彼はその申し出をことわったが。

ラムが監視を恐れていたことも、事件を捜査したタンザニアの検察官の体験にくらべれば色あせてしまう。エドワード・ホセアは二〇〇七年にアメリカの役人に「自分の命が危険にさらされているかもしれない」と語った。タンザニアの政治家は、彼が〈BAE〉の「汚れた取引」と名づけたものにかんしては「手が出せない」のだと。彼は「大物」を起訴するのはあきらめたが、「国防省の高官と少なくともひとりかふたりの軍高官がからんでいた」と確信した。ホセアはテキストメッセージと手紙で脅迫を受け、毎日、自分が「金持ちの有力者」と戦っていることを気づかされると語った。そして、押し殺した声で、「もし『権力中枢の側近グループ』の会合に出たら、連中は自分たちがここに呼んだかのように感じさせたがる。もし妥協しない人間だとわかれば、危険なことになる」と説明した。ホセアは命の危険が生じれば、国外への逃亡を余儀なくされるだろうとはっきりといった。彼個人の安全と将来は、タンザニアの民主主義に有害な影響をおよぼしている重大な捜査と同様、ＳＦＯとイギリスの司法制度にかかっていた。

10　壁以降──〈BAE〉式資本主義

ウィーンの一区は、ハプスブルク家の街の帝政期の威光をいまもほとんど留めている。リングシュトラーセはその中心にあり、りっぱな建物とフランツ・ヨゼフ皇帝の堂々とした彫像にかこまれて、貴族的な権力と富を発散している。ケルントナー・リング一四番地は、バロック様式の壮麗なベルヴェデーレ宮殿と、世界でもっとも偉大なクラシック音楽家の何人かの本拠地だった楽友協会、そして超豪華なホテル・インペリアルのあいだに位置していた。建物の洞窟のような入り口ホールは、りっぱな階段へと通じている。二階には、なんの変哲もない白い小さなドアに、大きな黒い文字で「MPA」と書かれた真鍮の名札がかかっていて、その下に「メンスドルフ＝プイリー」という名前が入っている。

室内はその周囲を反映していた。装飾豊かな高い天井、年代物の深い革張りの椅子、取り澄ました貴族女性の大きな油絵、そして貴族の所有者が田舎に持つ狩猟地で仕留めた動物の剝製の頭。いかめしいアシスタントがわたしを迎え、伯爵にわたしがきたことをつたえるという。

数知れない友人たちからは「アリ」と呼ばれるアルフォンス・メンスドルフ＝プイリー伯爵は、写真で見るより背が高く、痩せて、もっとハンサムだ。堂々たる身の丈で、グリーンのラシャのアルパイン・ジャケットにやや大胆なピンクのネクタイを締めて、貴族的な物腰をしている。彼にはやや悪党っぽい感じの魅力がある。われわれが豪華な革張りの椅子に腰を下ろすと、修士号を持つ厳しい顔つきのルカ女史がわたしのかたわらにちょこんと座り、かまえたノートにまばたきする。わたしは東欧と中欧における〈BAE〉のもっとも悪名高い代理人としての彼の職歴について、気まずい質問をぎごちなくぶつけるが、この五六歳の享楽家は、自分の短い二回の勾留の話でわたしを楽しませてじゃまをする。

「オーストリアの拘置所の五週間は、イギリスの拘置所の五日間よりずっと楽だったね。イギリスの当局からはなにひとつ与えられなかった。歯ブラシも、櫛も、なにひとつ。わたしは四人全員と仲良くなったよ」と彼はマッチョの誇りをただよわせながらいう。「ひとりの黒人が櫛と歯ブラシを貸してくれた。わたしは顔を洗って、櫛を使ったが、歯ブラシは使えなかったな」。ロンドン北部のペントンヴィル拘置所で勾留されたあと、メンスドルフ＝プイリーは拘置所の下着のパンツが小さすぎて人権を侵害されたと文句をつけた。「何度かたのんだのに、まともな下着を与えられなかった」

彼は〈MPA〉をコンサルティング会社と呼んでいる。この会社を通じて、彼はさまざまな分野、おもにヘルスケア分野の三〇から四〇の顧問先に中欧と東欧にかんする戦略的助言を提供している。彼の主張によれば、〈BAE〉は防衛産業における唯一の顧問先だった。彼は従姉妹の夫ティム・ランドンを介してこのイギリス企業と接触した。悪名高い人物のランドンは、オマーンとの密接なつながりから「白いスルタン」として知られていた。彼は同国でサンドハースト陸軍士官学校時代の友人であるスルタン・カブース・ビン・サイードが父親を追いだしたクーデターを支援した。ランドンはカブースとの仕事上の取引で何億ドルも稼いだ。一九八〇年代には南アフリカとローデシアの石油禁輸をやぶり、オマーンにボフォース機関砲を密輸して早くも財を成している。

メンスドルフ＝プイリーは二〇〇七年に亡くなったランドンのことを愛情をこめて語っている。彼の説明によれば、ランドンは中欧と東欧で仕事を勝ち取るにはこの地域にいいコネを持つ人物が必要だと〈ＢＡＥ〉に教えたという。ランドンは彼らに伯爵を紹介した。伯爵はオーストリアとチェコ共和国とハンガリーの有力者なら誰でも知っていると主張している。いずれも旧オーストリア・ハンガリー帝国の国々で、彼はその貴族の血を引いている――彼はヴィクトリア女王の親戚筋にも当たると主張している。メンスドルフ＝プイリーは、元オーストリアの内閣閣僚で保守的なオーストリア国民党（ÖＶＰ）の上級党員であるマリア・ラウホ＝カラトと結婚していて、望めばいつでも地域の重要な政治家全員と話ができるという。彼はこれらの国々にたいする政治的および経済的な洞察の見返りとして、〈ＢＡＥ〉からずっと毎月顧問料を支払われていたと主張する。

当局の主張によれば、一九九〇年代後半、〈ＢＡＥ〉は伯爵の関連会社に一九〇〇万ポンド以上を支払った。会社の大半は「ハンガリーとチェコ共和国へのグリペン・ジェット戦闘機のリース契約の締結を確実にするための勧誘、売り込み、そのほか」と関係があった。「……〈ＢＡＥ〉は、支払いの一部が入札過程で〈ＢＡＥ〉に有利に働くために使われる高い可能性があったにもかかわらず、これらの支払いを行なった」。イギリスの法廷でもっとずばりといわれたように、「〈ＢＡＥ〉は中欧で利益をもたらすジェット戦闘機の契約を手に入れるために、腐敗した手口を採用し、利用した」のである。法廷弁護士のトム・フォスターは同社の活動をこう評した。「〈ＢＡＥ〉の最上級の重役がかかわった、巧妙で、入念に計画された事業……［彼らは］オーストリア、チェコ共和国、そしてハンガリーにおける贈賄工作に資金を提供するために一〇〇〇万ポンド以上使ったのです」。スイスには、「公職者に金を提供する潜在的目的」で、「法執行機関による潜入」を防ぐために、海外法人が三社設立された。メンスドルフ＝プイリーに送金された〈BAE〉の金の約七〇パーセントがオーストリアの口座に振り込まれた。重要な防衛調達の決定から数日あるいは数週間以内には、しばしば「かなりの現金の引き出し」があった。「いわゆる第三者への支払い、あるいは将来の支払い」が話し合われる会議には、〈BAE〉の重役が出席したといわれた。

伯爵には一九〇〇万ポンド以上が送金されたが、彼が公式にその見返りにやったのは、「マーケティング報告書」を作成することだけだった。

◉ハヴェルの悪夢

チェコスロヴァキアのすばらしい反体制劇作家出身のヴァツラフ・ハヴェル大統領は、「政治とはとりわけ純粋な人々を必要とする種類の仕事だ。道徳的に腐敗するのはとりわけ簡単だからである」と述べている。〈BAE〉はこの金言を限界まで試した。

チェコ共和国は一九九三年にスロヴァキアと分かれて誕生し、一九九九年にNATOに加盟したが、軍事装備の近代化を必要としていた。この年、戦闘機の調達の提案を出すよう、各社に声がかけられた。〈サーブ〉をふくむ五社が入札に応じた。同社は一九九五年にグリペン戦闘機のマーケティングで協力する取り決めを〈BAE〉と結んでいた。グリペンは最近、テスト中に大事故を起こし、さらにストックホルム水上フェスティバルで何万人もの観客を前に墜落して、手痛い打撃を受けていた。

一九九七年から両社はチェコ政府に戦闘機を購入するよう説得する激しいキャンペーンを開始した。中心となって取り仕切っていたのは、〈ＢＡＥ〉のふたりの男、スティーヴ・ミードとジュリアン・スコープスだった。最終的に二〇〇一年十二月、政府は約一〇億ポンドの価格で二四機のグリペンを購入することを決定した。ほかの競争相手は四社とも競争入札から手を引き、入札過程の腐敗行為を疑った。取引はチェコ議会の両院でかなりの抵抗にあい、あやうく投票で否決されるところだった。

二〇〇二年の夏、チェコ共和国は壊滅的な洪水に見舞われ、新政権が選出されて、グリペンの購入に待ったがかかった。自然災害の巨額にのぼる後片付けと、新戦闘機の過大なコストを受けて、入札の問題を解決するための「専門家委員会」が設置された。このときイギリスは、中古のトーネード戦闘機一四機を暫定的な手段として提供し、そのあいだに戦闘機の購入のための入札を再度手配すればいいと提案した（報道では無償提供だったが、たぶん〈ＢＡＥ〉は訓練と交換部品の提供で利益を上げたことだろう）。トニー・ブレアは、〈ＢＡＥ〉／〈サーブ〉のキャンペーンの一環として、二〇〇二年に公然たるロビー活動のために同国を訪問した。しかし、委員会は、公開入札を行なわずに、四億ポンドで一四機のグリペンを一〇年間リースすることを決定した。契約は二〇〇四年六月に調印され、すぐさま腐敗行為の疑惑が再燃した。

アメリカ国防総省と契約業者の〈ロッキード〉および〈ボーイング〉が競争入札から撤退したあと、アメリカ政府はイギリス国防省でサー・ケヴィン・テビット事務次官と会い、〈ＢＡＥ〉とイギリス政府を「腐敗した手口」で非難した。会談でアメリカの高官たちは「〈ＢＡＥシステムズ〉が仕事を手に入れるために外国の公職者に賄賂を払っているという根強い疑惑に強い懸念を表明した」。彼らはまた「長年変わらない疑わしい行為のパターンを強調した。報道記事は、もっと取り扱いに注意を要する情報源からのデータを補強している」。彼らはイギリス政府が〈ＢＡＥ〉による贈賄の疑惑を調査するためになにをしてきたかとたずねた。最近のプロジェクトに関連するものだけでなく、「賄賂の支払いがまだつづいているかもしれない」古いプロジェクトにかんしても。「アメリカでは、一社にこれだけの量の疑惑があれば、とうの昔に司法省の刑事局による捜査がはじまっていただろう」と彼らはいった。

アメリカの高官たちは〈機関車トーマス〉にちなんでテビットに「トップハム・ハット卿」というあだ名をつけた。彼らが「〈ＢＡＥ〉がらみの贈賄の疑惑にたいする傲慢に近い軽蔑」と評したその姿勢と、悪事の証拠をくわしく説明するよう要求する大仰な態度が、命名の理由だった。

テビットは知らないふりをしていたのかもしれない。チェコ警察はすでにチェコの政治家を買収する〈ＢＡＥ〉の試みを認めていたからである。対立政党のふたりの上級議員がべつべつに、取引がはじめて議会にかけられたとき、グリペンに有利な投票をするよう彼らと党を買収しようとする試みがあったことを報告していた。野党の上院議員イトカ・シエトロヴァはこうふりかえった。「わたしは、グリペン計画に賛成票を投じれば自分のためになるという知人から接触を受けた。わたしはノーと答えた。そんなことをしてはいけないと。わたしは誰かがそんなことをすると考えたことに失望した」。もうひとりの政治家プレミスル・ソボトカは、「街角で知らない連中がわたしに近づいてきた。彼らはもし賛成票を入れたらわたしの選挙区に投資しようといった。わたしは彼らと話すことを拒否した、気に食わない話だ」。もうひとり、ミハエル・ザントフスキーも電話で彼の党に一〇〇〇万スウェーデンクローナ出そうと持ちかけられた。ＯＤＡ党の党首であるザントフスキーとほかの七人の上院議員はグリペンに反対票を投じなかった。しかし、彼はちゃんと警察にいき、警察は政府庁舎のすぐ前の公衆電話ボックスまで通話をたどった。上院からは石を投げればとどく距離である。警察の捜査は犯罪が行なわれたという結論にいたったが、電話の主の身元を割りだせなかったため、六カ月後に打ち切られた。

ソボトカの選挙区への投資とは、おそらくオフセット投資のことをさしていたのだろう。オフセット投資はグリペンを売却する〈ＢＡＥ〉／〈サーブ〉のキャンペーンの目玉となる要素だった。二四機を売却する最初の取引では、経費の一五〇パーセント分の価値がある契約がチェコの会社と結ばれることになっていた。この提案の気前のよさが、グリペンを購入する重要な理由のひとつとして売りこまれていた。リース契約のオフセット事業も同じように豪勢で、どの競争相手よりもはるかに高額で、飛行機の価値のおよそ一三〇パーセントにあたる九億五〇〇〇万ドルだった。しかし、オフセット契約には秘密保持契約がふくまれていて、実際の経済活動はすべて秘密のベールでつつまれていた。約束された投資の詳細をあきらかにできるのは同社だけだった。たしかに、彼らは事業が失業率の高い地域に向けられることになると主張した。なかでもボヘミア北部はオフセット投資全体の三八パーセントを受け取ることになっていて、モラヴィア北部は三三パーセントを獲得することになっていた。しかし、二〇〇五年なかばになっても、ボヘミア北部とモラヴィア北部の上級代表たちは、オフセット事業についてなんの情報も得ていないといっている。「約束はたくさん公表されたが、いまのところいかなるオフセット事業も承知していない……わたしはつねづねオフセット事業にはやや懐疑的だった」。失業率が当時一四・五パーセントだったモラヴィア＝シレジア地方のエヴゼン・トセノフスキー知事はそういった。ミラン・ウルバン貿易産業大臣によれば、一六件の事業が確認されていて、「そのうちのいくつかはすでに動きだしている」が、彼はくわしく述べることを拒んだ。野党の政治家たちは、オフセット事業が秘密にされている理由と、関係する地域の代表が自分の地域に想定された投資について知らない理由に懸念を表明している。武器工業会の会長でさえ困惑しているようだった。「これは機密扱いにしなければならない要注意のデータではない」

取引の本当の性格は、スウェーデン・テレビのスヴェン・ベルイマンとヨアキム・ディーフヴェルマルクとフレドリク・ラウリンが、〈BAE〉の販売キャンペーンにかかわった匿名の内部告発者と、チェコ警察の捜査で得られた多数の秘密文書をつきとめたとき、はじめて暴露された。匿名の情報源は彼らにこう語った。

誰もが大手柄を立てたがっていた。事業はとても重要だったし、われわれはすっかり夢中になっていた……しかし、プラハを買収しようとするのをやめたあとで、わたしはみんな間違いだと気づいたんだ、ひどい間違いだと……グリペン・キャンペーンでは、街全体を一望できるプラハの高台に広々とした専用のオフィスをかまえた。スティーヴ・ミードの部屋はオフィスの奥の部分にあった。机が一脚と、椅子が数脚、壁際にはボードがあった。スティーヴ・ミードはチェコの政治家を調べていた。ボードにはだいたい五〇から一〇〇枚の写真がならんでいた。政府のメンバー、議会の要人、上院議員、野党のメンバー、それから国防省の人間のような重要人物の写真だ。それぞれに名前と地位、手書きのくわしい情報があって、ほとんどは緑か、黄色か、赤の印がついていた——グリペンに賛成か、中立か、反対かだ。

ジャーナリストたちが豪華なオフィスをおとずれると、大家は前の入居者が〈ＢＡＥ〉であることを認めた。鍵にはまだ社名の札がついていた。大家は、スティーヴ・ミードが自分のものだった「とくに上等の部屋」に、「政府と議会の全メンバーの写真がついたボードを置いていました。これは新しいチェコの歴史上最大のビジネスだったからです」と興奮気味に語った。

内部告発者はさらにつづけた。「もっとも重要な対象は、当時、財務相だったイヴォ・スヴォボダだった。ミードは、野党も同じように面倒を見ることの重要性についても話していた。彼らは重要な人物に働きかけ、相手はあとでほかの党のメンバーを引き入れることになる」。スヴォボダは無関係の不正スキャンダルで一九九九年に辞任に追いこまれ、懲役五年の刑をいいわたされた。情報源はそのときなにがあったかを説明した。「スヴォボダが刑務所に入ると、ミードは取引をふたたび整理せざるをえなくなり、契約はその後、政府のべつのメンバーが扱った」。当面の問題が賄賂であることはあきらかだった。「スティーヴ・ミードはチェコ政府あての支払いの面倒を見ているオーストリアの仲介者のことを話していた。彼が支払いの責任者だった、賄賂の支払いの。オーストリアの仲介者は、金をまだ『仲間』ではない政府の人間や、すでに味方となった人間たちに分配することができた。決定を通過させるには、政府の数人の重要人物にしぼって承認を得るだけでよかった」

この取引の秘密代理人契約は、腐敗行為とオーストリアの仲介者の正体をあきらかにした。最初は〈ＢＡＥ〉との契約だった。

極　秘

提案　アドバイザーの任命
日付　一九九九年十一月五日
担当地域　チェコ共和国
協定にふくまれる製品　グリペン
アドバイザーの氏名　アルフォンス・メンスドルフ＝プイリー
アドバイザーの住所　ＭＰＡ、ウィーン

ジャーナリストたちはべつの〈ＢＡＥ〉スキャンダルで伯爵の名前を知っていた。一九九五年、彼はテープの録音で、飛行機の売却の見返りに〈ＢＡＥ〉からオーストリアの党資金に支払われた金のパイプ役として名指しされていた。もし取引が成立したら、ふたつの政党が七〇〇〇万シリング（一九九五年当時は七〇〇万ドルあるいは四四〇万ポンドに相当）を分け合うことになりそうだった。秘密のテープには以下の会話が録音されていた。


ヘルマン・クラフト（オーストリア国民党議員。ＨＫ）　飛行機に数億とヘリコプターに数十億だ。

ＳＤ（名前のわからない社会民主党議員）　いくらぐらいの話だね。

ＨＫ　二パーセント。

SD　三〇億の二パーセント？
HK　三八億。
SD　二パーセントだと七〇〇〇万か。どうやって分ける？
HK　山分けだ。
SD　誰が金を送金する？
HK　こっちの伯爵。
SD　名前は？
HK　メンスドルフ。
SD　それが彼の名前か、メンスドルフ？　そしてイギリス側の代理人をつとめている？
HK　向こうのコンサルタントだ。
SD　金はどうやってオーストリアにとどく？
HK　それはイギリス側が解決する。

ヘルマン・クラフトは収賄未遂で有罪判決を受けたが、メンスドルフ＝プイリーは名前が出ただけでは証拠が不十分だとして無罪となった。〈BAE〉と伯爵はともに関与を否定した。

チェコの飛行機取引に関連しては、取引が無事成立したらメンスドルフ＝プイリーに高額の手数料を約束する秘密の取り決めもあった。この取り決めは契約の価値を最大一〇億ポンド、手数料率を四パーセントと見なしていた。そのとおりになっていたら総額は四〇〇〇万ポンド。現地アドバイザーが提供するまっとうな協力への見返りとしては法外な金額である。メンスドルフ＝

プイリーはスウェーデン・テレビと話をすることを拒否したが、《ガーディアン》紙には「わたしの会社〈MPA〉は一九九二年以降、〈BAE〉と東欧のコンサルタント業務の契約を結んでいる。この契約にしたがって、わたしは月ごとに支払いを受けている」と認めた。

しかし、代理人は彼ひとりではなかった。契約書のいちばん下には、こういう一文があった。「同じ担当地域のほかの代理人の詳細　ハーヴァ」。リハルト・ハーヴァは、チェコの国営兵器会社〈オムニポル〉の取締役で、〈BAE〉は同社の株を二〇〇三年に買っていた。〈BAE〉はグリペン・キャンペーンで〈オムニポル〉を公然と利用することになったが、さらなる秘密契約はもっと多くのことをあきらかにした。

企業秘密

地域　チェコ共和国
事業　グリペン計画
代理人　リハルト・ハーヴァ
推定契約価値　一五億ポンド
手数料　二パーセント

ここからチェコがグリペンを購入した場合、ハーヴァには最大で三〇〇〇万ポンドが支払われることがうかがえる。興味深いことに、ハーヴァの住所は〈オムニポル〉とは書かれていない。

つたえられるところでは、彼は〈ガプスター〉という法人を介して支払いを受けることになっていた。ハーヴァはいかなる役割も否定して、スウェーデン・テレビにこういった。「わたしは秘密の代理人ではない、いまも、以前も」

ハーヴァの契約書にもまた、もうひとりの代理人の名前が載っていた。「地域の追加代理人ジェリネク」オットー・ジェリネクはフィギュアスケートの元世界チャンピオンで、全米最大のアイスショー〈アイスカペーズ〉のスターから政治家に転身した人物だ。カナダのブライアン・マルルーニーの保守政権で大臣をつとめたのち、祖国のチェコ共和国に戻り、ビジネス界でよく知られるようになった。ジェリネクは〈ＢＡＥ〉を顧客に持っていることを認めた。「〈ブリティッシュ・エアロスペース〉はわたしが抱えている数多くの顧客のひとつだった」

ジェリネクをはじめとする代理人たちは、〈ＢＡＥ〉のいつもの手のこんだやりかたで海外口座から支払いを受けた。同社はニューヨークの〈ハリス銀行〉の〈レッド・ダイヤモンド〉社の口座を経由して、ジェリネクが監督する企業の〈ジェリネク・インターナショナル〉と〈ドゥボヴィー・ムリン〉に支払いを行なった。彼はまた〈フィドラ・ホールディングズ〉というバハマの法人経由でも支払いを受けていた。さらなる金が〈ハリス銀行〉から〈マナー・ホールディング〉というバハマの法人にも送られたが、この会社はジェリネクが代表をつとめているといわれた。オフショア会社からの支払いについてたずねられたジェリネクはこう答えた。「個人的な問題だ、わたしの性生活のようにね」

しかし、メンスドルフ＝プイリーがいちばんの代理人で、金を支払う責任者だったことに疑いはない。最終的に結ばれたリース取引の契約は、最初のグリペンを売却する試みとはちがっていたかもしれないが、同じぐらい破滅的なものだ。契約はティム・ランドンの会社〈ヴァリュレックス〉からメンスドルフ＝プイリーへの一連の支払いを詳細に記録している。メンスドルフ＝プイリーはそれから金の一部をその先に分配した。

グリペン機暫定五年取引／リース

契約当局の政府　チェコ共和国
アドバイザー　ヴァリュレックス・インターナショナルSAジュネーヴ支社
支払い　五三三万ユーロ、一〇〇万ドル、二〇〇万ポンド
手数料のスケジュールは詳述するように分割で支払われる。
一一二万五〇〇〇ユーロ　二〇〇四年八月三十一日支払済
一一二万五〇〇〇ユーロ　二〇〇四年十二月三十一日支払済
一一二万五〇〇〇ユーロ　二〇〇五年七月三十一日支払済
一〇〇万USドル　二〇〇五年八月三十一日
一二〇万ポンド　二〇〇五年八月三十一日
八〇万ポンド　最後の八機の引き渡し時
一一二万五〇〇〇ユーロ　二〇〇六年十二月三十一日
メンスドルフ＝プイリー伯爵はこの合意条件のもとでサービスを提供する主契約者である。

〈ヴァリュレックス〉はメンスドルフ＝プイリーにコンサルタントとして報酬を払った。伯爵はそれからべつの英領ヴァージン諸島の法人〈ブロドマン・ビジネス〉を利用して支払いを行なった。同社の専務取締役は伯爵の学校時代からの友人だった。〈ブロドマン〉は、ランドンから受け取る支払いの中枢として、二〇〇二年から二〇〇七年の彼の死まで利用された。金は、「しばしば〈BAE〉が強い関心を持つ軍備調達の重要な決定から数日以内か数週間以内に、たいてい一〇万ポンドの範囲内のかなりの額の現金引き出し」によって支払われた。メンスドルフ＝プイリーは〈ブロドマン〉を投下資本を広めるための仕組みと説明したが、えらくこみいった投資計画に思える。いつものように、彼は自分の支払いが「新聞の切抜きと誰にでも手に入る情報の編集物」からなる「マーケティング報告書」の報酬だと主張している。この説明に反して、伯爵は、顧問会計士のマーク・クリフ宛てのEメールのなかで、自分が取引の「重要な意思決定者にたいする積極的な報奨金支払い」を利用していると吹聴している。

〈BAE〉から〈ヴァリュレックス〉への金の流れは予想どおり複雑で、つたえられるところでは〈レッド・ダイヤモンド〉社がべつの英領ヴァージン諸島の法人〈プリフィノー・インターナショナル〉に支払いを行なっていた。同社もまたランドンが監督するふたつの企業〈フォックスベリー〉と〈ヴァリュレックス〉とコンサルティング契約を結んでいた。捜査官たちは〈プリフィノー〉と〈ブロドマン〉を経由した六三〇万ユーロの内訳をつきとめた。このうち三〇パーセントの一九〇万ユーロはメンスドルフ＝プイリーとランドンのあいだで山分けにされた手数料だと思われた。この金はべつの秘密の資金管理手段である〈ケイト〉と呼ばれるリヒテンシュタインの財団に移された。当局はメンスドルフ＝プイリーが財団にかかわっていることを確認した。この財団は、友人知人には「ケイト」と呼ばれる、ティモシー・ランドンの未亡人で、メンスドルフ＝プイリーの従姉妹のカタリン・ランドンにちなんで名づけられた。

一九九五年、秘密の支払いのためのオフショア会社のインフラを構築していた〈BAE〉は、リヒテンシュタインがヨーロッパでいちばんあやしげな目的に向いた地域だと見なしていた。公国で登記された〈ケイト〉のような財団は、通常の会計報告や透明性の要件を課されなかった。またすぐに設立と解散が可能だった。オーストリアの捜査官たちは〈ケイト〉についてもっと探りだそうとしたが、財団の弁護士はいっさいの情報公開に反対して上訴した。

金がメンスドルフ＝プイリーからどこへ流れたのかははっきりしないが、あるオーストリアの雑誌の調査によれば、「ティシュチェンコ」というロシアの代議士が三〇〇万ユーロ受け取った。ほかにウィーンにある〈ブルー・プラネット〉という会社と、「シンガポール」「ロシア」「インド」という謎めいた名前のプロジェクトも受取人と名指しされている。四七〇万ユーロはオフショア会社の専門家であるウィーンの実業家ヴォルフガング・ハムザにも流れた。

資金をまわすのにこれほど複雑で慎重な手段を使うのは、これらが〈BAE〉にたいするメンスドルフ＝プイリーとランドンの仕事の秘密の側面からの収益であることを示唆している。

ヨアキム・ディーフヴェルマルク（ジェイムズ・カーショウとして）とロブ・エヴァンズ（ミラー博士として）は、取引のことをもっと暴くために、おとり調査に乗りだした。架空の英国企業〈ESID〉の代表のふりをしたふたりは、〈BAE〉とおぼしき、ある依頼人のために働いていると主張した。そして、彼らの依頼人は、ニュースがメディアで報じられた場合の戦略を練るために、グリペンの取引でなにが正確に起こったのかを評価しようとしていると説明した。ふたりはメンスドルフ＝プイリーのために働いていた元上級公務員をたずねた。彼はオーストリア人と一九九〇年代のスヴォボダ財務相との結びつきについて彼らに語った。「わたしがスヴォボダをメンスドルフに引き合わせた、彼を紹介したんだ」。公務員は賄賂についてなにも聞いていないといったが、それからオフセット取引にかんして〈ＢＡＥ〉のために働いていることは認めた。彼はインタビューを唐突に打ち切った。「きみたちの依頼人が何者なのか知らないし、知りたいとも思わない。わたしの契約相手はメンスドルフだ――わたしはメンスドルフとしか話せない」

おとり調査員たちは、電話で連絡をとったあとで、チェコの元外相ヤン・カヴァンとプラハ中心部のホテルで面会した。ふたりはグリペンの取引の当事者しか知らないような情報を引用して元大臣の信頼を獲得した。ふたりはもし警察が取引を捜査したら、その結果はどうなると思うかとカヴァンにたずねた。

カヴァン　かなりの大惨事になってもおかしくない。

おとり調査員　いまなんと？

カヴァン　かなりの大惨事になる可能性がある。

おとり調査員　まさか、それは本気で……？

カヴァン　スティーヴ・ミードが知っていることを全部警察に話して、自分も関わっていたといったら。そうなればこの国の要人が多数、巻きこまれる可能性がある。そのとおりだ。

図4 〈BAE〉の東欧ネットワーク

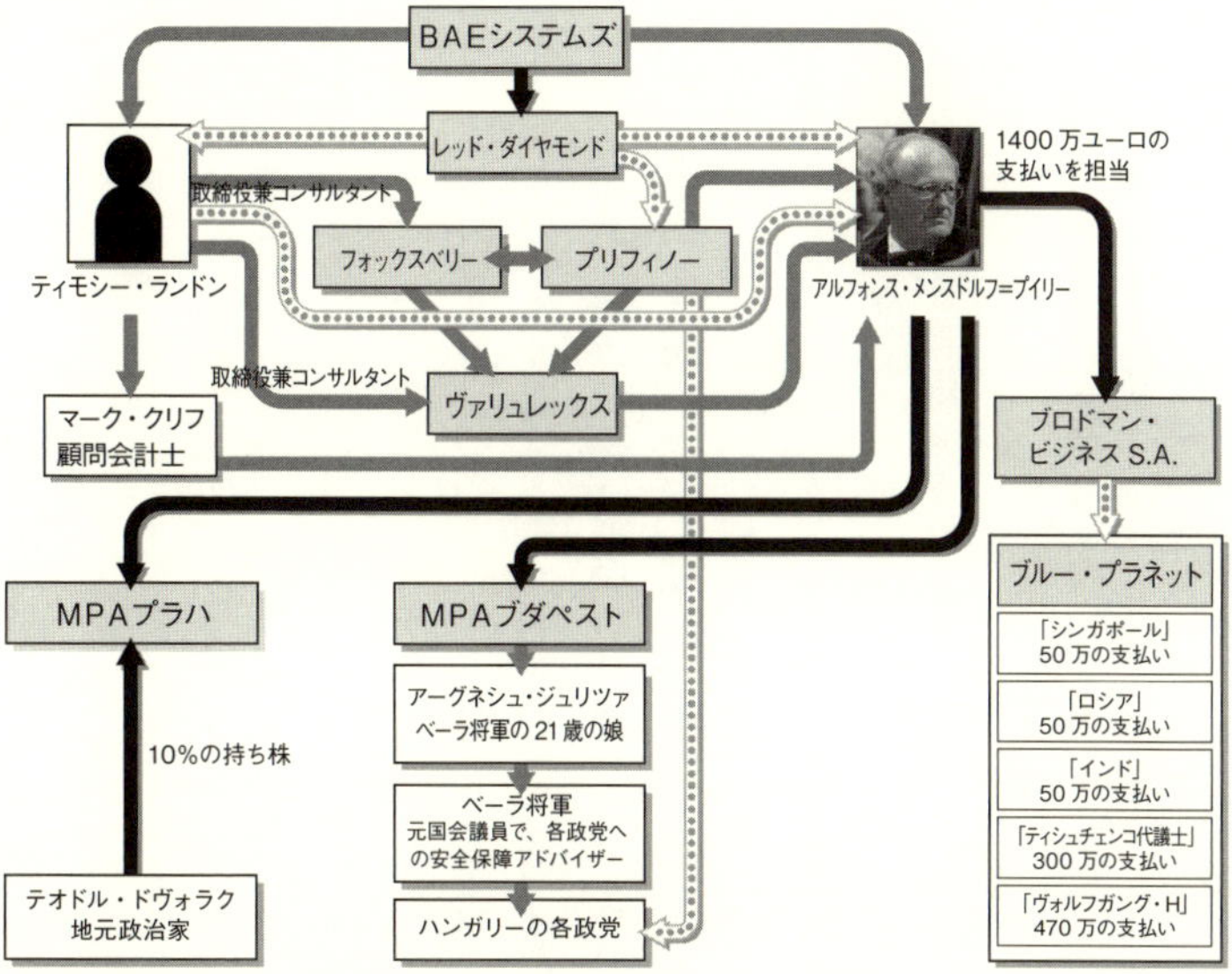

灰色の点線＝支払い、灰色の線＝コンサルタント契約
黒の線＝所有関係、黒っぽい四角は会社である。

カヴァンは金をもらったことを否定したが、ほかの高位の政治家たちがグリペン・キャンペーンでスティーヴ・ミードに買収されたことは認めた。

カヴァン　わたしはなんの話し合いにもくわわっていないし、キックバックを持ちかけられたこともない。彼らは［ふたりとも］わたしが基本的にあまりにもイギリスびいきだと知っていた。彼らは仲介者のほうにずっと関心があった。意見を持たないか、あるいは説得または買収する必要のある人間に。しかし、金が少なくとも議会で人から人へと渡ったことは、大多数の人間が共有している周知の秘密だ。

おとり調査員　というのも、われわれが話をしているのは市民民主党《ODS》と……

カヴァン　社会民主党員……

おとり調査員　ええ。

カヴァン　右も左もなかったんだ。それにキリスト教民主党員にも。

おとり捜査官　ええ。

カヴァン　われわれは三つ［の政党］全部の話をしている……。

カヴァンは外務大臣で、のちに一九八九年に選出された社会民主党政権で副首相をつとめた。彼のまる四年の在職期間はスキャンダルと無縁ではなかった。彼の執務室では多額の金が発見され、部下の上級公職者は同国屈指の優秀なジャーナリストを抹殺するために殺し屋を雇った罪に問われた。カヴァンは二〇〇二年から二〇〇三年にかけて国連に派遣され、一時期は国連総会の議長もつとめた。記者たちは経験豊かな政治家にジュリアン・スコープスやスティーヴ・ミードについて話させたのである。スコープスは東欧における〈BAE〉の最高責任者で、スティーヴ・ミードの上司だった。

カヴァン　ジュリアン・スコープスも関係していたが、彼はもっと用心深かった。ミードはそこらじゅうに顔を出していたが。

おとり調査員　ええ。

カヴァン　ジュリアンは監督役だったが、ジュリアン・スコープスも情報を持っていた。わたしはふたりともひそかに会ったが、ミードは現場で肝心の仕事をやった人物だ、そうとも。

カヴァンは〈ヴァリュレックス〉について知っていて、警察が同社に気づいていると教わると心配そうな表情になった。

カヴァン　彼らはその情報をオーストリアから受け取ったのかね、それともスイスから？

おとり調査員　はっきりとはわかりません、彼らはとても優秀ですから。

カヴァン　では、全部つきとめるだろうか？

おとり調査員　もちろんです！

カヴァン　（大きなため息）

おとり調査員　〈ヴァリュレックス〉について知っているのは何人ぐらいです？

カヴァン　わからないが、少なくはない。

おとり調査員　いまなんと？

カヴァン　ごく少数ではないだろう。

おとり調査員　広まっていた可能性もある？

カヴァン　（うなずく）

カヴァン　もしスティーヴ・ミードが中心となってひきいていたグリペン以前の交渉を徹底的に調べたら、ぞっとする連中は多いだろうな……何十人もがかかわってくるという気がする。

カヴァンは何人かの友人に電話で聞いてみようと提案した。もっと知っているかもしれない大物政治家たちに。そのあとの電話の会話で、彼は警察の捜査を遅らせることができないかやってみるかもしれないといった。

おとり調査員　警察の捜査に影響をおよぼすことなどできるんでしょうか？

カヴァン　おや、まったくの不可能ではないと思うが、その件は直接話すことにしよう、かならずしも電話ではなく……

おとり調査員　でもそんなことできるのでしょうか？

カヴァン　ああ、そう思うね。

記者たちは自分たちの身分を完全にカヴァンに信じこませたので、プラハを後にしてからも、カヴァンは彼らと話をつづけた。ジャーナリストたちが準備した偽の会社のEメールと電話で連絡を取りながら、カヴァンは彼らにこう語った。

カヴァン　きみたちが帰ってから親しい友人にいくつか問い合わせてみたよ。質問の大半は、スティーヴンと契約関係のあるコンサルタント会社を経営するわれわれの友人のひとりがじつに簡単に答えられた。といっても契約書を交わしたわけではなく非公式の契約だが。おまけに彼とはかなり昔から協力している人物だ。

おとり調査員　拠点はプラハ？

カヴァン　プラハを拠点として、かなりの量の情報を持っている。ロンドンでもパリでも、どこでも会える……どこでも。問題はない。

記者たちは二〇〇七年一月十七日、ロンドン郊外のホテルでカヴァンと「コンサルタント」のペトロス・ミホプロスと落ち合った。ミホプロスはミードとの仕事について彼らに語った。

ペトロス・ミホプロス　スティーヴ・ミードはわれわれにはいつも隠しだてしなかった。しかし、誰に賄賂を贈ったか、誰に贈らなかったかを毎週話したりはしなかった。しかし、彼とは毎日、連絡を取っていたし、週に三度ほどは顔を合わせた。彼がありのままに話す場合もあったし、人々の態度が変わるのでわかる場合もあった。

カヴァン　彼のおもな活動はＯＤＳと社会民主党員対策だった。

おとり調査員　賄賂の支払い条件について？

カヴァン　そうだ、彼が話しているのはそのことだ。

ミホプロスはカヴァンのほうを向いて、チェコ語でいった。「何人ぐらいの名前を教えたらいいのかわからない」。カヴァンは答えた。「一度に全部教えるな」。ミホプロスはうなずき、先をつづけた。

ミホプロス　彼が経済面で連絡を取っていたもうひとつのグループは、政治家だけでなく、間違いなく公務員だと思う。とくに国防省と防空司令部の人間たちだ。産業省、貿易省……それに財務省。

彼は、自分は贈賄にかかわっていないと主張し、ミードが鍵を握る人物だとくりかえした。

ミホプロス　スティーヴはこの取引全体の中心人物だった。
カヴァン　なにひとつスティーヴが知らずには行なわれなかった。
ミホプロス　わたしが耳にしたことや推測できることから判断して、彼はずいぶん頭を働かせてやっていた。こんな具合だ。腐敗した人物というのはつねに、個人であれ、企業であれ、組織であれ、誰かをそばに置いているものだ。それがほかの誰かと商売をし、そしてその取引からこの賄賂に資金を提供する。金がどこかの政治家、あるいは役人の口座に直接流れる例などひとつも見つけられないだろう。

ミホプロスは〈ＢＡＥ〉が胡散臭いグリペン・キャンペーンに大金を投じたことを確認した。

ミホプロス　〈ＢＡＥ〉はスティーヴが実際に使ったよりずっと多くの金をこの件に割り当てた。

カヴァン　〈BAE〉が賄賂に割り当てた金の額、この計画に関連するチェコ共和国での支出額は、スティーヴ・ミードが実際に使った金額より大きかった。

これは有罪を強力に証明する情報だった。しかし、カヴァンは、自分が会っているふたりが〈BAE〉のために働いているのではなくジャーナリストだとついに気づくと、話を変えた。彼はスウェーデン・テレビにこう語った。

わたしが実際に疑いを抱いたとき、彼らがジャーナリストではないかという疑いではなく、これが腐敗行為にかんすることで、彼らは不法と思われるなにかにかかわっているのではないかという疑いを抱いたときですが、わたしはチェコ警察にいきました。そして、この件について情報を提供し、ミスター・カーショウとミスター・ミラーの名前（彼らの偽名）とその組織の名前を教え、彼らが実際には腐敗行為についての警察の捜査を欺かせる、あるいは遅らせたがっているのではないかという疑いをくわしく説明したのです。

カヴァンは一月の前半にチェコ警察に話したと主張したが、警察はジャーナリストたちにも、彼らのダミー会社にも接触してこなかった。たとえ彼が本当のことをいっていたとしても、彼は記者たちに警察の捜査を遅らせることができると語った会合の一カ月後もまだぐずぐずしていた。彼はロンドンでの会合に出席したことを正当化しようとした。

カヴァン　わたしは疑いを抱いて警察に情報を提供したあとも、ジャーナリストたちと接触しました。会話からもっと情報を得られることを期待したからです。

スウェーデン・テレビ　ミスター・カヴァン、カメラは嘘をつきませんし、テープを聞くとあなたは金が人から人へと渡ったといっています。これで多くの重要人物がぞっとするだろうと。何人もの人間が賄賂を受け取り、〈BAE〉のプラハ・マネージャーが賄賂を取り扱っていたと。いまあなたはべつのことをいっている。あなたはこの国で責任ある地位についているのでしょう？　あなたはこの件で正直に話しているのですか？

カヴァン　わたしは完全に正直だし、包み隠さず話していますよ。わたしは、いくらかの賄賂が渡ったかもしれないという、議会の廊下でもちきりだった噂や憶測と説明したものを彼らにつたえていたといっているんです。わたしはそうした憶測を聞いて、それをあのふたりの紳士につたえたことを否定していません。わたし個人はそれを証明できないし、そうした腐敗行為が行なわれた証拠も持っていないといっているんです。

ペトロス・ミホプロスはこうつけくわえた。「おたくの記者たちは腐敗行為の問題を提起して、証拠があると主張しました。わたしがその証拠ではないといいのですが。そうだとしたらひどいでっち上げですからね」カヴァンは彼らのおとり取材にかんする記事が掲載されたあとで、《ガーディアン》紙にこう手紙を書いた。

わたしがなにも「認めて」はいないことをはっきりさせていただきたい。わたしはイギリスのセキュリティ組織の代表のふりをしたふたりのおとりジャーナリストに、数年前にチェコ議会周辺でもちきりだった噂と憶測をつたえたにすぎません。わたしはいかなる贈賄の実際の証拠も持っていないことを彼らに明言しました……もし彼らがジャーナリストだと知っていたら、わたしはもっと慎重に、しかしもっと正確に言葉を選んでいたでしょう。彼らはそれほどセンセーショナルではないが、もっと信頼できる結果を手に入れていたことと思います。

ヤン・カヴァン
チェコ共和国、元外務大臣

〈サーブ〉も、〈BAE〉が邪悪な蜘蛛の巣をつむいでいるあいだ、無邪気な傍観者ではなかった。腐敗行為を暴露した密告者は、「なかでもスウェーデン人のペル・アンデルソンは賄賂についても話していたが、それほど具体的ではなかった」と述べている。ペル・アンデルソンは、チェコ共和国におけるグリペンの取引の〈サーブ〉側のキャンペーン最高責任者だった。〈サーブ〉の幾人かの関係者はスティーヴ・ミードが政治家に賄賂を贈るやりかたについて話していたのを聞いている。

スティーヴ・ミードはごく少数の人間とそれについておおっぴらに話していた。スウェーデンとイギリス両方の人間がそれを聞いていた。スティーヴはじつに尊大で、われわれ全員を巻きこみたがっていたからだ。〈サーブ〉のキャンペーン・リーダーのペル・アンデルソンは工作全体を話し合う側近の一部だった——どの政界のコネが「こっち」側で、どれが「向こう」側で、どのメンバーが、声をかけて説得する必要がある「どちらでもない」――スティーヴのボードでは黄色の印がついている――であるかを。

アンデルソンはインタビューを求められて、こう答えた。「いや、わたしはこの件についてはまったくなにも知らない。わたしはすでに〈サーブ〉を離れているし、もはやこの件にまったくかかわっていない。この件についてはなにもコメントはないし、なにもいうことはない。まったく馬鹿げて、非常識な話だという以外には」

内部告発者の話は〈サーブ〉の関与の唯一の証拠ではなかった。メンスドルフ＝プイリーの契約書には以下のような〈サーブ〉の上級役員の署名があった。「〈サーブ〉の代表としてこの任命の条件を承認する。署名、ラーシュ・ゲーラン・ファースト、輸出担当部長、一九九九年十一月五日」

ファーストはコメントを求められたとき、あきらかに動揺していた。

ラーシュ・ゲーラン・ファースト　なんの話をしているのかわかりません。

スウェーデン・テレビ　わたしの目の前にはあなたの署名があるんですがね。あなたが自分でこういう決定を下したのではないですか？

（長い間）

ラーシュ・ゲーラン・ファースト　いや、わたしには……あなたのいうことが……よくわからないといわざるを得ませんな。

〈サーブ〉の公式贈賄防止方針は、〈BAE〉との協定を対象としていなかった。したがって、イギリス人が雇った代理人による腐敗行為は〈サーブ〉の方針に違反していない。たとえ賄賂がスウェーデンの会社の利益のためで、〈BAE〉との会議のメモが、支払いをめぐる決定に〈グリペン・インターナショナル〉がかかわっていたことを証明していても。〈グリペン・インターナショナル〉は一連の会議で、〈ヴァリュレックス〉へのもともとの手数料四パーセントは高すぎると思うと明言した。「〈グリペン・インターナショナル〉は〈BAE〉にこの水準を保障することに違和感をおぼえている。取引の基本的な形が変わるかもしれないからである。たとえばスウェーデン政府が中古機を直接納入し、政府間取引になるかもしれない」。〈サーブ〉の営業担当取締役アンデルシュ・フリーセンは、会議で〈グリペン・インターナショナル〉の代表だった。メモによれば、〈サーブ〉と〈BAE〉は〈ヴァリュレックス〉の手数料を下げて、パーセンテージではなく固定額にしようとしたがっていた。しかし、文書が述べているように、「手数料は後日、正式に認められることになる……」

元オーストリア空軍参謀長のヨーゼフ・ベルネッカーは、〈BAE〉と〈サーブ〉の利益になるように、メンスドルフ＝プイ

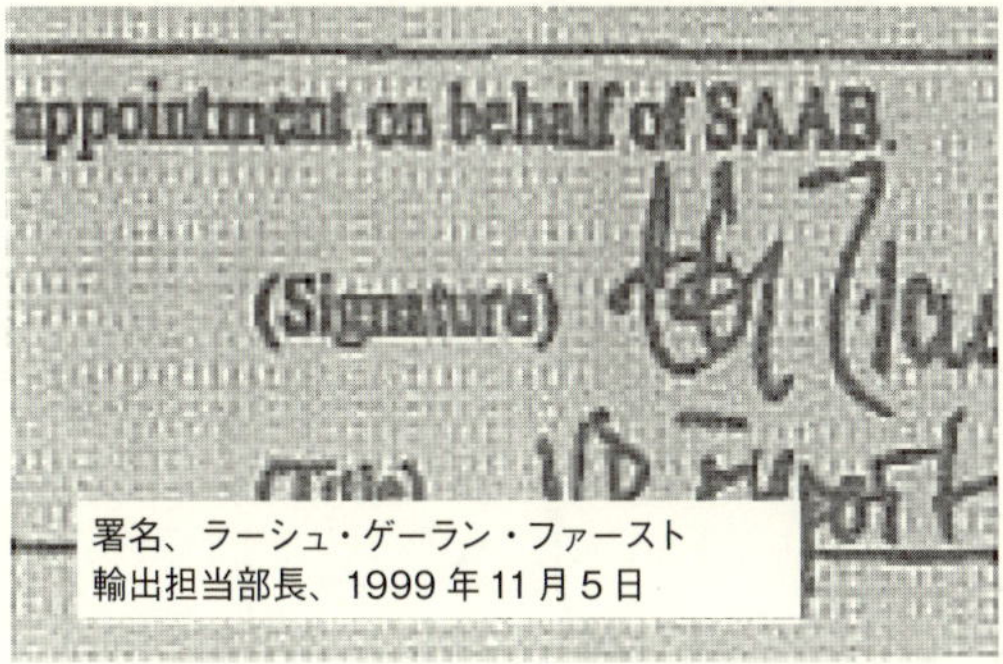

署名、ラーシュ・ゲーラン・ファースト
輸出担当部長、1999年11月5日

リーと〈ヴァリュレックス〉のために協力していた。

スウェーデン・テレビ　おふたりは〈ヴァリュレックス〉のためにいっしょに働いていた？

ヨーゼフ・ベルネッカー　ええ、コンサルタントとして。わたしは軍レベルでそれをやるんです。というのも——わたしは昔の部下をみんな知っているし、政治レベルではメンスドルフが……

スウェーデン・テレビ　では、彼は政治家たちにロビー活動のようなものをやっていると？

ベルネッカー　そう、そのとおり。わたしは退役したときメンスドルフと仕事をはじめました。

スウェーデン・テレビ　なるほど。

ベルネッカー　その時点ですでに契約はまとまっていたので、わたしがきたのは実質上、全部終わったあとでした。彼は政界あるいは社交界のロビー活動をやっていて……

スウェーデン・テレビ　なんの？

ベルネッカー　そう、契約のための……

スウェーデン・テレビ　リース契約のための……

ベルネッカー　しかし、〈ヴァリュレックス〉の利益のためです。

スウェーデン・テレビ　しかし、メンスドルフはオーストリア人です、どうして……つまりチェコ共和国はチェコ共和国でしょう？

ベルネッカー　こういう貴族たちというのは、みんないいコネを持っているんですよ、ヨーロッパじゅうにいいネットワークを持っている。だから彼はたくさんの人を知っているだけです。

スウェーデン・テレビ　それは〈BAE〉と〈サーブ〉の利益のためだった？

ベルネッカー　そう、そう思いますよ、そう、あるいは少なくとも彼らはそれを知っていた。

スウェーデン・テレビ　〈サーブ〉が？

ベルネッカー　そう、そうです

スウェーデン・テレビ　わかりました、というのも……

ベルネッカー　……あるいは〈グリペン・インターナショナル〉が。

伯爵の三従兄弟《みいとこ》で、音楽的な名前を持つミハエル・ピアティ＝フュンフキルヒェンの関与は、「こういう貴族たち」がいかにいいコネを持っていて、一族で仕事を独占しようと努力しているかを如実に表わしていた。それはしばしば涙で終わるのだが。

一九九〇年代、ピアティ＝フュンフキルヒェンはチェコ政府内の有名人連中と親しかった。メンスドルフ＝プイリーはもしそのコネを利用してチェコ政府にグリペンを買わせたら一〇〇万ユーロの手数料を払うと従兄弟に持ちかけた。チェコの高官と〈BAE〉マネージャー、そして最後にはチェコのイヴォ・スヴォボダ財務大臣までかかわった一九九八年夏のいくつかのハイレベル会談は実を結ばなかった。伯爵は提案された売却がリース契約のために没になったので、ピアティ＝フュンフキルヒェンは手数料をもらう資格がないと決めた。いらだった従兄弟はのちにメンスドルフ＝プイリーを詐欺で告訴し、チェコ政府がグリペンを購入するよう説得する工作における「重大不正の容疑」で訴えた。

伯爵が二〇〇九年二月後半から五週間、ウィーンの拘置所に入っていたのはこのせいだった。彼は贈賄の容疑で予防拘置のため収監された。裁判官がメンスドルフ＝プイリーを拘置させたのは、ロビイストによる「攪乱と、さらなる犯罪」の危険のせいだった。メンスドルフ＝プイリーはウィーンの拘置所の看守と食事に文句をいい、こうふりかえっている。「ときどきわたしは鏡の前に立ってこういった。『アリ、おまえは監獄にいるんだ——受け入れろ！』とね」わたしとの会話のなかで彼は、逮捕した警官も、検察官も、拘置所の職員もいつも自分を丁重に扱い、オーストリアでは一九一九年から貴族の称号を使うことが禁じられているにもかかわらず、自分を「伯爵」と呼んでいたと述べた。

ＳＦＯは二〇〇四年七月にチェコ共和国における腐敗行為の申し立てで、南アフリカとタンザニア、チリ、カタールとともに、〈ＢＡＥ〉の捜査をはじめ、二〇〇六年にはルーマニアもくわわった。チェコ警察は二〇〇七年にスウェーデン・テレビの調査報道ドキュメンタリーが放送されると、捜査を再開した。ＳＦＯの要請で、オーストリア警察は二〇〇八年九月後半にメンスドルフ＝プイリーの家を強制捜査し、大量の文書を押収した。十月、ＳＦＯは伯爵を事情聴取した。ジュリアン・スコープスはイギリス警察から話を聞かれた。二〇〇九年二月、メンスドルフ＝プイリーはオーストリア当局に逮捕され、〈ＢＡＥ〉が彼にたいして行なったとされる一一〇〇万ポンドの支払いについて質問された。彼は二〇一〇年一月二十九日に〈ＢＡＥ〉とチェコ共和国、ハンガリー、オーストリアをふくむ東欧と中欧の政府との取引に関連する買収工作の廉でＳＦＯに送検された。しかし、貴族の保守党下院議員ジョン・ガマー（現デーベン男爵）が保釈の審理でメンスドルフ＝プイリーの人となりを絶賛すると、伯爵は、裁判所に供託する五〇万ポンドと保証人の五〇万ポンドで、保釈を認められた。保釈期間中、彼はベルグレーヴィアの高級マンションで電子タグをつけ、午前零時から午前六時までは外出禁止という条件で滞在することを許されたが、三通のパスポートは提出させられた。

オーストリアの検察官たちはひきつづき伯爵の活動を精査しつづけた。ＦＢＩは、中欧と東欧で屈指の規模を持つ金融サービス提供者である〈エルステ銀行〉に関心を持った結果、チェコのグリペン取引を調べはじめた。同行を通じて、現金が取引の賄賂の一部として流れたかもしれないからだ。チェコ当局は椅子取りゲームの捜査版を演じ、驚くほどの規則正しさで、取引の取り調べをはじめたり、やめたりしている。本書執筆の時点で、彼らの捜査はいまだつづいている。

チェコ共和国とハンガリー、そして南アフリカにおけるグリペン取引へのスウェーデン側の調査は二〇〇七年三月にはじまったが、二年後、スウェーデンの主席検察官クリステル・ヴァン・デル・クヴァストがこう結論付けて打ち切られた。

取り調べによって、〈ＢＡＥ〉が巧妙な支払い手段を使って、チェコ共和国、ハンガリー、そして南アフリカにおけるキャンペーンに関係がある可能性のある多額の支払いを隠し、これらの国々の意思決定者を買収できるようにしたことがあきらかになった。これは、計画性と金額の両面で、きわめて由々しきものである。数カ国でひそかに支払われた数億スウェーデンクローナが関係し、贈収賄も行なわれたと信ずべき強い理由がある。しかし、わたしには〈サーブ〉が賄賂の支払いにくわわっていたことを完全に立証することはできない。だが、わたしは裁判で〈サーブ〉の一部の代表が意図的に賄賂の支払いにくわわっていたと証明することはできないと判断を下した。

彼は〈サーブ〉社内の三〇人以上に質問したが、なぜ巨額のスウェーデンクローナが仲介者の手に渡ったのかについて満足のいく説明を得られなかった。「いや、それ［説明］は受けていない」とヴァン・デル・クヴァストはいった。これが通常の営業活動だという〈サーブ〉の主張をどうして信じられると思うのかとたずねられると、彼はこう答えた。「それには答えたくない。ただ、わたしの意見では、集まった証拠は〈サーブ〉の代表の誰かを訴追するのにじゅうぶんではない、とだけいっておこう」

スウェーデンの法律の出訴期限のせいで、ヴァン・デル・クヴァストは二〇〇四年七月一日以前に起きたことについては訴追できなかった。彼はまたスウェーデンには「仲介者とコンサルタントのあいだのこの種の契約を有効に取り扱う法律がない」と考えている。

スウェーデンの取り調べは、つぎこまれた資源がごく限られていたせいでOECDの批判を受けた——捜査の警察官ひとりだけ。ヴァン・デル・クヴァストは間接的にだが不適切な圧力にもさらされた。「彼らはこの取り調べがスウェーデンの商取引にもちろん悪影響を及ぼすと声を大にしている」と彼はいった。誰がそういっているのかとたずねられると、検察官は答えた。「その件には立ち入りたくない。これ以上はいいたくないんだ。しかし、わたしの立場からは、警察官の立場からは、これは注意深く受け止めるべき種類の婉曲なほのめかしだと理解されている」クリステル・ヴァン・デル・クヴァストの答申は彼が国家腐敗行為防止局の局長を引退する前日に報じられた。
ヴァツラフ・ハヴェルは後年あきらかになった事実と「軍部内での」腐敗行為に衝撃を受けた。彼が夢見る道徳の政治は、以前にもまして遠ざかったように思える。

◉ハンガリー「もっとも幸福なバラック」[1]

アメリカ国防総省の海外セールス部門の元責任者トーム・ウォルターズ・ジュニア中将は、チェコ共和国への戦闘機売却の過程における問題が、ハンガリー政府にアメリカ製ジェット機を売却しようとする計画でもそっくり再現されたと主張した。最終的に〈BAE〉がハンガリーの契約も手に入れ、アメリカの高官たちはハンガリーとチェコ両政府が不適切な支払いの影響を受けたと主張した。彼らはCIAの状況説明を引用した。その説明のなかで高官たちは〈BAE〉がハンガリーで契約を勝ち取るために同国の主要政党に何千何百万ドルも支払ったといわれた。

一九九九年、ハンガリーの内閣は中古のジェット戦闘機購入のための入札を公告した。二〇〇一年六月、政府はアメリカの巨大軍事企業〈ロッキード・マーティン〉が契約を勝ち取ったと発表した。ハンガリーの軍事専門家はアメリカのF－16がグリペンよりすぐれていると考え、二〇〇一年九月六日付けの文書でリースと最終的な購入を勧告した。この決定はヤーノシュ・サボー国防大臣の支持を受けた。その数日後、ヴィクトル・オルバーン首相が議長をつとめる国家安全保障

1　ソ連時代、ハンガリーはその「グーラシュ共産主義」のおかげで「もっとも幸福なバラック」と呼ばれていた。これは、一部の自由市場活動を許し、ほかのソ連の衛星国よりはるかに優秀な人権記録を有していた、社会主義の一形態のことである

閣僚会議の小さな集まりで、スウェーデン製のグリペンが予想外の逆転劇で選ばれた。この驚くべき取引をめぐる意思決定プロセスに関係する政府の文書は、すべて破棄された。二〇〇三年、ハンガリーは二一〇〇億フォリント（約八億二三〇〇万ユーロ）でグリペン戦闘機一四機を一〇年間リースする契約を最終的に承認した。戦闘機はその後、ハンガリーの所有になることになっていた。一番機は二〇〇五年一月、両国の国防相が出席する式典で引き渡された。

ハンガリーは、スウェーデンが五億ドルのリース取引の見返りに一〇〇パーセントのオフセット契約を提示したことを、グリペン選定の主要な理由のひとつとして挙げた。そのなかにはハンガリーの産業への投資の三〇パーセントもふくまれていた。こうしたオフセット取引の約束がはたされることはめったにないという証拠があるにもかかわらず、こういう弁明が行なわれたのである。

ハンガリーとチェコのいずれの取引でも、本命は〈ロッキード・マーティン〉のF－16だったと考えられていて、それが裏工作の疑いに油を注いだ。アルフォンス・メンスドルフ＝プイリーにたいするオーストリアの捜査に提出されたSFOの報告書では、ハンガリーの取引にかんする抜粋は、「政界への支払いの言及はずっと明白である。〈BAE〉の人間、ジュリアン・スコープスとデイヴィッド・ホワイトとの会話の覚書からこのことはあきらかになっている……［覚書］は『社会党への七・五パーセントの支払い』に言及している」と述べている。当時、スコープスとホワイトは〈BAE〉の中東担当重役で、スコープスは保守党のアラン・クラーク元国防相の秘書官をつとめたことがあった。

「極秘、グリペン・ヨーロッパ」と題された代理契約文書には、ハンガリー担当の代理人としてメンスドルフ＝プイリーの名前と、三パーセントの成功手数料が記載されている。さらにこのオーストリア人は〈BAE〉から年間の固定報酬プラス彼の会社〈MPA〉の経費を受け取っていた。しかし、巨額の手数料は英領ヴァージン諸島の〈プリフィノー・インターナショナル〉経由で支払われることになっていた。

取引は最終的に売却ではなく国家間のリース契約になったが、メンスドルフ＝プイリーはそれでも支払いを受けた。国家間の取引が調印された三カ月後の二〇〇二年三月の秘密契約では、八〇〇万ドルの支払いは「グリペン計画への八年間の寄与にたいする」ものとされていた。金は〈レッド・ダイヤモンド〉から〈プリフィノー〉へ迂回され、そしてそこからオーストリアのメンスドルフ＝プイリーに渡ることになっていた。これらの手配についてたずねられると、伯爵のスポークスマンはこう答えた。「アルフォンス・メンスドルフ＝プイリー、あるいは彼の会社のいかなる人間も、〈BAE〉あるいは〈サーブ〉からいかなる手数料も受け取ったことはありません……また、アルフォンス・メンスドルフ＝プイリー、あるいは彼の会社のいかなる人間も、グリペンの販売を促進するために〈BAE〉あるいは〈サーブ〉によって代理人として契約されてはいませんでした」

二〇〇七年六月、スウェーデン・テレビで疑惑が放送されると、ハンガリーの国防省は当局が「疑われた不正」を調べると発表した。しかし、契約を調査するハンガリーの委員会には汚職を捜査する権限がなく、したがって「その可能性を追及するのをことわった」と委員会の理事は語った。国防省の副大臣でもあるアーグネシュ・ヴァダイは、汚職を調査するために新しい内閣委員会を組織する必要があるだろうとつけくわえた。

わたしがウィーンでメンスドルフ＝プイリー伯爵に会ったとき、彼は、〈ＢＡＥ〉から顧問料しか受け取ったことはないとくりかえすほかに、リース契約の業績を主張し、チェコ共和国とハンガリーの政府高官との会話から両国の経済的政治的状況はジェット機の購入を許さないだろうとわかったといった。彼はリース契約を提案したと主張し、それからこの提案について〈ＢＡＥ〉を、最終的には〈サーブ〉を説得しなければならなかったと説明した。〈サーブ〉は支払いが滞るのではないかというおそれから、この提案にはとくに慎重だった。伯爵はこれを自分が提供するサービスの種類の一例に使い、自分はこうした通常のコネを持つ政府の代表にどこかの会社の特定の飛行機を買うべきだと明確に提案することはないと、いささか不誠実に強調した。自分が顧問料を受け取っている会社はいうまでもなく。

彼は〈ＢＡＥ〉／〈サーブ〉の商売を売り込んだことを否定しておきながら、それに反して、もし両社が自分をポーランドで使っていたら、あの契約も勝ち取っていただろうと感想を漏らした。彼はアメリカ側がポーランドの取引を勝ち取るために賄賂を払ったと主張している。だからこそ、彼らは自分たちが獲得しそこなった取引で贈賄を暴露することにこれほど躍起になっているのだと。「一種の保険だ」と彼は示唆した。「イギリスとスウェーデンがアメリカの腐敗行為を暴露する気にならないようにするための」

否定だらけの数時間の話し合いのあと、わたしは伯爵に、彼の顧問料の支払いが英領ヴァージン諸島やリヒテンシュタイン、スイスなどの会社のえらく複雑なネットワークを経由しなければならない理由をたずねた。彼は肩をすくめた。「わからない。わたしはオーストリアで金を受け取っているだけだ。ときには個人的な理由からスイス経由で」

最後に、魅力的な伯爵は、自分が人生で幾度か非行に手を染めたことを認めた。「たぶんワインを飲みすぎ、女遊びをしすぎた……でも、賄賂は払っていない。わたしはあらゆる種類の影響力ある人物と話をする。わたしは自分の党［ÖVP］の誰とでも話せるが、グリペンのほうを買えといったりはしない……政治家に金を払って決定を下させたりはしない」

しかし、彼がポーランドでアメリカ人が手数料を支払ったと示唆したように、そうした手数料が支払われる理由についてたずねると、彼はそれにたいして、こう説明した。自分が狩猟鳥類と家禽類の商売をしていたときには、「プレゼントや利益、報奨金を与える必要があった。これは［親指と人差し指をこすり合わせながら］どんな商売にもあてはまるのさ」

「これ」は、じつに裕福に暮らすメンスドルフ＝プイリー伯爵を間違いなく厚遇している。

◉じつにスウェーデン的な逆説

間違いなく史上最も有名なスウェーデン人であるアルフレッド・ノーベルは、「それによって戦争が永久に不可能になるような、恐るべき大量破壊力を持つ物質あるいは機械を発明したい」と主張した。彼の人生と世界観は、このたえまない二項対立を反映していた。彼はロマンティックな理想主義者で平和主義者であり、爆薬の科学に取りつかれた無慈悲な融資家でもあった。孤立して苦悩するノーベルは、ダイナマイトを発明し、晩年にスウェーデンの銃器製造メーカー〈ボフォース〉を買収し、毎年のノーベル賞を創設した。

この二重性は彼の没後も、ノーベル賞の受賞をめぐる論議とスウェーデン自身のアンビヴァレンスの両方で生きつづけている。スウェーデンはいまもなお創意に富む武器の製造国であり輸出国であると同時に、世界平和の不屈の推進国でもある。同国は、世界の十大武器輸出企業のなかにつねに入る〈サーブ〉傘下の兵器産業を持っている。同社はスウェーデンで製造される武器全体の平均七〇パーセントを生産している。一時期、〈BAE〉は〈サーブ〉の二〇パーセントを所有し、〈ヘグランド〉と〈ボフォース〉も所有していた。スウェーデンの軍事支出は近年、GDPの一・二パーセントまで低下しているので、〈サーブ〉の輸出は売り上げ全体の六五パーセント以上をしめるようになっている。

かつてはあらゆる政治信条を持つ歴代政府が、繁栄する国産兵器製造能力はスウェーデンが「たしかな中立」をつづけるのに不可欠だと主張したが、いまや兵器産業のおもな存在理由は金を稼ぐことである。そして、輸出売り上げはそのためにきわめて重要だった。同国の厳格な規定がごくゆるく施行されている理由はそれである。コペンハーゲンの海員労働組合のヘンリク・ベルラウは、国際武器密輸を監視している人物だが、彼はこういっている。「スウェーデンにはきわめて厳しい法律があるが、それを施行する態度はきわめて甘い」

ちょうどノーベル平和賞がつねに理想が裏切られた感じを持っているように、スウェーデンの兵器産業もそれと同じで、何十年も論争と腐敗行為と二枚舌に巻きこまれてきた。

〈サーブ〉はインドに一〇二億ドル分のグリペン・ジェット戦闘機を売却するためにニューデリーに事務所を開設したが、競争入札の最終候補リストに残らなかった。同社はそれに先立つ二〇〇六年、論議の的となった六機のエリアイ空中レーダー・システムをパキスタンに売却する八三億スウェーデンクローナの契約を成功裡に締結していたが、これはグリペン売却の先駆けのはずだった。

スウェーデンから南アジアへの物議をかもす武器取引は目新しいものではない。スウェーデンのオロフ・パルメ首相が一九八六年に二度目のインド訪問をしたとき、彼とインドのラジブ・ガンジー首相は多くのレベルで政治的な心の友だった。パルメは世界的な社会主義者のアイコンと広くあがめられていた。ネルーの国民会議運動の旗手だったガンジーは、民主インドの誕生以来つきまとってきた根深い腐敗を撲滅すると約束し、「ミスター・クリーン」として選出されていた。

しかし、話し合いのなかで、ふたりの指導者は、両国を将来何十年も傷つけることになる武器取引に合意した。インド軍はアメリカがパキスタンに売却しようとしている最新鋭の火砲に対抗するため、強力なハイテク榴弾砲を喉から手が出るほどほしがっていた。パルメは、スウェーデンの歴史ある銃砲メーカーで、〈ノーベル・インダストリーズ〉の一部である〈ボフォース〉社のために契約を必要としていた。同社はパルメ政権にとって政治的に高くつくことになるであろう従業員の解雇を避けたいのなら、仕事を切実に必要としていた。

〈ボフォース〉は仕事を手に入れた。一四億ドルという巨額の注文である。ただしインド軍は、もっと安くて射程が長く、より信頼性が高いと目されたフランス製の火砲のほうを好んでいたのだが――フランス製の砲は八回連続の評価でまさっていた。この取引を手に入れるために二億五〇〇〇万ドルの賄賂が支払われた。

ガンジーは、おおやけにはインドが代理人を利用するつもりはないし、手数料も支払われないと述べたにもかかわらず、パルメにはこっそりと、〈ボフォース〉がインドの代理人を替えるという条件でスウェーデンに契約を与えようとつたえた。〈ボフォース〉はガンジーが好んだ代理人である〈AEサーヴィシズ〉を利用したが、もともとの代理人も残し、彼らを計画のコンサルタントにあらためて任命した。そのひとつである〈スヴェンスカ株式会社〉は二九四四万ドルを受け取り、〈AEサーヴィシズ〉は一億六八〇〇万ドルもの驚くべき成功手数料を手にした。

この腐敗行為を隠蔽しようとするスウェーデンとインドの徹底的な努力にもかかわらず、両国の調査ジャーナリストたちは暴露記事を発表し、その結果、殺害予告や裁判所命令を受け、さらにはインドの場合では、亡命まで強いられることになった。とりわけ重要なことに、彼らは〈AEサーヴィシズ〉の持ち主が、ガンジーの妻ソニアの親しい家族の友人であるイタリア人オッタヴィオ・クアットロッキという人物であることをつきとめた。クアットロッキも彼の会社もそれ以前には武器取引の経験はなかった。この壊滅的なすっぱ抜きは、汚職問題で争われた一九八九年後半の選挙でラジブ・ガンジーが敗北するのに一役買った。クアットロッキは、自分のスイスの銀行口座にインド人が近づくのを長年阻止しようとした。関係者の多くが亡くなり、その一部は国民会議派が権力の座に返り咲くと裁判所から刑の執行停止処分を受けたにもかかわらず、主要な問題はいまも残っている。

二〇〇五年十二月、インド国民会議派の政権はクアットロッキのイギリスとスイスの銀行口座の凍結を解除した。しかし、その数日後、インドの最高裁判所はインド政府に、クアットロッキが口座からさらに金を引きだせないようにするよう要求した。二〇〇七年、裁判所は彼の逮捕状を出した。二〇〇九年九月後半、再選されたばかりの国民会議派政権は、クアットロッキを不起訴処分にするつもりであると通告した。

二〇一一年前半、〈ボフォース〉という不死鳥が灰のなかからふたたび飛び立った。インドの課税不服審判所が、〈ボフォース〉の代理人のひとり、W・N・チャンダの息子と相続人に、受け取った手数料の納税義務があると裁決したのである。審判所は国民会議派を断罪する裁決のなかで、こう結論づけた。「インド政府との防衛取引に関連して、支払いが実際に〈ボフォース〉から外国の口座を経由して、〈スヴェンスカ〉、〈AEサーヴィシズ〉、〈モレスコ〉に行なわれたと判断するのにじゅうぶんな記録資料が存在する」。オッタヴィオ・クアットロッキは審判所から賄賂の受取人のひとりであると名指しされた。

《ザ・ヒンドゥー》紙はこう主張した。「ほかの汚職スキャンダルとちがい、〈ボフォース〉スキャンダルは国家的問題として消え去ることをこばんでいる——このスキャンダルが提起する政治的、道義的、組織的問題が消え去ることはない……汚職に関連してさまざまな組織がいかに機能するかを[この事件はあきらかにしている]。行政府が目にあまる隠蔽工作と司法妨害に訴えたのに、議会も中央捜査局も司法部も、インド国民のために正しいことを行なえなかったのだ」。最大野党は特別捜査チームを再開して、〈ボフォース〉の「キックバック詐欺事件」を再捜査させるよう要求した。

スキャンダルは取引が調印されてから二〇年以上たってもインドの政治にたえず再浮上しているが、火砲のほうはあまり有効に使われていない。カルギル紛争ではみごとな働きをしたが、消耗と交換部品の不足のせいで、多くが部品取りに使われ、二〇〇門しか稼働していない。ある記事によれば、砲弾を発射すると過熱するので、多くが長期保管状態にあるという。

スウェーデンには、オロフ・パルメの依然として未解決の暗殺事件の裏に、この件をはじめとする武器取引への関与があったのかもしれないという者もいる。こうした仮説は、社会民主党がイラン・イラク戦争中に両国への武器売却を認めるのに関与したことで裏づけられる。一九八〇年代前半の戦争中、パルメはイランとイラクのあいだの国連和平調停者をつとめていた。一九八二年に権力の座に返り咲くと、彼はこの地方にスウェーデンから武器がシンガポール、ドバイ、あるいはバーレーン経由で送られているというすっぱ抜きに深く当惑した。〈ボフォース〉の取締役たちはこれが政府の完全な理解を得て行なわれていると主張した。するとパルメは積み荷を止めさせ、暗殺のほんの三週間前にイランとイラクから激高した代表団の訪問を受けた。

パルメの暗殺の一年後、あらゆる武器輸出を承認する責任を負う外務省高官だったカール＝フレドリク・アルゲルノン元提督が、ストックホルム中央駅で、足を踏み外して地下鉄の前に落ちたか、あるいは何者かに押しだされた。その直前、彼は「ひじょうに示唆に富む会談」から戻ってきていて、六日後には不法な武器の積み荷を捜査する特別検察官の前に出頭することになっていた。

現在、スウェーデンの兵器産業、とくに〈サーブ〉の評判は、〈ＢＡＥ〉と分かちがたく結びついている。南アフリカとチェコ共和国、ハンガリー、そしてオーストリアでは、不適切な影響と腐敗行為の話がこの平和の砦のイメージにまとわりついている。

わたしはスウェーデンの武器輸出を監督する機関である戦略物資監察庁（ＩＳＰ）のトーマス・ヒェーデルに、こうした話が企業に将来の輸出許可を承認する彼の組織の決定に影響を及ぼすかどうかたずねた。購入国にたいするマイナスの社会経済的影響の重要性を疑問視したあとで、彼はこうつけくわえた。「賄賂はすべて違法ですが、もしスウェーデン企業がべつの国で賄賂を払っても、われわれがそれについてなにかするとはいえません」

ヒェーデルが国防省に一九年間つとめた元役人で、ウプサラの保守政党の上級市議会議員であり、六つの会社の会長であるだけでなく、ＩＳＰに入る前は防衛企業〈セルシウス〉の取締役だったことを考えれば、たぶんこの態度も驚きではないだろう。

　彼がＩＰＳのアドバイザーに任命されたとき、多くの人々が衝撃を受け、「彼は武器輸出を管理するよりも、むしろふやすために働くだろう」といって、スウェーデンの核心にある矛盾を映しだした。

11　究極のいいのがれ

　二〇一〇年前半、わたしは広く尊敬される腐敗行為撲滅の研究者で推進者のスー・ハウリーといっしょに招かれて、ＳＦＯの比較的新しい局長に面会した。政府は先駆的な外部の人間を任命することもできただろうが、リチャード・オルダーマンはイギリスの官僚制度の奥深くで長年経験を重ねてきたので、このむずかしい仕事を安心してまかせられる人物だった。梟のような外見と、ミスター・ビーンのような独特の身振りは、彼のじつに率直な発言とは好対照だった。彼は南アフリカ、タンザニア、チェコ共和国、そしてハンガリーにおける〈ＢＡＥ〉の腐敗に汚れた武器取引にかんするＳＦＯの捜査に関連して、同社のテーブルに最終提案を置いてきたとわれわれに説明した。同社はその提案を却下した。罪を認め、二億から五億ポンドの罰金を払うという、オルダーマンがすでにメディアに漏らした提案である。彼はふたたび交渉のテーブルにつくつもりはなく、かわりに同社を腐敗行為と贈収賄で訴追する許可を法務長官に強く求めるつもりだと挑戦的に主張した。局長は自分の説明を全面的に理解してはいないようだったが、その度胸と率直さは賞賛にあたいした。

その三日後の二月五日金曜日、わたしはロンドンのキングズ・クロス駅にほど近いグレイズ・イン・ロードに面したSFOのやや陰気なオフィスに戻っていた。わたしはその数年前からそこをよくおとずれていた。今回は、南アフリカの武器取引を捜査するチームにまた公式の証人陳述を行なうためだった。わたしに事情を聞くチームのメンバーたちの話は、わたしが捜査で情報を交換しあってきた長い年月のあいだ、彼らの同僚たちがいってきたことのくりかえしだった。南アフリカの司法省の協力を得るのに苦労しているが、それでも立件には自信があると。

わたしが帰ってすぐに、捜査官たちはオルダーマン局長からRLI02が決着したというメッセージを受け取ってびっくりした。これは〈BAE〉の捜査全体につけられたコード名である。同社はタンザニアの取引に関連した会計不正でわずか三〇〇〇万ポンドを支払う一方で、南アフリカとチェコ共和国、ハンガリーへの捜査は無条件に打ち切られる。条件付き降伏の仕上げに、SFOは驚くべき約束をした。たとえ〈BAE〉の不法な活動に関係する誰かを訴追しても、〈BAE〉が腐敗行為を犯したとは主張しないというのだ。

何年もの人生をこの取り調べにつぎこんできた捜査員たちは、憤り、とまどった。ある女性捜査員は怒りと失意のあまり、涙をこらえられなかったし、ひとりの男性捜査員はオフィスを飛びだして、意識を失うまで酒をあおった。上級捜査員たちにひと言の相談もなかったことに激高したひとりは、陰気につぶやいた。「オルダーマンは事件のことをなにひとつ知っちゃいない。自分のやっていることがわかっていないんだ」

SFOの職員が衝撃的なメッセージを受け取っているのとほとんど同じころ、わたしは車で帰宅途中にアメリカ政府の接触相手から電話をもらった。彼はアメリカがちょうど〈ＢＡＥ〉と同時和解に達した裁判所をあとにしたところだった。しかし、アメリカでは、同社はサウジとチェコとハンガリーの取引にかんして罪を受け入れ、アメリカ当局に無断で、認可されていない手数料を支払ったことを認めさせられた。さらに〈ＢＡＥ〉は裏の支払いを行なったオフショア会社の迷路の存在を認めざるをえなかった。同社は二〇〇〇年にアメリカ当局に嘘の書簡を送って、秘密の手数料の支払いを否定したことを認めた。アメリカは〈ＢＡＥ〉に英国企業がかつて科せられた最高額の罰金である四億ドルの罰金を科した。

翌日、約束の一環として、イギリスはアルフォンス・メンスドルフ゠プイリーにたいする公訴をすべて取り下げ、彼を拘置所の短期滞在から釈放した。彼はオーストリアとハンガリーとチェコの取引における腐敗行為の共謀罪で起訴されたあと、ペントンヴィル拘置所で一週間すごしていた。

アメリカの和解が武器をアメリカから輸出する〈ＢＡＥ〉の法的適格性を危うくする壊滅的なものだったのにたいして、イギリスの和解はお笑いぐさだった。〈ＢＡＥ〉が腐敗させた国々の国民と、イギリスの納税者、そしてイギリスの司法制度への侮辱である。和解は、〈ＢＡＥ〉が法律を超えた存在で、事実上、金を積んで窮地を抜けだせるという確信をいっそう強めることにしかならなかった。しかも、はした金で。

関係者が処分されないということは、つまり武器ビジネスでは、どうやら人は悪さをしても罰を受けずに行動できるらしい。有罪の強固な証拠がある容疑者がこれほどきまって放免される犯罪分野がほかにあるだろうか？　和解は〈ＢＡＥ〉がダウニング街一〇番地の裏口の鍵を持っているだけでなく、玄関ドアと警報装置、そして首相の寝室の心地よい場所の鍵も持っていることを示唆している。

自由民主党の副党首で、本書執筆の時点でイギリスのビジネス大臣であるヴィンス・ケーブルは、〈ＢＡＥ〉が武器取引の重要な詳細をまんまと隠しおおせたことに怒りをあらわにした。「ひとつだけたしかなのは、受け入れがたい慣行が行なわれていたと〈ＢＡＥ〉がいまや認めたことだ。しかし、誰ひとりその内容をくわしく説明するために呼ばれていない」。彼はこうつけくわえた。「英国政府はこの件全体に首まではまりこんでいた。政府の大臣たちはほぼ間違いなくなにが起きているか完全に知っていた」

元労働党の大臣ピーター・キルフォイルはこう述べた。「いまや事件全体の独立司法調査のための議論が行なわれるべきだとわたしは確信している。〈ＢＡＥ〉が認めたことで、［〈アル・ヤママ〉捜査に］介入したさいの［ブレアの］動機がなんだったのか、そしてどんな影響が彼に与えられたのかという重大な疑問が生じるからだ」

ワシントンではラリー・グリンドラー司法副長官が明言した。「アメリカと取引をして、嘘の申告で利益をあげるいかなる企業も、説明責任を負うことになる。申し立てられた不法な行為は、そうした腐敗行為が国際貿易にのさばらないようにするアメリカの努力を傷つけた」

リチャード・オルダーマンＳＦＯ局長は取引を「現実的」と呼んだ。発表後、何日も何週間もＳＦＯへの批判が高まるにつれ、オルダーマン局長はアメリカ司法省が和解の規模によって自分の足をすくったと、少なくとも内輪で、ほのめかそうとした。わたしはアメリカのふたつの情報源からまったくちがう話を聞いている。そのひとつによれば、どうやらアメリカ当局はＳＦＯの和解額が自分たちのと同規模で、罪をちゃんと認めることもふくまれていると思っていたらしい。

突然の変更があったのだとしたら、その理由はとたずねると、わたしの情報源はただ肩をすくめて、首を横に振った。交渉に近いふたつの情報源は、リチャード・オルダーマン局長が交渉にずかずかと割りこんできて、SFOの立場をひどく弱くするまでは、一億ポンド以上の和解金と、二件の腐敗行為の認定が同意されていたことを確認した。「彼はメディアにあの馬鹿げた声明を出して、交渉をかっさらったんだ。彼は一〇億ポンドの罰金を要求した。それがメディアに彼がいった額だったからだが、〈BAE〉は『あの男はお笑いぐさだ』と考えた」。彼は自分がどんなに手ごわい相手かを証明するためにやりすぎたのだろうか？　それともできるだけ早く事件全体に幕を引くという行動目標があったのだろうか？

メディアでの声明のあと、オルダーマンは法務長官からの電話を避けた。重要な捜査員全員に諮らなかったこと、あるいは諮ろうとしなかったことは、まずいやりかただっただけではなかった。それは法務長官が定めたガイドラインに反していた。

和解の数日前のメンスドルフ＝プイリー伯爵の逮捕は、オルダーマンがどれほど状況を理解していないかを示していた。「交渉中に誰かを逮捕して、それから数日後に釈放しなければならないなんてありえない。自分がなにをやっているのかわかっていないことを、ちかちか光るネオンサインで全世界に知らせるようなものだ」

まるで事件の取り扱いを間違えたことを強調するかのように、裁判所が和解をしぶしぶながら認めるまでには一〇カ月かかった。関連のないある事件で、SFOが検察官役と裁判官役をつとめ、企業と和解して、裁判所に既成事実を提出したことを、裁判官が激しく批判したからである。SFOに近い情報源は、和解と裁判所決定のあいだに、SFOが自分たちの手伝いに招いた二組の弁護士団と袂をわかったことをあきらかにした。

和解は最終的に二〇一〇年十二月二十日、ロンドン南部の裁判所に持ちだされた。タンザニアの「不正経理」にかんして、〈BAE〉とSFOは、「一二四〇万ドルの一部が交渉の過程で〈ブリティッシュ・エアロスペース・ディフェンス・システムズ・リミテッド〉に有利に働くように、使われた可能性が高い」ことで同意した。SFOは、「公然」と「非公然」の代理人の隠れたシステムを意図的に構築することが、「合法的な商業上の目的」の一部だったと主張した。SFOは、〈BAE〉のマーケティング・サービス本部（HQMS）の長が書いたメモを手に入れていたにもかかわらず、そう主張したのである。そのメモは〈BAE〉が代理人への支払いを秘密にする理由をくわしく説明していた。

1仲介者や代理人などを禁じる関連国の規則あるいは法規（政府の販売契約の条項もふくむ）
2アドバイザーが金を第三者に渡したいが、それを当局に申告できない場合の税務関連事項
3多額の手数料あるいは微妙な問題による一般の困惑あるいは考えうる報道機関の関心

裁判官がこの慣行について質問すると、SFOと〈BAE〉は、「武器取引では秘密保持が第一なのです」と答えた。SFOが、贈賄のじゅうぶんな証拠はなく、ヴィトラニはただの高給取りのロビイストだというと、裁判官はSFOと〈BAE〉に、同社がヴィトラニに送った金の使い道が腐敗行為ではなくロビー活動だったことを証明する証人を呼ぶ機会を与えた。両者はその申し出をことわった。裁判官はヴィトラニに渡った金があきらかに腐敗行為のためだと判断し、

こう決定した。「わたしは、この証人もいない根拠をもって、これがただのロビー活動への支払いだったという判決を下す気はない……支払いは誰でも買収する必要のある者に金を渡すために行なわれた……提出された文書にもとづけば、ミスター・ヴィトラニがただの高給取りのロビイストだと考えるのは極度のお人よしに思われる……〔〈BAE〉は〕ミスター・ヴィトラニに、うち九七パーセントはふたつのオフショア会社を経由して、支払いを行なっていたという事実を、会計監査人と、最終的には国民に隠していた。ミスター・ヴィトラニがレーダーの契約を獲得するのに役立つと考える人々にそれに見合う支払いを自由に行なえるようにし、被告人はその詳細を知りたくなかったというのが、この支払いの意図である」

SFOは、些細な会計上の法律違反を証明できるように、〈BAE〉を腐敗行為の疑惑から弁護しようとしただけでなく、あらゆる訴因について、合法的な釈放カードを同社に提供した。答弁についての合意で、SFOは〈BAE〉にたいする捜査をすべて打ち切り、二〇一〇年二月五日より以前のどんな行為にかんしても〈BAEグループ〉のどのメンバーも公訴しないこと、SFOが捜査したどんな問題に関連しても、グループのどのメンバーも民事裁判にかけられることはなく、グループのメンバーは誰ひとり、「SFOがほかの当事者にたいして提起するかもしれないいかなる公訴においても、未起訴の共謀者として、あるいはそれ以外のいかなる立場でも、名指しされたり、あるいはそう主張されたりすることはない」と保証することに同意した。ビーン判事でさえ、「検察官が、過去に犯されたあらゆる罪に無条件の免責を認めていることを知って驚いた。暴かれた罪であろうが、そうでなかろうが」。

もとの和解では、〈BAE〉は三〇〇〇万ポンドを、裁判所の罰金を差し引いて、タンザニア国民に与えるよう要求されていた。これがおかしな状況を作りだした。高い罰金が科せられれば科せられるほど、〈BAE〉の犯罪の被害者に渡る金額が少なくなるのである。そのため、判事はしかたなく〈BAE〉に裁判費用二二万五〇〇〇ポンドと五〇万ポンドの罰金を科した。

SFOは五年以上の捜査のあげく、いかさまな事件と、不適切な公訴、それにふさわしい証拠の欠如、考えの足りない司法取引しかまとめられなかった。この屈辱的なエピソードでは、〈BAE〉は、その政治力とSFOの舵取りをする者たちの無能さとが相まって、司法を打ち負かしたのである。

被害を受けた国々では、和解の発表への反応は怒りに満ちていて深刻だった。

南アフリカの野党、独立民主党の党首で、ケープタウン市長でもあり、武器取引の腐敗行為の主張を最初におおやけにした人物であるパトリシア・デ・リルは、イギリスが正しい統治と腐敗行為との戦いについてほかの国にお説教をする道徳的権威を失ったのではないかといった。「彼らは武器取引の賄賂を資金にして権力の座にとどまるアフリカのごろつき指導者たちと同じだ」と彼女はいった。野党民主同盟のスポークスマン、デイヴィッド・メイニアーはこう論評した。「司法取引に合意し、〈BAE〉を公訴しないという決定には、だまされた思いがする。さまざまな捜査の詳細は、司法取引の合意の結果、今後も秘密のままだろうし、誰ひとり――贈賄側であろうが、収賄側であろうが――説明責任を負うことはないだろう」

その数年前、南アフリカの取引のドイツ側の受益者である〈ティッセンクルップ〉にたいする捜査がドイツの検察官によって開始されていた。同社はフリゲート艦四隻の建造契約を手に入れるために支払われた手数料の税額控除を請求しようとしたとつたえられていた。その問題は同社が税逃れを認め、追徴金を払って解決した。〈ティッセンクルップ〉が〝チッピー〟・シャイクに賄賂を支払ったという証拠文書が存在し、パトリシア・デ・リルがANCと党の有名人たちとつながった慈善活動に支払われた小切手のコピーを議会でふりかざしたというのに、ドイツ当局は同社が支払った賄賂にはひと言も触れなかった。

南アフリカ政府はいずれの決定にもほとんど言及しなかった。ジェイコブ・ズマが大統領に選出される直前、彼の法律上の過去が清算された。国家検察局が「ミスター・ズマに不利な強固な証拠」があるとくりかえしていたにもかかわらず、彼にたいする公訴は取り下げられて物議をかもした。彼の金融アドバイザーのシャビル・シャイクは、彼に賄賂を贈ったとして懲役刑になったが、刑期を二年つとめただけで釈放された。取引当時、国防軍の調達責任者で、ドイツの大盤振る舞いの受益者だった〝チッピー〟・シャイクは、羽振りのいい実業家として帰国し、三人目の兄弟のモーは同国の秘密情報部の長となった。任命にさいして、彼の責務には、南アフリカへの銃と麻薬の密輸問題に取り組むことがふくまれると発表された。

南アフリカの司法関係者の大半は、ズマにたいする決定にきわめて批判的だった。アパルトヘイトの廃止以来、もっともあつかましい検察官による決定のごまかしだった。その疑わしく、問題の多い性格のせいで、ジェイコブ・ズマは収賄の汚点を残したまま大統領に就任することになった。彼はすぐに国家検察局の新局長として、元法務省事務総長のメンジ・シメラネを任命した。検察局長となったシメラネは、国際的な調査員が武器取引の取り調べで南アフリカからなるべく協力を得られないようにした。彼は新しい役職についた初日に、自分は支持政党のANCの命令にしたがうために、憲法上独立した機関の長として派遣されたのだと語って、部下たちを仰天させた。そのすぐあとで彼は南アフリカがファナ・ロングワネの資金を凍結する保全命令を継続するつもりはないと発表した。シメラネは、それと正反対のことを証明する文書が山ほどあるというのに、「現時点で捜査にもとづく犯罪行為の証拠は存在しない」という結論に達したのである。

それ以降、シメラネの目にあまる無責任な決定は厳しい批判を受けている。二〇一一年五月、スウェーデンのテレビ局TV4は南アフリカの武器取引とスウェーデンのかかわりにかんする一連のドキュメンタリーを放送した。わたしもこの番組に協力している。とくにこの番組はロングワネと〈サニップ〉とのコンサルタント契約を証明して波紋を起こした。これは〈サーブ〉と〈BAE〉がオフセット事業を運営するのに使っていた法人である。〈サニップ〉は設立時には完全に〈サーブ〉の所有だったが、〈サーブ〉は二〇〇四年に同社の事業活動を〈BAE〉に譲渡したと主張している。

最初、〈サーブ〉は〈サニップ〉を介したロングワネへの支払いがあったことを否定した。そのすぐあとで、内部調査の結果、〈サーブ〉はすぐに態度を変えた。二〇一一年六月、同社はロングワネが〈サニップ〉を介して支払いを受けていたことを認めた。しかし、〈サーブ〉はロングワネとの契約が〈サニップ〉で働いている〈BAE〉社員によって結ばれたもので、その社員はこの問題を〈サーブ〉に打ち明けていなかったのだと主張した。

当然ながら、支払いはこっそり行なわれ、資金は〈BAE〉によって〈サニップ〉に送金され、それから〈サニップ〉の財務諸表に反映されることなくロングワネに送られた。〈BAE〉／〈サーブ〉によるロングワネへの支払いが公式に認められたのはこれがはじめてだった。その秘密めいた性格は、それが不正目的で行なわれたという疑念にさらなる信憑性を与えた。

そのほんの数日後、デイヴィッド・メイニアー議員が各社とロングワネとのコンサルタント契約の修正部分を入手したと発表した。その文書のなかには、ロングワネの使命が改訂され、〈BAE〉のために南アフリカの高官との「じかの」面談を促進し、「重要な顧客［南アフリカ］の顔ぶれ、とくに製品とサービスの選考にかんする意思決定者」の「連絡マップ」について助言する使命もふくまれるとの一修正があった。ロングワネへの支払いの一部は、彼が協力していた重要な政治指導者および軍事指導者や高官にあてられたという疑惑は、よりいっそう強まった。


タンザニアの腐敗行為対策組織である汚職防止規制局（PCCB）は、SFOの決定後もしばらく取引の捜査をつづけた。イギリスの捜査が進行中のあいだ、PCCBはSFOからの重要な証拠をずっと待たされていた。司法取引はSFOがアンドルー・チェンゲ、タニル・ソマイヤ、そしてサイレシュ・ヴィトラニも不起訴処分にすることを意味した。

和解のあと、PCCBのエドワード・ホセアはSFOに書簡を送り、レーダーの取引にかかわったイギリス人、具体的には〈BAE〉のマイクル・ルース、ディック・エヴァンズ会長、マイク・ターナーCEO、そしてジュリア・オルドリッジのくわしい情報を要請した。ルースは二〇〇二年以来、〈BAE〉のマーケティング担当取締役で、オルドリッジはその補佐役だった。

趣旨では三〇〇〇万ポンドの罰金のうちかなりの部分がタンザニアに支払われることになっている。しかし、これは同国では論議の的だ。国が賠償を受けるべきだと考える者もいれば、腐敗の気配にまったく汚されていない人道的な慈善事業に支払いが行なわれるべきだと思う者もいる。

〈ＢＡＥ〉も政府にじかに払うのは避けたがっている。罪を認めた印、あるいは取引の部分的な返金と見られるかもしれないからだ。金が第三者に支払われることになれば、〈ＢＡＥ〉はタンザニアの裁判事件におけるいかなる責任も示唆するものではないと主張できる。現在、市民社会団体コラプション・ウォッチに所属するスー・ハウリーは、「これは第三者に直接掛かり合いになることを避けるために〈ＢＡＥ〉が選んだ卑劣な手口である」といっている。

二〇一〇年十一月四日、アンドルー・チェンゲはふたたびタンザニア議会に選出され、議長の地位を目指すつもりだと宣言した。その三日後、組織自体が危機にさらされたＰＣＣＢは、タンザニアの腐敗行為撲滅運動家たちを驚かせた決定のなかで、レーダーの取引でチェンゲと腐敗行為を結びつける証拠は見つからなかったと発表した。

ＰＣＣＢの決定とそれを発表した声明は、同局の信頼性をおびやかし、一部の人間は捜査のやり方に疑いを抱いた。市民統一戦線（ＣＵＦ）の全国議長であるイブラヒム・リプンバ教授は、ＰＣＣＢの清廉さを疑っていると語った。容疑者の身の潔白を証明することは、ＰＣＣＢの中心的な機能にふくまれていないからである。「いくつかのスキャンダルに関係した政府の『お偉がた』を守ったＰＣＣＢの経歴を思えば、わたしは自分がＰＣＣＢを信用していないという結論にいたるかもしれない」とリプンバ教授はいった。彼はこうつづける。「チェンゲはまだ彼の海外口座で見つかった金をどうやって手に入れたのか説明していない。それは公職者としての彼の給料とは比べものにならない金額である」

アルフォンス・メンスドルフ＝プイリーの釈放は、彼が守られていると感じた一部のオーストリア議員を激怒させた。彼が帰国すると、オーストリアで裁判にかけるのを防ぐべきだと主張する者が現われた。彼の支持者たちは彼がシェンゲン協定で守られていると主張した。協定は、加盟国で捜査に直面した容疑者が、シェンゲン圏内で一度しかその公訴事実で有罪あるいは無罪の判決を受けることはないと明記している。しかし、メンスドルフ＝プイリーは無罪判決を受けたわけではなかった。裁判所が彼の罪に判決を下すことなく、公訴が取り下げられたからである。

CAATとコーナー・ハウスが和解に異議を申し立てようとして失敗したとき、SFOは「メンスドルフ＝プイリー伯爵の訴追においては……〈BAE〉にたいする腐敗行為の主張を行なわないかぎり公判を維持できないだろうという趣旨の助言を検察から受けた」と主張した。事件をよく知る法律家たちは、この論理を疑問視し、ひとりはこれを「びっくりするような」と表現し、もうひとりはこう述べた。「彼らにそれ［説明］をする必要はなかったと思う。馬鹿なことをしたものだ」。CAATとコーナー・ハウスはSFOの見解の明白な矛盾を指摘した。「……被告人［SFO］はメンスドルフ伯爵の訴追を先に進められなかったと主張している。そのためには検察が〈BAEシステムズ〉にたいして腐敗行為の主張をする必要があるだろうが、それは受け入れられないからである。このことは、共同責任を証明する証拠が存在したことを強く示唆している。さもなければメンスドルフ伯爵の裁判でそうした主張を正当に行なえたはずだ」。たしかに、SFOが伯爵を起訴させたのは、彼が〈BAE〉のために腐敗行為にかかわっていたと疑っていたからである。その一週間後、同社と不名誉にも和解したSFOは彼を釈放した。彼を相手に裁判をつづけるには、〈BAE〉にたいする腐敗行為の主張をせざるをえなかっただろうからである。そもそもそれが彼を訴追した理由だったのだ。したがって、メンスドルフ＝プイリーにたいする公訴を、彼を収監してからわずか数日後に取り下げたＳＦＯの動機はあきらかに、伯爵の裁判が〈ＢＡＥ〉との噴飯ものの和解をぜったいに傷つけないようにすることだった。この場合、最大のくそ野郎が誰なのか、法律なのかそれともＳＦＯなのか、わたしにはよくわからない。

スウェーデンの警察官で、政府に〈ボフォース〉事件を捜査させたステン・リンドストレムはこういっている。「〈ボフォース〉事件の第一の教訓は、真実はかならず明るみにでるということだ。何年もかかるかもしれないし、この事件の場合は一〇年以上かかったが、真実を隠すことはできない」

イギリス政府の積極的な黙認と保護を受けた〈ＢＡＥ〉の武器取引の事件では、その事実とは、武器取引がその負担にもっとも耐えられない世界の多くの地域で貧困化と受難をもたらすということである。その結果を耐え忍ばねばならないのは、高給取りの企業重役でも、政治家でも、政府の役人でもない。財源の無駄遣いと、民主主義と法の支配の衰退のツケを払わされるのは、購入国と売却国の普通の市民なのだ。

ヘレン・ガーリックやマシュー・カウイー、エドワード・ホセアのような、腐敗行為に立ち向かう、無数の勇敢で献身的な役人たちは通常、馘を切られ、失意のなかで職を去り、閑職に追いやられ、亡命さえも強いられることになる。しかし、彼らはわたしと同じように、真実が最後には明るみにでるという希望を失ってはいない。

THE SHADOW WORLD by Andrew Feinstein

First published in Great Britain in the English language by Penguin Books Ltd.
Japanese translation rights arranged with PENGUIN BOOKS LTD.
through Japan UNI Agency, Inc., Tokyo

武器《ぶき》ビジネス
マネーと戦争《せんそう》の「最前線《さいぜんせん》」
上

●

2015年6月30日　第1刷
2016年2月26日　第3刷

著者…………アンドルー・ファインスタイン
訳者…………村上和久《むらかみかずひさ》
装幀…………岡孝治

発行者…………成瀬雅人
発行所…………株式会社原書房

〒160-0022 東京都新宿区新宿 1-25-13
電話・代表 03（3354）0685
http://www.harashobo.co.jp
振替・00150-6-151594

印刷…………新灯印刷株式会社
製本…………東京美術紙工協業組合

ISBN978-4-562-05181-6, Printed in Japan